チーズと文明

CHEESE and CULTURE
A History of Cheese and Its Place in Western Civilization

ポール・キンステッド著
和田佐規子訳

築地書館

CHEESE and CULTURE
A History of Cheese and Its
Place in Western Civilization
by PAUL S. KINDSTEDT

Japanese translation rights arranged with Paul Kindstedt
in care of The Miller Agency, New York
through Tuttle-Mori Agency, Inc., Tokyo

Translated by Sakiko Wada
Published in Japan by Tsukiji Shokan Publishing Co., Ltd.

はしがき

十年前、私は有給休暇を取って執筆活動に入った。近年アメリカ全土で大流行している職人《アルチザン》作りのチーズを製造している職人たちのために、有益な資料を提供できるのではないかと考えたのだ。前著『アメリカにおける農場《ファームステッド》作りのチーズ』の目的は、主としてチーズ製造の複雑な科学的現象を新しい職人たちにもわかりやすい原理にまとめ直すことだった。その際に、チーズの歴史に関して一、二章を割いて、アメリカでの農場作りのチーズが目を見張るような再生を遂げてきたその道筋を明らかにするつもりだった。

有給休暇も四カ月を過ぎたところで、私はまだ歴史に関する二つの章を書いていた。これでは第一章と第二章を書くだけで丸一年を使ってしまうことに、はっと気づいた。しかし資料は実に面白く、私はその時すぐにこの歴史研究をこのまま続けて、ヴァーモント大学に学部生向けの講座を立ち上げることに決めた。チーズの科学と技術をチーズの歴史理解に結び付けていくためのものだ。この時の講座〈チーズと文化〉は二〇〇五年に試験的に導入したものであるが、学生たちの反応はすこぶる良く、私はそのまま講座を教え続け、数年がかりでさらに改善して、二〇〇八年には常設の講座となった。

同じころ、私はチーズの安全規制（特に生乳チーズの安全性）をめぐって広範囲にわたる政治的問題に関わっていた。チーズの伝統的な名称に付随する知的財産権の問題や、食に関する制度、規制、政策を形成するにあたって大衆の価値観をどう反映させるべきか、あるいは反映させるべきでないのか、といった議論だった。これらの問題の多くは自由貿易協定のもとで、国際レベルでの議論が行われていた。私が驚いたのは、食や農業に関する問題では、あらゆる領域でアメリカの政策とEUの政策との間に大きな隔たりがあるということだった。また、アメリカとEUとではチーズの歴史は全く異なった道筋で発展してきていたことに、さらに驚かされた。今日、広く食の問題をめぐって発生している国際的な政治論争の根源に何があるのか。それを考えるに際して、チーズの歴史は単にチーズだけでない有用な見識を与えてくれるのではないだろうか。この点もまた〈チーズと文化〉の一つの要素になった。

このように、私の講座〈チーズと文化〉は当初から本書のヒントになったのだが、この本もまたそれ自身の生命を帯びてきた。研究が進むにつれて、ある特定の時代の特定の地域の、たまたま入手できた情報の切れ端を集めて終わるのではなく、職人たちを取り巻いていた大きな世界で何が起きていたのかに対しても、自分自身の興味を次々に広げていく必要があるのだと、私は気がついた。チーズの歴史と世界文明、とりわけ西洋文明とは時代の交差点で繰り返し切り結んできた。チーズの作り手たちや彼らが作ったチーズは、西洋文明の大事件やその発展から深く影響を受けている。また同時に、チーズの作り手たちとそのチーズもまた西洋文明の展開に、時としてはっきりとした足跡を残している。したがって本書ではチーズの歴史自体についても語っていくが、西洋文明におけるチーズのあり方についても考えることになる。

チーズ研究者として私は、本書の仕事を通じて守備範囲を広げることになった。多方向から調査をするために、自分の専門からは遠く隔たった領域の道へも足を踏み入れることになった。私の目標は可能な限り優れた知識を手に入れて、それが導いてくれる所へ向かうことだ。本書で参照した多くの研究者の業績を不用意にも誤解したところがあったとすれば、その責任はすべて私にある。有用な情報を秘めている可能性のある資料の断片を何とか読み解こうと悪戦苦闘していた時、歴史研究者や考古学者、人類学者のみならず、遺伝学者から気象学者までも巻き込んで、さらに言語学者も古典文学専門家も含む、多種多様な分野の専門家たちとチームを組んで、専門知識を補い合いながら研究ができたら……としばしば夢想した。身の程知らずの高望みだとは分かっている。広範囲の研究者の方々が拙著から刺激を受けてくださって、チーズの歴史を再現し、専門に解明していく学際的なチームに加わってくだされば嬉しい。やるべきことは山積しているが、楽しい仕事になるだろうと思う。

はじめに　文明史と交差するチーズの歴史

二十一世紀に生きている私たちの目の前には、多彩なチーズがずらりと並んでいる。この壮観さの意味を十分に理解するにははるかな過去を掘り下げて、様々なチーズ職人たちが他にはないチーズを生み出してきた歴史的な文脈を検証する必要がある。伝統的なチーズにはひとつひとつ特別な〈物語〉がある。チーズ職人の世界を検証し、チーズの科学と技術のごく単純な法則をいくつか参照することで、職人たちが当時なぜそのような行動に出たのか、また当時の環境や時代に合わせてチーズがある（独自の、固有の）特徴を備え、仕上げられるようになったわけを理解することができる。したがって、本書の第一の目標はチーズの科学と技術を、チーズの歴史を解釈する中で捉えなおして、どんな外界の変化がきっかけとなって、それぞれのチーズが生み出されてきたのかを理解することにある。

また、すべてのチーズの個々の歴史を、その発見まで遡って一つの大きな〈物語〉にまとめて語るという、より壮大な〈物語〉もある。まだ全貌は明らかになっていない。本書は九千年にわたるチーズの物語を語ろうというもので、半分のピースが失われてしまった巨大なジグソーパズルを組み立てるようなものでもある。本書に取り上げられなかった、すばらしいチーズやチーズの産地は数多いが、それは決して重要でないからではない。考古学や、歴史学、あるいは人類学など、必要な分野の調査やその公開が遅れていたり、入手が困難であったりするため、かつてのチーズ作りを正しく再現することができないのである。

ともあれ、私たちは旅路に就こうとしている。ヒトという種の起源にまで遡ってこれまで誰もまだ見たこともない旅路、今日までの幾世紀を曲がりくねって進んできた旅路である。その過程では、先史時代、古代史、中世史、ルネサンス時代、そして近現代史の中の転換期を通ることになるだろう。西洋文明を、チーズの作り手たちの生活を、また彼らの様々なチーズを形作ってきた転換期である。したがって、本書の第二の目標はチーズの歴史と、より大きな〈物語〉である西洋文明史が交差する数々の地点を検証することにある。

幾世紀もかけて各地で形作られてきた伝統的なチーズは、同時期に現れたその他の伝統的食品とともに周りの文化をも形作ってきた。したがってチーズ作りの長い歴史がある地域、とくに南ヨーロッパと中央ヨーロッパには、今日でも人々の暮らしの風景の中にこうしたチーズや伝統的食品の刻印が随所に見られる。ここがアメリカと大きく異なる点だ。アメリカではチーズの歴史はわずか数世紀のことである。チーズについても、また食、農業一般についても、アメリカ人の経験はヨーロッパの人々とは大いに違っている。歴史的な違いから発生する食文化における新旧大陸の隔たりは、一九九四年以来、アメリカ合衆国とEU間で執拗に繰り返されてきた摩擦の原因となっている。この年、関税及び貿易に関する一般協定（GATT）のもとで設立された世界貿易機関（WTO）は、世界貿易のシステムの先導役を務めるようになった。

以来紛糾を続けているのは、知的財産権の問題（伝統的な製品名を使用したり、不正使用から保護したりすることなど）や、食品の安全規制の問題（チーズ製造で低温保持殺菌《パスチャライゼーション》〈pasteurization〉していない牛乳の使用をどう統制するかなど）で、さらに、農業や食品加工における新技術（たとえば、遺伝子組み換え作物や牛乳や製肉へのホルモン剤の使用、さらには、近い将来にも可能と思われる動物クローンの技術）に関する政策についても、アメリカ合衆国とEUは貿易交渉やWTO訴訟で繰り返し対立している。しかし結論は一向に見えてこない。ではなぜ、欧米両サイドの産業の指導者や貿易交渉の代表は食品についてこんなにも違った見方をするのだろうか。また、どのような経緯で、ここまで激しい意見の不一致を見るに至ったのか。本書の最後の目標はチーズの歴史を一つのレンズとして、そこからアメリカとヨーロッパの食文化の不一致の道筋をながめ、激しく対立する今日の食に関するそれぞれの制度の是非を考察することにある。

チーズと文明

目次

第1章　チーズの起源　古代南西アジア

さて、アダムは妻エバを知った。彼女は身ごもってカインを産み、「わたしは主によって男子を得た」と言った。彼女はまたその弟アベルを産んだ。アベルは羊を飼う者となり、カインは土を耕す者となった。

（創世記　四：一〜二）

人類の起源について聖書に説明がある。しかし、カインとアベルの物語でアベルが羊の群れを追い、カインが土を耕したという部分は非常に興味深いのに、なぜかあまり注目されてこなかった。創世記はその他の生物とは異なる種である（神の似姿である）人類の始まりを、農耕と牧畜、農業に有利な環境とに関連付けた。結局、創世記の説明は全くのこじつけというわけでもなかったのだ。農業は紀元前一一〇〇〇年ごろにまず南西アジアに起こり、同様の地理的環境の近隣地域、創世記がいうカインとアベルの地でも同じころ始まった。農業の始まりは人類群が大きく変化したのと同時だった。ここから先、人類は他の種とは全く違った道を歩むこととなったのである（Cauvin 2000）。チーズ製造の起源はほぼ農業の開始まで遡ることができる。したがって、人類史のこの驚くべき時代から話を始めようと思う。チーズ作りが古代にどう始まって、その後どうなっていったのか。

旧石器時代の始まり

解剖学的意味での現代人類、ホモサピエンスとして知られる種の起源は、遺伝子分析から二十万年前にアフリカに住んでいた少数の初期人類であるとされている（Bogucki, 1999）。この人類は野生の動物を狩り、魚を捕り、野草を採集して命を繋いでいた。動植物の季節的な移動に合わせて、食料を求めて絶え間なく移動を繰り返していた。初期の人類はゆるやかな共同社会を営んでいた。食料や必需品は明らかに社会全体のもので、分け合うというしくみが制度化されており、個人や小さなグループだけに富が集まることはなかった（Bogucki 1999）。

この初期人類はその存在の痕跡をあまり多く残していない。一か所に留まらない生活スタイルのため、考古学上の記録にはほとんど現れないのだ。これが旧石器時代人（Paleolithic のpaleoとは「古い」「古典の」、lithicは「石器使用に関連する」の意）である。ほぼ二十万年の間、旧石器時代人は、今日なら当然のことと思われるような、創造性も進化も知的進歩もほとんど現すことなく、社会もごく単純なまま、美術も哲学も発達することはなかった。

今からおよそ一万一千年前、地球の気候はその後のほとんどの時期そうだった、安定した穏やかなものとは大きく異なっていた。およそ三万五千年前に始まって紀元前一八〇〇〇年ごろにピークを迎えた最後の氷河期の間、氷河の氷の層は北半球のかなりの部分を覆っており、地球はどこもだいたい今日よりも相当気温が低いうえ、乾燥していて、農業には適していなかった。その後、大きな気候変動があって、氷河が後退するほど気温が高かったり、湿潤だった時期もあったが、現在よりはおおむね気温は低く、乾燥していた。不安定な気候が紀元前九五〇〇年ごろまで続き、農業が始まるには気温は低く乾燥もしており、また極端な気候変動にさらされる状況にあった（Bellwood 2005; Barker 2006）。しかし、今からおよそ一万七千年前になると、氷河期後の温暖化が始まり、地中海地方では次第に高温で乾燥した夏と低温で湿潤な冬という、今日お馴染みの特徴的な気候パターンに落ち着いてきた。野生の穀類、たとえば小麦やライ麦、大麦などがマメ科のインゲン豆、エンドウ豆、レンズ豆と並んで、遺伝学的にこの「地中海性」気候に適合できるようになった。やがて、広大な野生穀類の生育地がヨルダン渓谷から北へ向かってシリア内陸を通って今日のトルコ南東部へと細長く続くようになった。

紀元前一二〇〇〇年ごろになると狩猟採集をする集団が、一定の季節だけこの地域に住むようになり（ときにはそのまま定住する場合もあった）野生穀類や豆類、果物などの天然の実りの恩恵を受けることもあった（Bellwood 2005）。

このナトゥフ人と呼ばれる人々は、次第に野生の食用植物からの収穫に依存するようになった。この過程で定住化が進み、初期の技術革新が起こった。また、このころ文化面でも変質が起こって、単に集まって住むだけの集団から、初めて家族が基本的な居住単位となったことがうかがえる（Barker 2006; Cauvin 2000）。人類史上、それほど大きな歩みとは見えないかもしれないが、旧石器時代人の進歩という面では驚くべき文化発展である。ナトゥフ人が登場した、中石器時代人という語（Mesolithicのmesoは「真ん中」の意）は、旧石器時代人からもこの後に続く新石器時代人（Neolithicのneoは「新しい」の意）からも区別するための用語である。しかし、紀元前一一〇〇〇年から九五〇〇年の間ごろ、地球はもう一度最後の寒冷化のサイクルに入って、ナトゥフ人はすっかり姿を消してしまう（Barker 2006）。

新石器時代の革新

紀元前九五〇〇年前後には、極度に地球温暖化が進んだ時期があった。百年ほどの間に年間平均気温が華氏で十三度（摂氏では七度）も上昇した。この後およそ二千年は気温の上昇は緩やかになったものの、継続的に温暖化が進み、およそ一万年前に最高潮に達して今日とほぼ同様の気候的条件にまで至った。それ以降、気候は著しく安定した。その結果、より温暖で湿潤な地球環境が出来上がり、周期的に見れば小さな（しかし、影響の大きい）気温変動はあったものの、以後一万年続いている。この新しい温暖な環境は天気のパターンが予測可能で、季節的変化は人類にとって非常に都合のよいものだった。これによって農業を行うために最も重要な土台ができ、農耕と繁殖、飼育への可能性が開かれた。これと軌を一にして、人類史上の驚くべき進化もこの時期に起きている。

新石器時代人の登場である。

農耕というのは計画的に採集し、前収穫期からの種子を保存し、次の生長を期待して種子を播くこと、そして、収穫まで作物の世話をすることをいう。これに対して、繁殖と飼育とは、望ましい特徴を備えた特別な遺伝学上の種子を意図的に選び出して栽培すること、または家畜の場合ならそのような遺伝学的に特別な血統の動物を飼育することをいう。

農耕と繁殖・飼育の熟達は人類の発展過程で画期的な出来事だった。地球の豊かな生産力が植物性食品、動物性食品両方に広がったからだ。比較的豊富で安定した食料供給ができるようになって、人類は新しい自由と贅沢を手に入れ、良くも悪くも生活も行動も前とはちがっていった。しかし、聖書の表現にもどると、カインとアベルは農耕と畜産を究めれば強大な力を手に入れることができるとはまだ思っていない。

考古学的な記録から、紀元前九〇〇〇年から八五〇〇年の間に肥沃な三日月地帯で植物が栽培できるようになったことが証明できる(Barker 2006; Lev-Yadun et al. 2000; Simmons 2007)。肥沃な三日月地帯はかなり湿潤な細長い土地で、南部レバント地方のヨルダン渓谷を発端に、レバノンとシリアの内陸部を北方へと伸び、アナトリア半島(現在のトルコ)の南東部の角、さらにはイラク北部、そしてそこからは南東へと三日月の弧を描きながら西部イランのザグロス山脈の山裾を通って、ユーフラテス川・チグリス川の沖積層の平野部に至る地域である(図一―一)。

肥沃な三日月地帯で新石器時代の村人たちは野生の植物を改良し、栽培を始める。すると、特に山に近い地域にヤギや羊が住み着くようになった。ヤギや羊は群れを作る性質があり、新しい農業共同体の周辺に生息するようになると、住民は獣肉のほか皮や糸といった動物からの生産品を安定的に入手できるようになった。特にヤギは、山中の洞窟などのせまい場所で暮らすことに慣れていたため、飼い慣らしやすい動物だった。したがって、紀元前八五〇〇年ごろ農耕と野生品種の改良が始まった直後から、南西アナトリアのタウラス山地やイラン西部のザグロス山地のふもとで、牧畜が最初にヤギに始まって

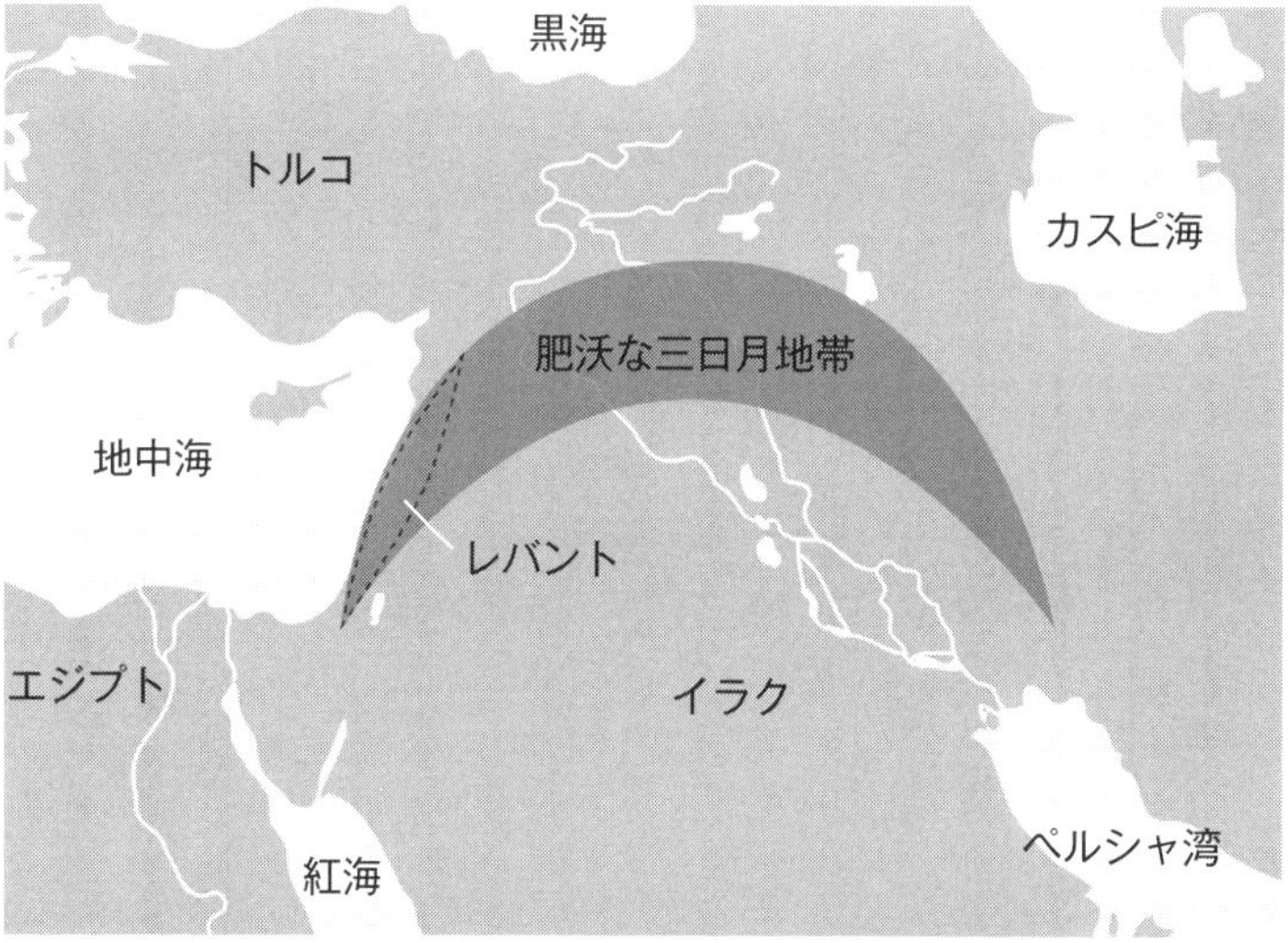

図1—1
農業と新石器時代の革新は、紀元前9000年ごろ南西アジアの肥沃な三日月地帯から始まった。特に三日月地帯の弧の西方に位置するレバント地方（図中に点線で示した部分）で集中的に起こった。

続いて羊へと進んだことは驚くような話ではないのだ（Baker 2006; Hole 1989, 1996）。

牛の牧畜が始まったのは最も古いところで、中央アナトリア（現トルコ）、紀元前七〇〇〇年ごろ（Cauvin 2000）のことだ。この時までには農作物の栽培と羊とヤギの飼育をベースにした混合農業が、レバント地方とそのさらに先、西はキプロス島とクレタ島、東は北部イラクとイラン、北はアナトリア半島へとすでに広がっていた。紀元前七〇〇〇年までには、食物の増産と定住によって出産間隔が縮まったことと、幼児と老人の死亡率が下がったことが引き金となって一帯の地域では大幅な人口増加をみた（Bellwood 2005）。

混合農業が発達したことと、紀元前九五〇〇年から七〇〇〇年ごろに起こった急速な人口増加も、大きな文化的変化をもたらし、人類の先史時代の一つの画期となる。新石器時代の開花である（Bellwood 2005）。

居住地は次第にかなり大きなものになり、常に人が住むようになった。新しい建築方法が生まれ、複数室ある直線的構造で作られた東半球の伝統型建造物が建てられるようになる。こうした住居はそれ以後の古代建築の中心となっていく。荒づくりで磨かれていなかった石器はより洗練されて、磨き上げられた様々な石器にとって代わられた。

さらに重要なのは、芸術性が花開いてきたことと、宗教的な目覚めだろう。粘土で作られた神の立像などのような宗教的シンボルが急激に広まったことや、神殿のような建造物から立証できる（Cauvin 2000; Banning 2003）。こうした変化は明確にホモサピエンスを他の種から区別した。人類はそれまでの、物を食べて繁殖するだけの存在からはるかに進化した存在へと変化した。聖書の言葉を使うなら、人類は「神の似姿に作られた」のである。

こうして農耕と牧畜、定住の住居と集落の建設、新石器時代とともに始まった絶え間ない技術革新には、自然に対する人類の関わりの根本的な変化が最もよく現れている。今や人類は自然に対して新しい、しかも大きな支配力を持つようになった。それまでのように自然に対して受け身では最早ないのだ。また、精神性の目覚めも大きな影響をもっていた。人類は世界の中で自分のいる場所について独自の理解をし、世界を改変する可能性を有するようになったからだ。また、この人類の精神性の開花は酪農とチーズ製造に対しても深い関わりをもっていた。チーズはまもなく初期の信仰表現と儀式の重要な要素となる。

西洋文明における精神的な糸とチーズの歴史は、この後もしばしば交差し、たがいに絡み合いながら現代にまでいたるのである。

酪農とチーズ製造の始まり

紀元前七〇〇〇年を少し過ぎたところで、それまで不足していた、チーズ製造に欠かすことのできない二つの前提が揃う。ミルクが豊富に生産できるということ、そのミルクを集めて保存し、凝固させ、できた凝乳《ぎょうにゅう》（カード）と乳漿《にゅうしょう》（ホェイ）とを分けるための容器があること。この二つの条件が、突如満たされたのだ。

紀元前七〇〇〇年までに肥沃な三日月地帯全体にすでに羊とヤギの牧畜が広がってはいたが、当時の骨の標本から、この時代まではまだ動物は肉を食用とするために飼育されていただけで、ミルクを採るためでなかったことは明らかだ（Barker 2006）。羊やヤギの野生種では出産した子どもに与える以上のミルクを出すことはほとんどできないが、おそらく何世代もかけて交配を行って遺伝学的変化を起こさせ、ミルク用の家畜に変えたのだろう。飼育を担当する者は家畜をしつけて、乳搾りの人間にもミルクを出すようにする必要があった（Sherratt 1981）。

家畜化した動物の骨の分布の変化をみていると、肉からミルクの生産に実質的に移行したことを表す最初の痕跡は、紀元前六五〇〇年ごろ西部アナトリアに残っている。また陶器のかけらに残った乳脂肪からも確認できる（Evershed et al. 2008）。この時代、レバント地方全域では人口増加が頂点に達しており、土質の消耗、森林破壊、浸食による環境劣化が広がり、レバント人のコミュニティーの存続はすでに危うくなっていた。牧畜（草食動物へ依存した生活を意味する）とミルクの生産は、おそらくこのような困難な時代を乗り越える方策だったと思われる（Bellwood 2005）。

耕作に失敗し、飢餓の危険にさらされた人々は、牧畜によって農耕に適さないため使用されていなかった周辺の土地を自由に使って、羊やヤギに草を食べさせていた（Zarins 1990）。今度は新しい土地を求める牧畜の集団が増え始めた。そして、まもなく大規模な民族移動が勃発することになる。このころになると北西部アナトリア地方に人口が移動するようになった。マルマラ海の肥沃な岸辺に沿った場所で、人々は牧畜の重点を小さな反芻動物から牛へと移して、このころ初めて牛乳の生産が行われるようになったと思われる（Evershed et al. 2008）。

新石器時代の人類が動物の乳を集めるようになったのは、人間の乳幼児に与えることを目的としていたのだろう。ミルクは成人よりも乳幼児にとって重要な食品だったからに他ならない。それはなぜか。ミルクは成分としてラクトース（乳糖）を高い濃度で含んでいる。しかしその消化には胃や腸の中で酵素のラクターゼを作る必要がある。人間を含む全ての哺乳類は生まれたばかりの時には自然にラクターゼを作っており、それによって新生児は母乳を消化することができるのだ。しかし、ラクターゼの生成は通常離乳後の哺乳類では減少し、成人になるまで続くことはない。したがって、人間の大人がミルクを飲んだ時、ラクトースは消化されないままで残り、腸内の微生物環境を破壊し、激しい下痢、腸内ガスの発生やそれによる膨満などのような顕著な症状を引き起こす。

今日ではもちろん、多くの成人、特に北欧系の人々はラクトース耐性のまま大人になる。祖先たちがラクターゼを作る能力（それによってラクトースを分解する）を遺伝的に獲得しているからだ。遺伝学の最近の研究によると、紀元前五五〇〇年ごろまでは、ラクターゼを合成する能力を成人になるまで維持し続けることができる人間はまだ多くなかった。最初に広がったのは、バルカン半島北部と南西アジアから移動して中央ヨーロッパにいた新石器時代の人々の間だった（Itan et al. 2009）。したがってアナトリアでミルクの生産が始まった紀元前七〇〇〇年から六五〇〇年ごろには、成人のラクトースアレルギーはほぼ人類共通で、そのため大人はまだミルクをあまり飲まなかったのである。

ところが、南西アジアで酪農が始められた直後からチーズとバターの製法が発明され、それによって、人類はミルクから栄養を取ることが可能となったのである。

チーズ製造発展の転機は紀元前七〇〇〇年から六五〇〇年ごろの高温加工（高温を物質に与える技術）の発見の時で、それによって、新石器時代の陶器製造への道が開かれた。陶器の発展は食品の保存、加工、輸送、調理技術一般の観点から見て、大きな前進だった。

陶器が作られるようになり、酪農が進展して余剰ミルクが集められて陶製の容器に入れて保存されるようになった。南西アジアの温暖な気候では保存容器のミルクはどこにでも普通に存在しているバクテリアによって乳酸を発生させ、急速に発酵し、凝固したと思われる。凝固したミルクはもろく、また、固まったカードと液体のホエイは分離しやすい。これは振ってみればすぐにわかる。まもなく、新石器時代の牧畜民たちは、成人がカードを摂取しても、一般的な分量ならミルクを飲んだ時のような症状が出ないことを発見する。ミルクの中のラクトースは発酵して乳酸に変わるか、ミルクが凝固した時できるホエイとともに取り除かれるかするのだ。したがって、できたチーズ中のラクトースは液体状のミルクの時よりも一段と低く、チーズはラクトース不適応の大人でも消化しやすい。

いったんこれがわかると、ホェイからカードだけを取り出すためにより効率の良い道具が欲しくなる。陶器製造の新技術で作りだされた穴のあいた陶製の容器が、ザルとしての機能を果たして、この問題は解消する。そのかけらは古い地層から大量に発掘されている（Banning 1998; Bogucki 1984; Ellison 1984）。専門家によると、これらの陶器は火桶や蜂蜜漉し、ビール製造のときの漉し器、ブンセンバーナーにも似た点火装置としても使用されたのではないかという（Banning 1998; Bogucki 1984, 1988; Wood 2007）。

しかしながら、考古学上の記録にこうして漉し器が現れてくる時期と、近東とそれに続いてヨーロッパで酪農業が始まる時期との間には強い関連がみられる。その上、陶製漉し器が現代までチーズ製造に継続して使用されてきていることを考えると、漉し器の主な用途はチーズ製造だったとみてよい。実際、中央ヨーロッパでは酸を加えて凝固させるチーズの伝統製法に、二十世紀の初めごろまで陶製の漉し器が使用されていたのである（Bogucki 1984）。

バスケットもホェイからカードを漉し取るのに使われてきたのだろう。確かな証拠がほとんど残っていないのは、素材が壊れやすく、陶器よりもはるかに考古学的な記録に残りにくいためであることは容易に想像がつく。

飲料のミルクが豊富に生産できることと、陶器の容器（バスケットも）とが両方揃って、酸を使用してのチーズ製造が日常的に行われるようになる。ミルクを加工する利点はおそらくすぐに広く知られるようになったに違いない。チーズ製造（バター製造も）は酪農業が始まるや、肥沃な三日月地帯に急速に広がったからだ。紀元前六五〇〇年から六〇〇〇年くらいの地層から発見された陶器の壺のかけらに付着して残った物質（特に脂質）を調べると、この時代の陶器が広く酪農製品に用いられたことが確認できる。さらに、残留物質の性質からみて、壺には非加工の生乳ではなくチーズやバターやギー（水牛バター）といった酪農加工品を入れていたことは間違いない（Evershed et al. 2008）。

新石器時代の新しいチーズとはいったいどのようなものだったのだろうか。はっきりとしたことは言えないが、おそらく酸で固めるタイプのチーズで、たとえば、チョケレクチーズのような、今日でも近東で生産されている伝統的なチーズに類似するものだと思われる（Kamber 2008a）。新石器時代初めごろのチーズ製造の過程で、たまたま酸と熱が結びついて凝固することが発見されたのだろう。これがリコッタチーズの原理である。陶器製造の到来で火の上に陶器をのせて液体を加熱することが可能となり、それによって、調理方法の変化や、様々な食品を加熱する試みへとつながったのだと思われる。このことは煤と熱分解によって生じた有機物質が陶器の中に残っていることから明らかである（すなわち、有機残留物質が加熱によって生じたということ）（Evershedet al. 2008; Barker 2006）。部分的に発酵したミルクやチーズを作った後のホェイを加熱する試みによって、ミルクのタンパク質を凝固させる酸と温度の最適のコンビネーションが、偶然生じたのではないか。これが酸と加熱によるチーズの発見で、今日近東で広く製造されているものである（Kamber 2008a）。

酸による凝固、あるいは酸と加熱による凝固でできるチーズは水分含有率が非常に高いため、微生物による劣化を防ぐことができず、特に、南西アジアの高温の気候では急速に腐敗する。したがって、こうした早い時期のチーズはおそらく新鮮なものを消費したのだろう。これは今日の近東でも同様だ。しかし、このような傷みやすいチーズでも塩を加えたり、空気に触れない状態に包装し、高温を避ければ長期の保存にも耐える。たとえば、トルコのチョケレクやロルのような酸によって凝固させるものや、酸と加熱による伝統製法のチーズでは、現在でも空気を通さない陶製容器に入れて密封したうえで、地面に埋めて熟成させ、焼けつく外気温から守っている（Kamber 2008a）。このようなやり方で紀元前六五〇〇年の陶器のかけらに付着して残ったチーズは、酸かまたは酸と加熱による凝固を利用して製造され、今日と同様に密封容器で保存されていたのだろう。

トルコで今でも伝統製法として行われているように、動物の皮で作った袋もソフトタイプのチーズの熟成と保存に使用されていたのではないだろうか（Kamber 2008a）。もっとも、当時この傷みやすい手法がとられたかどうかは考古学上の記録からはわからない。新鮮なカードを保存するために、これ以外の方法としては、日光によって乾燥させるという方法があった。これは近東で今日でも広く行われている。出来上がったチーズは硬く乾燥し、非常に保存性が高く、摩り下ろしてスープの中に入れて用いるのに適している。小型の陶器製のふるいで内側の表面をざらざらに加工したものが少し後の時代の地層から発見されており、これがチーズの摩り下ろし器として使用されていたのではないか（Ellison 1984）。

レンネットの発見

レンネット（反芻動物の胃の内膜を乾燥させたもので、ミルクを凝固させるのに使用する物質）凝固によるチーズ製造についてはどうだろうか。新石器時代にもこの複雑な製法が果たして試されていたのだろうか。確実なことは言えないが、動物のレンネット酵素（子ヤギや子羊、あるいは子牛の胃から取った組織やそこからの塩水抽出物）を用いてミルクを凝固させる技術自体は、動物のミルクを搾って集めるようになるとじきに行われるようになったと思われる。自然死したり、屠殺された子ヤギや子羊、子牛でまだ授乳期にあった動物の胃の中に凝固したミルクがたまっていることは、新石器時代の牧畜に従事していた人々にはよく知られていただろう。したがって、胃とミルクの凝固、チーズのカードとの結びつきが広く知られる機会は十分にあったといえる。

レンネットを用いた凝固では、まだ乳を飲んでいた子どもの動物の胃から取った凝固ミルクを新鮮なミルクに加えることがおそらく同時に試みられたことだろう。これは古代に起源をもつもので、イングランドやアメリカでは少なくとも十八世紀まで続いた。ある時点からは胃の組織の一部をミルクに加えるようになったが、それによってより一層濃度の高い凝固酵素が加えられることになり、凝固はさらに進むことになったのである。いったん胃の組織を用いた凝固の有用性が知られるようになると、塩につけて胃を保存しておく方法が広がっていったのは当然といえる。こうして、レンネット酵素は、必要量が常に入手できるようになった。

ところで、レンネット凝固の発見については神話のような話が語られてきた。遊牧の旅人がヤギか羊などの動物の胃から作った水筒に新鮮なミルクを入れて旅に出たところ、立ち止まってミルクを飲もうと思ったら、ミルクは固まっていたという。この筋書きは最早信憑性が低い。そのミルクを飲む遊牧民の成人に、ラクトースに対する耐性があることが前提となっているからだ。先にもふれたが、新石器時代人がミルクを集めてチーズやバターを製造するようになった後も、少なくとも千年は成人のラクターゼ持続性は出来上がらなかったらしい。

チーズやバターの製造は成人のミルク消費が広がるずっと前に始まっており、成人のラクトースアレルギーが消失するよりもよほど速いスピードで乳製品製造が広がっていたことは、研究者の間では広く認められてきているのだ（Evershed et al. 2008）。

言い換えると、新石器時代人の間に酪農が定着する足掛かりを作ったのは、チーズ・バター製造で、結果として人類の遺伝子的自然淘汰が起こったのもそれが原因だったのである。旅する羊飼いが旅の途中でミルクを飲んでいたという神話は、チーズ・バターの製造が始まって既に千年を経過していたのでなければ、いかにも考えにくいし、もしもそれだけの時間があったのなら、レンネットによる凝固はとっくに発見されていたはずだ。もちろん、くだんの羊飼いが自分の子供のために、動物の胃袋にミルクを入れて運んでいたというのなら話は違ってくる。とはいえすべては推論にすぎない。レンネットによる凝固が行われていたという決定的な史実が出るのはまだかなり後の時代のことなのである。

ここまでを少しまとめておこう。紀元前七〇〇〇年代のチーズ製造の始まりは新石器時代人にとって大きな前進だった。栄養価の高い動物のミルクを幼児から老人まで不可欠の食品にまで高め、保存のきく食品に変化させることに成功したのだ。肥沃な三日月地帯の農業システムが、この地に急激な人口増加と環境破壊を引き起こして壊滅的な状況が発生したのと同時期のことだ。しかし、チーズ製造の価値はこの時代の民族の間で失われてしまうことはなかった。その知識は人々とともに各地に旅立ち、行く先々、定住する土地で何世紀にもわたって、チーズ製造の技術を支え続けるのである。

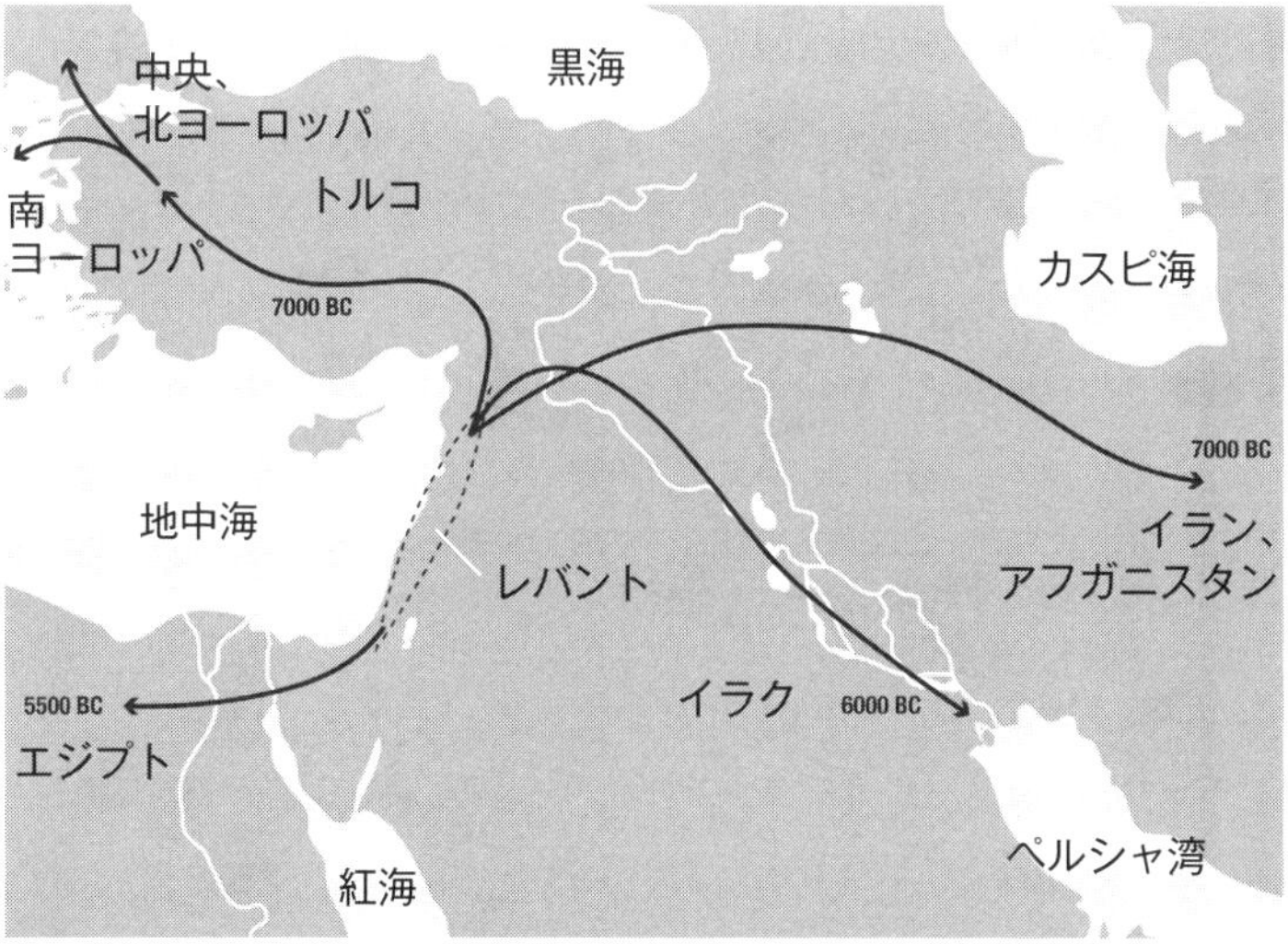

図1—2
レバント地方や肥沃な三日月地帯の人口増加と環境破壊が原因で、新石器時代人たちは各地へ大規模な移動を始めた。どこへ定住することになろうとも、彼らはその地に酪農とチーズ製造を含む混合農業をもたらした。

新石器時代人の大移動

陶器が作られるようになり、牧畜とミルクの製造が近東の経済で重要な存在となったころ、人口の増加と天然の浸食作用が進んだため、人々は大挙して肥沃な三日月地帯を出て、各地に移動していった（図一—二）。

南東方向へ向かった移民たちはチグリス・ユーフラテス川流域南部のメソポタミア低地帯に進み、ウバイド人による居住地へと達した。紀元前六〇〇〇年にはウバイド人たちはすでに灌漑農業を中心に据えた新しい文化を生み出し、この後すぐに続く大メソポタミア文明の基礎を築いた。

シナイ半島を抜ける南西方向への移民は紀元前五〇〇〇年ごろにエジプトに達し、ここでもまた灌漑農業に基盤を置いた新文明が、ナイル川流域に起こる。東方へ向かった移民の流れは漸次イラン、アフガニスタンとパキスタンを通り抜けて、紀元前六五〇〇年ごろまでにパキスタンとインドの境界線を形作っていたインダス渓谷にまで及んだ。ここはやがてハラッパ文明が花開く地である。

チーズ製造はメソポタミアでも、エジプトでも、そしておそらくはハラッパでもそれぞれの文明における重要な役割を担うことになるのである。

最後に、北方や西方へと向かった移民は二つの別々のルートを取ることになる。一つはトルコを抜けてトラキアへと入り、バルカン半島へ、そのあと、ドナウ川、ライン川に沿って北方へ向かったグループ。彼らは紀元前四五〇〇年ごろまでには北海とイングランドに到着した。もう一方のルートはレバントの海から西方へ向かうもの。地中海北側の海岸をギリシャ、イタリア、フランスを経て、スペインに至るルートだった。

動物の骨と陶器のかけらの分布の分析から、新石器時代の農民たちはどこへ入植しようと、ミルクの生産とバター、チーズの製造を含む混合農業に基礎を置く近東の特色を持ち込んだようだ（Copley et al. 2003, 2005a, b; Craig et al. 2005; Evershed 2005; Evershed et al. 2008; Spangenberg et al. 2006）。

紀元前四五〇〇年ごろまでに新石器時代の近東文化は地中海沿岸、ヨーロッパのほぼ全域と中東を席巻し、インドへの入り口にまで広がっていた。チーズの歴史という観点からいえば、移民がどこへ入植しようともチーズ製造は脈々と伝えられていった。こうして、多種多様なチーズが並ぶ時代へと人類はさらに一歩を踏み出したのである。

第2章　文明のゆりかご　チーズと宗教

主はマムレの樫の木の所でアブラハムに現れた。暑い真昼に、アブラハムは天幕の入り口に座っていた。……アブラハムは急いで天幕に戻り、サラのところに来て言った。「早く、上等の小麦粉を三セアほどこねて、パン菓子をこしらえなさい。」アブラハムは牛の群れのところへ走って行き、柔らかくておいしそうな子牛を選び、召し使いに渡し、急いで料理させた。アブラハムは、凝乳、乳、出来立ての子牛の料理などを運び、彼らの前に並べた。そして、彼らが木陰で食事をしている間、そばに立って給仕をした。

（創世記　十八：一、六〜八）

創世記の説明によると、南部メソポタミアのウルの町で、羊飼いアブラハムは三大一神教である、ユダヤ教、キリスト教、イスラム教の祖となった。紀元前二〇〇〇年の初めごろ、神に呼ばれて、南部レバントの約束の地に向かうように命じられる。チグリス川とユーフラテス川の氾濫によって作られた沖積層の低地、シリアとイラクを通り抜けてペルシャ湾へ続くこの地は「文明のゆりかご」と称された。

紀元前三〇〇〇年ごろメソポタミア文明の中心に位置したのは大都市ウルである（Chavalas 2005）。ウルの人口は最盛期には六万五千人とも推測され、おそらく当時の世界一の大都市であった。また、神殿の書記が粘土板に楔形文字で記録していた詳細な会計簿によると、ウルはチーズやバターの生産の中心地でもあったことが知られる。

神に捧げるチーズ

ウルを離れたあと、アブラハムはついにカナンの地、ヨルダン川西岸にもほど近いヘブロンに入った。創世記第十八章で三人の訪問者をむかえたアブラハムが、その一人が主なる神で残りの二人が天使であることを知って狂喜するくだりはこの地での出来事である。このような賓客を迎えて、どのようにこの誉れと歓迎の意を表したらよいのだろう。興奮する気持ちを抑えてアブラハムは大急ぎで歓迎の宴を催す。その食卓には焼きたてのパン、柔らかな子牛の肉、カード（フレッシュチーズ）、ミルクが並んだ。

この話からまず、成人のラクトース耐性がこの時代、アブラハムの故郷メソポタミアですでに広がっていたこと、また、ミルクが神聖な飲み物と位置づけられていることが窺われて興味深い。メソポタミアでは牧畜民たちばかりでなく、王家のエリートたちも牛やヤギ、羊のミルクを飲んでいたということが、南部メソポタミアの出土品からも推測される（Bottéro 2004; Limet 1987）。

チーズの歴史を語る観点からさらに面白いのは、アブラハムがカード、あるいはフレッシュチーズは神の栄光の食卓に載せるのにふさわしいと考えていたことである。これはチーズが信仰にかかわっていたことを示す最古の記録であることは間違いない。この時期までにチーズは、メソポタミアの地において宗教上の儀式などで欠くことのできない存在となってすでに千年以上が経過していた。実際に、紀元前三世紀、寺院ではチーズとバターの日常的な供え物がごく普通になされるなど、宗教儀式のなかに組み込まれていたのである。制度としての宗教体系を通じてこうした儀式は周辺に伝播し、人類の最初の文明の成立に際しても中心的な役割を果たした。その結果、近東とギリシャ、ローマさえも含む、その後に続くほとんどすべての文明に影響を及ぼすこととなったのである（Kramer 1969）。
特筆すべきは、チーズが初期においては宗教的な神話および儀式的表現において欠かせない要素であったことだ。その神話や儀式が端緒となって、大文明が連鎖的に発展を遂げ、それが結果的に西欧文化を形成することとなるのだ。

少し先を急ぎすぎてしまった。第一章では、紀元前六〇〇〇年ごろ、新石器時代が衰退期に入ったところまでで終わっている。この時期、人口が急増し、環境破壊が進み、牧畜へ急速に転換した。また、レバント地方の住民が大挙して周辺各地へと大移動を開始したのだった。では、この時期までいったん戻ることにしよう。こうした問題の多い時代から、最初の世界文明は出現してくるのだ。――チーズもまたこの物語の中で一つの役割を果たすことになる。

メソポタミアの繁栄

紀元前五〇〇〇年代に入るころまでには、チグリス・ユーフラテス川沿岸を南に向かって移動した新石器時代人たちは、定住して二つの社会を作った。北側にハラフ、南にはウバイドである（Bogucki, 1999）。高地に当たる北部では降雨量も十分で、灌漑設備なしでも農業ができた。ハラフでは新石器時代の祖先たちと同様に小規模農業コミュニティーを形成した。しかし、今日の南部イラクに当たる南部地域では、ウバイドの村々は生命の水、ユーフラテス川から水を引く小規模の灌漑設備に完全に依存しており、灌漑用水がなくなればすぐにも砂漠化するような土地で穀物を栽培していた。

千五百年以上もの間、ウバイドの村々はほとんど発展の兆しを見せず、小さな田舎の村にすぎなかった。しかし紀元前三〇〇〇年代の初めごろ、人類の物語の中で「都市革命」とも称される（Chavalas, 2005）目覚ましい発展がウバイドにも訪れた。

これがシュメール文明の始まりで、独立した都市国家のように機能する、世界最初の巨大な複合都市が突如出現したのである。ウルクに代表されるこうした都市国家は、高度に洗練された中央集権的管理統治システムのもとに、社会的にも経済的にも階層化した社会を構成していた。また、技術面でも、建築上に目覚ましい進歩を現しており、加えて、宗教概念や共同体での儀式、そして新たなコミュニケーション形式である書記言語において革新が見られた。

シュメール文明は二千年近くにわたって続き、これに続くメソポタミア文明（初期バビロニアやアッシリア、後期バビロニア）、さらにはエジプト、ヒッタイト、のちにはギリシャやローマ文明にまで影響を与え続ける（Kramer 1963b, 1969）。こうした人類史上の画期的な躍進が、世界のその他の地を差し置いて、なぜ厳しい自然環境の南部イラク地方に起こったのだろうか。これは古代史における未解決の謎の一つで、今日でも大きな魅力を放っている（Foster and Foster 2009）。

近年の考古学と人類学による発見によって、この謎の時代に学問的な焦点が当てられるようになり、我々のチーズの歴史をたどる旅に直接交差してくる大変興味深い物語が現れてきたのである。シュメール文明は都市の大変革とともに起こったのだが、都市変革自体がもう一つ別の変革の産物であった。「二次産品革命」である（Sherratt 1983, 1981）。この時期はおそらく紀元前四〇〇〇年代、そのピークは紀元前三〇〇〇年代で、家畜の利用方法が革命的な変化を遂げたのである。羊毛やミルクを生みだすといった他に、農作業や輸送の担い手としての家畜の新たな活用法が、初めにはメソポタミアで発展、実用化され、その後、近東全域に、さらにはヨーロッパ全域へと広がっていった。

牛の画期的活用法の発見

二次産品革命になくてはならないものは鋤《すき》の発明である。牛はチグリス川とユーフラテス川がペルシャ湾へと流れていく、南部メソポタミアのデルタ地帯でよく生育した。そこに住むウバイドの種族たちは鋤の発明によって、雄牛の強力な牽引力を利用できるようになった最初の民族だった。よく発達した灌漑と鋤の利用によってウバイドはユーフラテス川に沿った沖積層の肥沃な土地に、それ以前鍬《くわ》だけで牽いていた仕事をはるかに超えて耕作地を拡大した。その結果、ユーフラテス川の両岸の土地は集中的に耕作されて農産物の産出量も多くなった。共同の農産品貯蔵庫が各地に建設されていたことからも、ウバイドの諸民族たちがその後千年にわたって繁栄していたことがうかがえる。

ウバイドの耕作地は紀元前四〇〇〇年代には大きく広がり、収穫後の刈り株畑を養生させるために定期的に作付を休む休耕地は、羊やヤギの豊かな放牧地となった。また、そのおかげで土地は豊かな肥しを得ることになった。

洪水の多いメソポタミアの低湿地帯周辺部の耕作限界地、とくに水量の多いザグロス山地の東側の谷では、羊やヤギの放牧は季節ごとの移動をしながらすでに古くから行われていた（Zarins 1990；Flannery 1965）。紀元前四〇〇〇年代、ヤギ、特に羊の放牧がウバイドの農耕地、ユーフラテス川の沖積層平野に沿って集中して行われ始めていた。農地は栽培に使っている時期には立ち入り禁止となるため、家畜の群れに草を食べさせるために別の土地が必要になる。そこで遊牧民たちは家畜の季節移動の仕組みを作り上げた。耕作中は、遠く周辺各地に広がる荒れ地やザグロス山中にある草地へ家畜を連れて移動し、農地で収穫が終わるとまた沖積層平野へと戻ってくるのである（Flannery 1965; Pollock 1999）。

こうした季節移動によって羊の飼育は盛んになり、それによって羊毛と織物、ミルクの生産が増加し、その保存のためにチーズやバター、水牛バターのギーを生産することに一層の力が注がれるようになったのである（Sherratt 1981, 1983）。ギーは保存性の高い精製バターオイルで、バターを溶かして水分とタンパク質の一部を取り除いて作られる。チーズ製造が家畜の組織的季節移動と結びついたおそらく最初の実例がこれだろう。歴史を通じて繰り返されていくことになるチーズ製造の原材料と生産のモデルである。

ウバイド文化に関して、もう一つ大きな変化は、宗教的イデオロギーの中心地として村に神殿が建てられ始めたことである。新石器時代の近東では宗教的な儀式は至る所で行われたが、それまでは主として家族、または世帯ごとの祭壇に限られていた。

ウバイドの都市、エリドゥでは紀元前五〇〇〇年前後を起点として千五百年以上もの間、同じ場所に合計十八の神殿が連続して建造された。時が経つにつれて、神殿は一層巨大化し、また洗練されていった。紀元前四〇〇〇年代の終わりごろには地域の神殿は、明らかに経済的機能をも帯びるようになってきた。鋤と灌漑設備の充実によって新しい農地と牧草地が次々に開かれていくにつれて、各地の神殿は増加してきた余剰穀物やのちには羊毛の織物のための貯蔵庫として利用され、またそうした産物の監督所としての機能を果たすようになったのである。

羊毛の織物はウバイド社会に貴重な資源をもたらした。遠隔地と交渉して、建築用の材木や石材、黒曜石や、装飾品として、また鋭い刃を保持できる機能が高く評価されたガラス質の火山性クリスタルなど、不足している資源や品物と交換できるからである。

槌《つち》で打ったり、鋳造《ちゅうぞう》したりした銅製品は紀元前五〇〇〇年代にアナトリアで発展したものだが、さらに道具類への応用が求められた。ロバや馬などの家畜を乗用に使ったり、荷物を運搬できるように、雄牛やロバをつないだ荷車が南部メソポタミア地方に登場した（Sherratt 1983）。この新しい輸送力のおかげで、ウバイドの交易ネットワークは拡張していったのである。

こうして、紀元前三〇〇〇年代までには、ウバイドの人口が増加するとともに、灌漑設備と鋤を農業に用いて増産された農産品や羊毛は、家畜が自ら荷車を引いて運ぶという新奇の輸送手段を用いたおかげで遠距離貿易も可能となった。またコミュニティーの神殿は栄え、宗教的な信念も共有されていった。このような土台の上に、人類史の新しい章が今まさにウルクの地で開かれようとしていたのである。ウルクの時代は南部メソポタミアの沖積層への人口の大規模な流入と集中が特徴である。地方では人口は減少し、何万という人々がウルクに集まってきた。

また他にもいくつか大きな都市が形成された（Bogucki 1999; Yoffee 1995）。これらの町は田舎の人口を引きよせ、紀元前三〇〇〇年代の後半までにウルク、エリドゥ、ウル、ニップル、キシの五つの都市が頭角を現した。中でもウルクは最大のものだった。これらは人類史上最初の都市と言える。より正確には都市国家と呼ばれるもので、シュメール文明の誕生を先触れするものであった。

千年以上にわたって小規模のまま（一ヘクタール）、発展の速度の遅かったウバイドの村々に対して、ウルクは急激に二百五十ヘクタール、四万人の巨大な城壁都市へと変貌を遂げた（McMahon 2005）。空の神アンと、天の女王イナンナのそれぞれに捧げられた二つの大きな神殿が、周辺の風景の上に聳え立ち、数キロメートルも先の平野からよく見えたという（Foster and Foster 2009）。

ウルクには高度な経済が発達しており、中央集権の法制と行政があり、非宗教的なエリート集団が神殿のヒエラルキーと密接な協力関係の下に、階層社会を支配していた。支配層であるエリート集団の力は都市内だけでなく、周辺の地域にも広く及び、農産物の形で重税を取り立てていた。

これほど広範囲の多数の住民に対して支配層エリートたちと神殿の神官たちが、一体どのようにして支配権を握ることができたのか、都市内に対しても、また周辺地域に対しても、これほど急速に支配圏を拡大し、高度な発達を遂げることができたのはなぜか、今日でも研究者の間で議論が尽きない。しかし、支配階層が宗教的な信条と巨大な神殿の建造物を巧みに利用して人々の心をひきつけ、都市国家の支配の下に統一したことは疑いの余地はない（Liverani 2005）。神話や宗派による儀式、ウルクの時代から現れてきた神殿建造物は、ウルクとその姉妹都市国家シュメールの中央集権支配の強力な土台となった。こうした宗教的な基盤がのちには、近東各地の文明にも借用され、さらに形を変えて利用されていくのである。

女神の結婚の決め手はチーズ

ウルクの神殿の中心には女神イナンナ、宵と明けの明星の形をとった天の女王がいた。イナンナは豊穣と性愛、季節と収穫の女神であり、共同の余剰農産物を収納していた穀物蔵の守り神でもあった（De Shong Meador 2000; Kramer 1969, 1972）。異論はあるかもしれないが、シュメールの神々の中でイナンナは人類に最も深く関わった神であろう。なぜなら収穫を左右する季節の循環を司っていたからである。

ウルクの支配層エリートと神殿の神官たちが振るっていた強大な力は、イナンナとの親密な関係に由来しており、彼らはイナンナの好意と加護を我が物とすることができたのである。

王とイナンナとの関係はイナンナ神話とその儀式によって制度化されている。その神話と儀式はウルク時代に始まり、紀元前二〇〇〇年代のメソポタミアを支配したシュメールとアッカド王権の時代へと継承された。そうした神話や儀式はウル第三王朝の時代の紀元前二三〇〇年から二一〇〇年ごろに楔形文字の粘土板に記録されているが、その多くは修復され、解読されている（Kramer 1963a）。

イナンナの聖なる結婚の神話の中に、人間の中から結婚相手を決める時、自分の兄である太陽神のウトゥと争いになるという件がある（Kramer 1969）。ウトゥはイナンナを羊飼いのドゥムジと結婚させたいと思っているが、イナンナは自分に穀物をくれる農夫エンキムドゥのほうを望む。そこでドゥムジはミルクとクリームを捧げると言い、イナンナに向かって、なぜ農夫のほうがいいのかを教えろと迫る。ドゥムジは、農夫が捧げるパンや豆類やナツメヤシなどの産物に比べて、自分の捧げ物、ミルク、発酵乳（ヨーグルト）、攪拌乳（バターやギー）、また、蜂蜜チーズ、スモールチーズなどがどんなにいいか、熱烈に主張する。自分はたっぷりとクリームとミルクを作れる、自分たちが食べた後の残りものだけで、ライバルの農夫が十分に生きていけるくらいにたっぷりとだと自慢する（Kramer 1969）。ドゥムジの主張に動かされてイナンナは羊飼いと結婚することに同意するのである。

また別の神話では、イナンナが自分の夫ドゥムジを「地上の神の船」に任命して、ドゥムジはウルクの王となる。結婚して幸せな暮らしを始めると、イナンナはドゥムジと契約を結ぶ。イナンナは新王であるドゥムジに栄養価の高い新鮮なミルクとクリーム、それとチーズを要求し、その代わりに、イナンナは王の穀物蔵の守りと繁栄を約束するというものだ（Kramer 1969）。

これがドゥムジとイナンナを祀る儀式の起源で、二千年以上もの間、様々な形でメソポタミア地方に影響力を及ぼした。その中心は聖なる結婚の儀式である。王位にあるものがイナンナと結婚するという象徴劇を、おそらくは女性神官が代理となって毎年新年の初めに行うのだ（Kramer 1969）。これによってウルクの王はイナンナの真の夫、ドゥムジの象徴ということになった。ドゥムジが契約を履行して、チーズとクリーム（実際にはバターとギーの形で）を天の女神にたっぷりと捧げると、イナンナからはその年の恩恵が約束されるというわけだ。民衆からみても、毎年繰り広げられる聖なる結婚の儀式により国王と女神が特別な関係にあること、国王が神に近い存在であることが認識されるようになっていく。国王がイナンナを幸福にし、収穫の恵みを保障するということは、民衆にもよく理解され、それが国王への帰依となっていった。こうして、国王と支配層エリートたちへの服従は心理的にも快感を得られるものとなったのである（Liverani 2005）。イナンナ自身から最高の権限と威光を与えられたことで、ウルクの支配層は都市国家を組織する力をつけていった。この世の不思議ともいえるウルクの都市国家はすぐに各地の都市に模倣されていくことになる。

イナンナの好意が結婚によって得られるという考えは人々の心を強くとらえ、聖なる結婚の儀式は、ニップル、ウル、イシンといったその他のシュメール人の都市国家でも行われるようになった。各都市はそれぞれ守護神を祀っていたが、イナンナに対しては収穫の保全と繁栄を期待した（De Shong Meador 2000; Kramer 1969; Reisman 1973）。

時が経つにつれてあちらこちらの都市で、儀式は違った形へと変化を遂げていく。紀元前二三〇〇年ごろのウルの町では、聖なる結婚の儀式にイナンナの両親である月の神ナナとその妻の女神ニンガルが登場する変化形がアッカド人の間にみられた。ナナ（ウルの国王が演じる）とニンガル（ナナの神殿に仕える女神官が演じる）の毎年の結婚によって、この地に来る年の豊穣が約束されるのである（De Shong Meador 2000）。娘のイナンナと同様、ニンガルもチーズとバターの捧げ物を日々要求した。

聖なる結婚の儀式のテーマに関して他に知られているものには、ニンギルスとバブ、ナンセとニンダールが含まれる例もある（Selz 2008）。ドゥムジとイナンナの儀式はセム族のアッカド人の間でそれと対応するタムズとイシュタールの儀式となって、メソポタミア世界でキリストの時代の初めまで存続することになるのである。イシュタールはレバント地方でアスタルテという悪名高い性愛と豊穣の女神となり、繰り返しイスラエル人を誘惑した。旧約聖書のソロモン大王も彼女に誘惑された一人だった。フェニキア人もまたアスタルテを信仰し、その宗派はギリシャ人へと伝えられた。これがアフロディーテと名前を変え、愛と豊穣の女神として紀元前九〇〇年前後にローマの神殿へと受け入れられた（Sansone 2009）。女神イナンナは時空を超えてその腕を伸ばしていたのである。

チーズなしではいられない女神イナンナ

イナンナが羊飼いのドゥムジを選んで、羊の乳から作りだされるものを求めたことは、神殿の上級神官たちがチーズやバターを日々の供え物とするきっかけになっただけでなく、ウルクとそのあとに続いてくるメソポタミア文明の広域経済にとっても重要な意味を持った。イナンナが常にチーズとバターを要求したことから、神殿では羊の乳製品を管理する必要が生じ、その過程で、羊毛製品の生産も管理するようになったのである（Liverani 2005）。羊毛が使える羊が誕生したのは、おそらく紀元前四〇〇〇年から三五〇〇年ごろに品種改良が進んだためである。それ以前には羊はケンプと呼ばれる長くてかたい、織物に適さない毛でおおわれていた（Anthony 2007）。羊毛がとれる羊の出現で品質の良い羊毛製品が生産できるようになり、ウルクはどの都市よりも早く、羊毛の持つ巨大な可能性を手にすることができたのである。ウルクの繊維製品は有名になり、広域交易網が建設されると貴重な輸出品として取引されるようになる。

イナンナのシンボルは、羊の群れと繊維生産の様々な場面を描いたウルクの印章に見られる。そこからは神殿が紀元前三〇〇〇年代には、羊毛と繊維製品の製造を管理する力を得ていたことがわかる（Algaze 2008）。織物用の糸の生産をするために羊とヤギの品種改良が進み、ウルクの時代には神殿が製糸工場を経営して生産は急増した。毛織物生産に五千人から六千人もの労働者を使い、ウルクとその姉妹都市には莫大な富が集まった（Algaze 2008; Liverani 2005）。こうして、イナンナの神話は支配層が羊の生産の管理を強化する口実に利用されて、表面上はイナンナが求めるチーズとバターを供給しながら、羊毛製品への管理体制も固めていったのである。

メソポタミアでは大規模な毛織物生産がウルク衰退後も長く続けられ、何百万という羊と労働者が、国家の支援する巨大な施設に雇われて毛織物を作っていた（Algaze 2008）。紀元前三〇〇〇年代から二〇〇〇年代にかけて、毛織物はシュメール文明の経済を動かす主たるエンジンだったのである。イナンナの側にそんなつもりがあったのか、なかったのか、羊のミルクから作ったチーズやバターに対するイナンナの飽くなき食欲が、結果としてこの経済活動の始動に貢献したと言えよう。

ところで、イナンナに捧げるチーズやバター、その他の農産品をいつ、どこにどれだけ配置するかが問題となってきた時、その解決に書記言語の発達が大きな役割を果たした。ウルクの神殿組織は紀元前三〇〇〇年代ごろに大幅に拡大し、各宗派の儀式はその規模も大きくなり、頻度も増えていた。日々の捧げ物や特別な儀式のために常に一定量の農産品が運ばれてくる必要があった。その中には乳製品も含まれており、貯蔵室は拡張され、管理監督は複雑さを極めるようになった。

初めのうちは粘土で作られたコインが捧げ物の生産の記録用に使用されていた。コインの一つ一つは品物の一単位を表し、中のくりぬかれた粘土製のボールの中に次々に入れられ、その後ふたが閉められると、彫刻の入った石のコインで公式の封緘が押された。物品を貯蔵する神殿の貯蔵庫や容器も規定通りに粘土で封印された。彫刻の入った石のコインや円柱で、湿った粘土の上に封緘を押して、内容を明記し、不正な記録改ざんを防いでいた。イナンナのシンボルが刻まれた封緘が、ウルクにあるイナンナ

図２―１
ウルク時代の円柱形封緘、およそ紀元前3300〜3000年ごろのもの（右）と、粘土板封緘（左）。粘土板にはイナンナの聖なる雌羊にえさをやる神官が描かれている。イナンナのシンボルは垂直に束ねられたアシに優雅に垂れた頭飾りが被せられたもので、封緘には３回それが刻まれる。（写真は大英博物館提供、著作権は大英博物館評議会に属する）

の神殿付近で多数発見されている（図二―一）。

農産品の納入が増加の一途をたどり、その記録管理の負担も増え続けたため、神殿の担当官は品物とその数量をコインで刻印するのでなく、粘土板に刻むようになった（Dickin 2007）。こうして湿った粘土板に記号を刻むやり方の会計制度が発達したのである。これが初期の楔形文字で、やがてシュメール人の楔形文字、世界最古の書記言語へと進化した（Kramer 1963a）。楔形文字の出土品で、最も早いものはウルクのイナンナ神殿の周辺で見つかった、紀元前三三〇〇年ごろのものと思われる粘土板で、象形文字が含まれていた（Bogucki 1999）。紀元前三〇〇〇年代の終わりごろのものと推定される同様の粘土板が、五千八百前後もウルクの神殿などから出土している（Foster 2009）。

イナンナ神殿の担当神官によって記録された書類は驚くほど複雑で、ウルクで発見された初期の楔形文字によ る粘土板には、イナンナの神殿に乳製品を供給する羊、ヤギ、牛の群れの記録が刻まれていた（Green 1980）。神殿は家畜の世話を専門にしている羊飼いたちにイナンナの聖なる動物たちを委ね、年末に全体の計算書を用意させたのだろう。粘土板には成長した雄と雌の頭数、捧げ物にした雄雌の頭数、年間に生産された乳製品の数量が記録されていた。

のちの時代になると、羊飼いやヤギ飼い、牛飼いを雇う契約が、古代の近東では普通に行われるようになった。羊飼いたちは神殿に納入するチーズやバターの年間量の割り当てが決められるのが普通だった（Finkelstein 1968; Gelb 1967; Gomi 1980）。それを示す大量の封緘や粘土板がイナンナ神殿から発見されている。もちろん全体のごくわずかにすぎないはずだが、イナンナにチーズなどの乳製品を供え物として調達することは大きな商売で、その商売を支える書記言語は、勢力拡大を続ける神官にとって支配地域に目を配るため、必須の道具であった。ウルクの例に倣って、この他のシュメール人の都市国家でも神殿に運び込まれる羊やヤギ、牛の乳製品の膨大な会計記録を残したのだった（Green 1980; Gomi 1980; Martin et al. 2001）。

ウルの町からの日々の捧げ物の詳細な記録が、女神ニンガル（ニンガルはウルの守護神であり、イナンナの母でもある）の神殿から発見されている。紀元前二〇〇〇年代の終わりに近づいたころのものだ（Figulla 1953）。神殿で発見された大量の古文書のうちの楔形文字で書かれた六十七枚の粘土板がそれである。約百年にもわたる記録で、神殿の貯蔵庫からニンガルやイナンナ、その他の神々への捧げ物として神官が受け取った品々が粘土板には記録されていた。どの粘土板にも同じ三つの日用品名が記載されている。バター（またはギー）、チーズ、それとナツメヤシで、時によってはミルク、上質な油や、

潤滑油も含まれていた。日々運ばれてくるバターとチーズの量は常に一定量で、百年という期間にわたって二十九リットルから五十四リットルの幅で驚くほど正確な量が捧げられていた。またイナンナ以外の神々も、日々の捧げ物としてチーズとバターを受け取っていたということが記録からわかっている。

神殿では、契約を交わした羊飼いたちが家畜の世話とチーズ製造にあたっていたが、シュメール人の神殿のいくつかでは、神官が自らミルクの製造とその加工に直接かかわっていたところもあったようだ。テルアルウバイドの町にある、紀元前二五〇〇年ごろのものと推定される女神ニンクールサギンに捧げられた神殿からは、それを裏付ける石灰岩に刻まれたフリーズが発見されている(Woolley and Moorey 1982)。そこにはアシの葉をふいた牛小屋の片方の戸口で雌牛が搾乳されていて、その戸口から二頭の子牛が入ってくるのが見える(図二―二)。その戸口反対側には神官の服装をした人物がいて、そのうちの一人は座っていて、口の細い大きな壺を揺らしているよう

図2―2
南部メソポタミア、テルアルウバイドから出土した、天然アスファルトのビチューメンの上に石灰岩を載せたフリーズの鋳型。およそ紀元前2500年ごろのもの。乳製品の加工の過程を描いている。右側の2頭の雌牛が搾乳されていて、左側では神官たちがミルク製品に加工している。おそらくはバターかチーズであろう。（写真は大英博物館提供、著作権は大英博物館評議会に属する）

だ。また他の二人は液体を漏斗かあるいは漉し器を使って地面に置かれた容器に注いでいるように見える。

研究者によると、この絵はチーズかバターを製造しているところだという。バター作りだとすると、揺らしている大きな壺は攪拌機でミルクやクリームからバターにするもので、攪拌されて固まってきたバターの脂肪球を、漉し器で液体のバターミルクから分離しているのだろうか。しかし、攪拌機の大きさには疑問が残る。これほどの大きさと重量のある容器で、しかも中にはクリームも一部たまっているはずで、それをバターにできるほどの力で振動させることができるものだろうか。

もしこれがバター製造の様子を描いているのだとしたら、容器にはクリームを分離させるために大量の牛のミルクを入れていたのだろう。続いて、容器からクリームの上澄みをそれより小さい攪拌機に移す。攪拌機を回した後、漏斗か漉し器でバターの小さな脂肪球を液体のバターミルクから漉し分ける様子がフリーズには描かれているということだ。これに対して別の可能性として考えられるのは、大きい容器でミルクを貯蔵し、一晩おいて、酸で凝固させるというものである。容器をゆすって酸によるゆるいカードを分離させると、ホェイからカードを漉し分けるのである。どちらのやり方であったとしても、フリーズに描かれるほどの、神々のチーズとバターへの愛着に後押しされるかのように、神殿での乳製品製造の技術が驚くほど高いレベルに達していたことは確かだ。

シュメール人のチーズ

メソポタミアのチーズとはどのようなものだったのだろうか。

紀元前二一〇〇年ごろから二〇〇〇年ごろまでのウル第三王朝時代には辞書が作られ、シュメール語とアッカド語の用語がリストにされ、シュメール語の記録や文学を当時この地域全域の共通語となっていたアッカド語に翻訳する筆記者の必需品となっていた。そのうちの一冊には食物の章が設けられ、八百語の項目が挙げられて、その中には十八語から二十語ものチーズに関する用語が含まれている(Bottéro 1985)。これまでに翻訳できた言葉にはチーズ、フレッシュチーズ、gaziで味付けしたチーズ、蜂蜜チーズ、辛子風味のチーズ、濃厚チーズ、刺激のあるチーズ、丸型チーズ、小さいチーズ、大きいチーズ、白チーズなどがある(Bottéro 2004; Jacobsen 1983; Limet 1987; Owen and Young 1971)。これらのうちのいくつかは、ごく普通のチーズにハーブや蜂蜜といった色々な香辛料で風味をつけたもののことを指しているのだろう。

神殿の記録にバターとチーズが同量、またはほぼ同量(たとえばバター対チーズ比が、二対三)生産されていたことが繰り返し出てくる。これは両者が通例同じミルクから同時に生産されたということを意味するものだ（Gelb 1967; Gomi 1980）。牛の乳でいえば、最も単純な方法では、ミルクからクリームを取り出し、攪拌機でバターを作る。脂肪分を取り除いたミルクはバターミルクとともに発酵させ、酸によって凝固させたフレッシュチーズになる。今日でもトルコでは伝統的なチョケレクチーズをこのようにして製造する（Kamber 2008a）。テルアルウバイドのフリーズに描かれていたのはこの過程と一致する。また、クリームを取り除いた後の、一部が発酵した脱脂乳は沸騰するまで加熱すれば酸と熱によって凝固して、トルコで伝統製法によって今も作られているエリディクチーズに似たチーズ（リコッタ型）になる（Kamber and Terzi 2008）。

羊とヤギのミルクは牛のミルクのようにはクリーム分が分離しない。したがって、このやり方では羊とヤギのチーズとバターは作られていないだろう。この場合、最も有望な方法はロルやミンズィなど、またこれに類似した近東地方のチーズの製法に近いものだと考えられる（Kamber 2008b; Kamber and Terzi 2008）。伝統的にはこれらのチーズは、そのまま発酵させてヨーグルトにするようなミルクから製造される。ヨーグルトを攪拌してバターができると、脂肪球を漉し取り、残った液体（バターミルク）を大鍋に移して沸騰させる。こうしてバターミルクの中のカゼインとホェイのタンパク質は酸と加熱によって凝固し、柔らかいリコッタ状のカードができるのだ。

このようなチーズ製造の技術は新石器時代から知られていて（第一章参照）おそらくウバイドへ、それからシュメール文化へと継承されたのだろう。様々な漏斗や穴を開けた陶製の容器が漉し器としての役目を果たし、チーズのカードをホェイから取り出したり、バターミルクからバターの小さな脂肪球を漉し取ったりしたのだろう。こうした漏斗や容器がメソポタミア中の遺跡から数多く発掘されている（Ellison 1984）。

神殿の記録ではチーズとバターの量がシラ（sila）という単位で表されている。ウルクの時代以降のメソポタミアで大量に製造されていた、斜めに縁の開いた陶製の碗の容積の約一リットルに対応するものである（Ellison 1981, 1984）。チーズもバターもシラの碗に詰められて、使用されるまで粘土で封をして保存されていたのではないかと考えられる。

楔形文字の粘土板の中には神殿へのチーズの納品をニドゥ（nidu）という単位で記録しているものもある。おそらくこれは陶製の壺だろう（Martin et al. 2001）。すでに述べたが、トルコでは今日でも酸による凝固の場合も酸と加熱による凝固の場合も、どちらのタイプのチーズも伝統的に陶製の壺に詰めてきたからだ（Kamber 2008a）。

メソポタミアのチーズは神々や女神たちの聖なる食物であったばかりでなく、命に限りのある人間も食べてよい食品だった。たとえば、シュメール人の都市では宗教関係者でもそうでない人でも食料は配給制で、配給にはチーズが含まれることがあった（Ellison 1981）。また、白チーズや、バターと白チーズを材料として使ったフルーツケーキが王家の食品のリストに含まれていたことからも、支配者層もチーズを食べていたことがわかる（Limet 1987）。ボッテロの研究（Bottéro 2004）によると、酸によって凝固させて作ったチーズは乾燥させせて、ハーブで風味をつけ、料理に応用されたという。

面白いことに、メソポタミアの商人がチーズを取引したという内容は楔形文字の記録にほとんど残されていない。商人たちは乳製品が傷みやすいことから、取引をしなかったのだと結論付けるほかない（Gelb 1967）。チーズやその他の乳製品の消費は郊外の牧畜従事者の他は、主として支配者層と神殿の特権をもった労働者に限られ、メソポタミア都市部の一般住民には手に入らなかったのではないだろうか。

メソポタミアの楔形文字の記録に残るチーズというのは、おそらく酸によって凝固させるかまたは酸と加熱によるフレッシュチーズだったのだろう（Bottéro 1985; Gelb 1967）。しかし、シュメール語・アッカド語の辞書に載っている「白チーズ」という用語には大いに疑問が残る。

これはレンネット（凝乳酵素）で凝固させるチーズなのではないか。現代では「白チーズ」とは伝統製法によるレンネット凝固タイプのチーズのことで、塩漬けされているものを指すからだ。このタイプは近東の各地やバルカン諸国で作られており、その名前は白い色からきている。伝統的白チーズのうちではフェタが最もよく知られている。シュメール人の白チーズが、レンネットを使って凝固させ、塩漬けする伝統製法による今日の白チーズと類似したものかどうかは、残念だが、はっきりしない。酸によるものでも、酸と加熱によって作るチーズでも色は白くなる。

レンネット凝固によるチーズ製造に関しては、イナンナの夫、ドゥムジの死を悼むシュメール人の詩のひとつにヒントがある。この哀歌はドゥムジの母が羊飼いとしての息子を追悼するものだ（Jacobsen 1983）。

羊やヤギを砂漠との境界付近の牧畜地帯へ移動させる季節に、ドゥムジが自分の群れを追ってウルクを出て砂漠へと向かう様子を母は思い出す。そして春、砂漠で羊やヤギの子が生まれる季節にバターやチーズを作ったドゥムジの経験を語る（イナンナとの結婚にこぎつけたのは、ドゥムジの乳製品加工の腕が良かったたからだったことを思い出していただきたい）。

この詩によると、ドゥムジは二種類のチーズを作ったという。「山のように積み上げた小さなチーズ」と「棒の上に置いた大きなチーズ」である。ロド（rod）という語はチーズの量を測るのに用いた長さの単位だったことは証明がついている。「大きなチーズ」と「小さなチーズ」というのも「スードの結婚」というメソポタミアの神話の中に出てくる（Bottéro 2004）。「大きな」という語の用法からすると、チーズは固く、粘着力があり、よく結合しているということを示唆しているようである。酸や、酸と加熱によるよりもレンネットによる製法のほうがはるかに、このような特徴が出やすい。正しい状況のもとで行えば、レンネット製法のチーズは日持ちも長くなる。風味や食感は言うまでもない。レンネット凝固を用いたチーズ製法はチーズの歴史上、最も重要な発明なのである。

では、シュメール人はレンネット製法を完成したのか？　そこまで確信をもって言うことはできないが、メソポタミアで広く栽培されていたイチジクの樹液と同様に、子羊や子ヤギ、子牛といった、伝統的な動物性レンネットの原料が自由に手に入ったことは確かである（Ellison 1983）。とはいえ、レンネットを使用したという最初の明らかな証拠が出るまでにはこの後まだしばらくかかる。のちほど述べるが、北方のヒッタイト人のアナトリアが発祥である。しかし、北方に目を移す前に、西方はエジプトとナイル川、さらに東方、現代パキスタンとインドを分けて流れるインダス渓谷を簡単に眺めておこう。ここはウルクのすぐあとに二つの巨大文明が現れた場所である。

エジプトのチーズ

レバントの民族大移動は新石器時代の終わりごろに始まり、南方へ向かって不毛のシナイ砂漠を越えて前進し、紀元前五五〇〇年ごろ、ナイル峡谷に達した（Bellwood 2005）。この時、エジプトにチーズ製造の初歩的な技術が伝達されたと考えられる。

牛を集めて家畜化することは、サハラ北部ではレバント地方から家畜の一団がこの地に達する三千年も前にすでに始まっていた。この当時サハラ北部は現在よりずっと湿潤な気候で、家畜の放牧には適していたのだ（Barker 2006; Bellwood 2005）。リビア砂漠には遊牧民たちが通った道筋に、遊牧生活の様子を描いた石の芸術品が残されている。描かれたのは紀元前三〇〇〇年ごろと推定される。牛の乳搾りの様子や乳製品（おそらくチーズのカードか）の袋が網棚の上で水分を切っている様子などである（Barker 2006; Simoons 1971）。これによって、レバント地方からアフリカ北部に新石器時代が到来した時にはすでに、搾乳からチーズ製造までが行われていたことが推測できる。

メソポタミアがエジプトの文化、宗教、技術に影響を与えたことは確かだが（Chadwick 2005）、紀元前三〇〇〇年代の終わりに起こったエジプト文明に対して、メソポタミアがどの程度影響を及ぼしたのかは研究者の間でも議論がある（Najovits 2003）。エジプト興隆の原因が何であれ、歴史の転換点は紀元前三〇〇〇年ごろ、おそらくナルメル王の統治時代、エジプトの上流域（南部）と下流域（北部）が統一されて第一王朝が成立したころにあった（Chadwick 2005）。

シュメール人の国王自身は神ではなく、神々によって認められて国土を統治していると考えられたメソポタミアと違って、エジプトでは、メソポタミアの神話をある程度までは受け継いでいたが、そこからファラオが神の地位まで引き上げられたという話に発展させていった。

エジプト人の神話の中心には死後の世界とよみがえりという概念があり、これが巨大墓の建設へと走らせた。ピラミッドはエジプト王家が死後の安泰を願って建設したもので、財力さえあれば、だれでも墓を建てることができた。

初期エジプトの墓で非常に興味深いのは、死者のために大量の食糧が運び込まれていた点である。墓の多くではそうした食料品は、考古学者が発掘した時にはすでに何世紀も前に、略奪や崩壊によって無造作にばらまかれた状態になっており、分析のしようがないのが普通だ。

しかし、第一王朝、第二王朝のもの（およそ紀元前三〇〇〇年）と思われる墓の二つが無傷の状態で発見されて、エジプトにおけるチーズの最古の痕跡がここで見つかった。サカーラ墓三四七七は王や女王の墓ではなく、裕福な貴族の女性のものだった。特にこの墓は一九三七年に発見されるまでまったく踏み荒らされていなかった。埋葬に集まった人々が五千年ほど前に残した足跡までも、地面を覆っている埃の中に見分けられたほどだ（Emery 1962）。さらに、いくつかのコース料理が調理済みで二十七の陶製容器、二十一の雪花石膏と閃緑岩のボウルと皿に配膳され、石棺の前の床に並べられて、完全に残っていたのである。これらの食品のうち、三個の小型陶製容器の内容物を化学分析したところ、暫定的にだが、チーズであることが確認された。実際にその容器に入っていたのがチーズだとすると、フレッシュチーズである可能性が高い。トルコで昔から作られてきた、粘土の壺に入れて保存されるチョケレクやロルのようなチーズに似たものであろう（Kamber 2008a）。

残念なことに、エジプトのチーズ製造に関しては古代に書かれた記録からはほとんど何もわからない。なぜなら、粘土板に楔形文字が書かれていたメソポタミアとは違って、エジプトではパピルスという耐久性の低い紙のような素材が記録用に使われていたからである。考古学的な記録として、パピルスに書かれた書類で無傷で残っているものはほとんどないのである。

これよりさらに古い墓では、第一王朝のホーアハ王の墓から発見された二個の壺の内容物が化学分析の結果、チーズであるとされた（Zaky and Iskander 1942）。一九四〇年代の研究者たちが行った分析はまだ未熟な方法でしかなく、エヴァシェドら（Evershed et al. 2008）が述べているようなより新しく、さらに信頼のおける方法で確定されるまでは、サカーラ墓三四七七の調査結果と同様に、暫定的なものと考えざるを得ない。

しかし、これらの容器にチーズが入っていたと考えることは妥当に思われる。実際、ホーアハ王墓から出土した容器に刻まれた象形文字からもそれが読み取れるからだ。文字によると、容器の一つには上流域のチーズが、もう一つには下流域のチーズが入っていたことを示しているらしい（Zaky and Iskander 1942）。とはいえ、この記録が、上流域と下流域の王朝が紀元前三〇〇〇年ごろの当時統一されたばかりだったことと、政治的な関連があったかどうかは断定できない（Dalby 2009）。

チーズ製造は、紀元前二〇〇〇年代の初めまでに、肥沃な三日月地帯の反対側の端のメソポタミア文明と同様に、エジプトでも確立していたようである。このころまでに乳製品の製造、おそらくはチーズ製造も、遠く東方は、現代のパキスタンとインドを分けて流れるインダス渓谷までへも伝播していた。

ここはもう一つの文明がまもなく成立する場所である。

インド亜大陸と中国にチーズはあったか

新石器時代人の移民は農業と牧畜の技術を携えて肥沃な三日月地帯を出ると、急速に東方へと移動し、新石器時代の衰退期、紀元前六〇〇〇年代までにはインド半島への西の入り口、インダス渓谷に達した（Bellwood 2005）。西方からの最初の流入の後は、インダス地方への目立った移民はこの後数千年の間なかったらしく、この地域はゆっくりとした文明の発展をみる。土器の使用、銅、のちには青銅の技術、動物の家畜化と農業への依存など、その多くは南西アジアでも同時代だが、別々に文明は進展した（Singh 2008）。

ところが、紀元前二〇〇〇年代も半ばになると、高い文化程度をもった多数の定住者が広範囲にわたって突然現れるようになる（Sharma 2005）。多くの入植地は急速に都市化し、最も大きなものではメソポタミアの都市にも匹敵する大きさと人口を誇った（Singh 2008）。

パキスタンと同じくらいの面積の地域全体に花開いた都市と文化は、インダス文明、または中でも大きな都市ハラッパの名前から、ハラッパ文明として知られる。

メソポタミア文明とハラッパ文明との間の大きな違いは、ハラッパ文明には注目すべき神殿がないということだ。ハラッパ文明では宗教的慣習が政治機能においても、地域の経済、農業制度においても、メソポタミアほど制度的確立を見ておらず、影響力も少なかった（Sharma 2005）。事実、インダス文明の基本的な構造原理はメソポタミアやエジプトとは全く異なり、インダスの政治的、社会的組織は今日も謎に包まれたままである（Bogucki 1999）。

牛と水牛がミルクと肉を採るために、そして荷車などを引かせるために使用され、この時代には最も重要な家畜となっていたが、羊やヤギも飼育されていた。ハラッパ文明の書記言語は今日まで判読されていないため、石の蓋などに残されているおよそ四千点もの書記資料を見ても、その秘密を解き明かすことはできない（Sharma 2005）。

ハラッパ人の交易は、遠くメソポタミアやアラビア半島にまで広がっており（Sharma 2005）、乾燥チーズが陶製の容器に入れられてアラビア半島まで輸送されていたようだ（Potts 1993）。しかし、この時代の遺跡のあった層から発見された、穴のあいた陶製の碗（ホェイからカードを、バターミルクからバターを漉しわけるのに使用されたか）以外には、ハラッパ人がチーズを製造していた可能性を示す証拠は見つかっていない。

インド亜大陸でチーズやその他の乳製品を製造していたという明白な証拠が最初に現れるのは、ヒンドゥー・ヴェーダの聖典である。これは紀元前一九〇〇年ごろハラッパ文明が崩壊した後に書かれたものである。この文明が崩壊した理由については現在も十分に解明されていないままである。ヴェーダはアーリヤ人によって紀元前一五〇〇年ごろから何世紀にもわたって編集が続けられた記録である（Singh 2008）。言語学的な研究やその他様々な方面からの証拠から、アーリヤ人はイランや南部中央アジアからインダス渓谷へと紀元前一五〇〇年から一二〇〇年ごろ、複数回にわたって進出したという（Sharma 2005）。

ヴェーダ・アーリヤ人は遊牧民で、牛の飼育に力を入れていた。アーリヤ人は北方インドを横切って東方へ、ガンジス川上流の盆地へと進んだ。ここでのちに、ヴェーダ聖典が書かれるのである。古代インドはアーリヤ人の働きで、乳製品が高い地位を得たのだと、ヴェーダ聖典は明らかにしている。ミルクやギー、カード（またはフレッシュチーズ）に関する記述がヴェーダ聖典のあちらこちらに見られ、特に、食料としての、また宗教儀式での神々への捧げ物としての重要性が強調されている（Prakash 1961）。

ヴェーダには発酵したミルクを混ぜることで凝乳を作る過程が記述されている（Parkash 1961）。この古代のやり方は、乳酸菌スターターを加えるという、酸による凝固でフレッシュチーズを作る方法と同じである。ヴェーダはさらに、いくつかの植物から取った物質を加えてミルクを凝固させるやり方に言及している。ハナモツヤクノキ（インド名：palash）の樹皮や、なつめ（インド名：kuvala）のジュース、また、通常つる植物で、なつめと同じものを指すが、キノコの一種かもしれないputikaなどの植物である（Achaya 1994; Kramrisch 1975; Prakash 1961）。こうした植物性の物質がレンネットに似た酵素を含んでいたとしたら、ヴェーダはレンネット（凝乳酵素）凝固によるチーズについて記述した最も早い資料の一つだと言える。

ヴェーダはdadhanvatと呼ばれる二種類の食品について述べていて、一つは穴のあいたもの、もう一つは穴のないもので、チーズのことだと考えられる（Prakash 1961）。別の箇所では沸騰させたミルクからカードを分離することが書かれている。これは酸と加熱によって凝固させることを言っており、パニールとそれに近いチーズを作る場合に利用される方法である。パニールは今日のインドで非常に人気のあるチーズで、実質的に言って、インドで生産されている唯一インド亜大陸固有のチーズである。

仏教やジャイナ教の経典はヴェーダの後何世紀にもわたって、カードやフレッシュチーズがインド人の食事の中でいかに重要であるか、繰り返し説いている。そして医学書や文学書ではこれよりもずっと後、紀元一二〇〇年ごろにもインド人の食生活の中でのカードの重要性が強調されている（Prakash 1961）。しかし、パニールのようにカードやフレッシュチーズを長い間愛好していたにもかかわらず、熟成させたチーズ（レンネットによる凝固チーズ）は古代から現在に至るまでインドには全く存在しなかった。

世界で最もミルクの生産が盛んで、しかも乳製品やチーズの生産が最も古くから行われているこの地域で、熟成チーズが作られなかったのはなぜなのだろう。その答えは一つではない。

しかし、まずはっきり言えることは、独自の熟成チーズを作り上げるのに必要な試行錯誤の実験を好まないインド亜大陸の文化的な環境が原因ではないか。また、ヴェーダの文学に最初に言及され、のちにヒンドゥー教の経典にも書かれたように、牛が崇敬される存在で殺してはならない動物であることから、動物性のレンネットがあまり発達しなかった。さらに、仏教やジャイナ教の教えでは、カードやフレッシュチーズの価値を認める一方で、動物を殺すことへの強い反感があって、その結果インドには菜食が広まった（Prakash 1961）。それによって、凝乳を促す動物性レンネットの使用がさらに抑制されたということであろうか。

しかし、植物から取ったレンネットに似た凝固剤でさえも、熟成チーズ発展の足がかりとしてインドに根付くことはなかった。チーズを熟成させることが「統制された腐敗」にも等しいと考えるなら、インドにすでに長く浸透し、ヴェーダにも記述がある食物の清浄という発想に反することになるからであろう。思想の清浄は食物が清浄であってこそという考えは、食品の調理と食事に関連するインド文化の基本ともいえる衛生観念を育てた（Prakash 1961）。

例を挙げれば、一晩おいてもよい生鮮食品でも、風味が無くなってしまったり、二度火を入れたものは食べるのに適さないとヴェーダに記されている。毛髪や虫が入っていたり、足や衣類のへり、犬が触れたものも同様である。カビのようなくさいにおいがする、虫がわいたかコナダニがついたようなチーズ、ヨーロッパでは愛好されているこうしたチーズが、食品の清浄性がこれほどまで重視されている文化的背景のもとで、盛んに作られるようになるとは考えにくい。

この点に加えて、チーズの「腐敗」過程（チーズの熟成のこと）を制御する上で技術的な問題もある。インドのおおかたの地方では、一年のほとんどの時期、亜熱帯の高温で湿度が高い、モンスーンによる雨季が繰り返されるため、このような気候のインドで熟成チーズが生まれないことは納得がいく。

さらに東、中国では、特にチーズ製造は、乳製品一般でも同様だが、長期にわたるような定着を見ることはなかった。中国では農業が早くから発達して、揚子江と黄河の間に広がる地域では紀元前六〇〇〇年代に入るころ、米とアワの耕作が始まった（Bellwood 2005）。肥沃で農業用水にも恵まれたこの広大な地域は急速に増加する人口を養い、盛んな中国食文化を支えて、紀元前一〇〇〇年を過ぎた新しい時代、インドから東南アジアへとヒンドゥー教や仏教とともに乳製品の加工が広がったが、中国の食文化はすでに十分に確立していた。

中国では乳製品を宗教的儀式に利用することはいくらかはあったものの、ミルクや乳製品が中国の食事の主要な要素になることはなかった。明らかに、そこには異国の習慣は異様で魅力がないとみなして、拒絶してしまう強い文化的保守主義があったと言える（Simoons 1991）。乳製品加工の伝統のある隣国のチベットや特にモンゴルは、中国史上に何度も文化的影響を及ぼしてきた。特に十三世紀、モンゴル支配の時代には乳製品の利用が推進された（Simoons 1991）。しかし、乳製品は主として発酵乳とおそらくバターまでは受け入れられたが、チーズについてはそれがなかった。

さて、これからは再び西方へと視点をもどして、チーズ製造が盛んになり、多様化する物語を眺めてみたい。

第3章 貿易のゆくえ 青銅器とレンネット

さて、エッサイは息子ダビデに言った。「兄さんたちに、この炒り麦一エファと、このパン十個を届けなさい。陣営に急いで行って兄さんたちに渡しなさい。このチーズ十個は千人隊の長に渡しなさい。兄さんたちの安否を確かめ、そのしるしをもらって来なさい」。サウルも彼らも、イスラエルの兵は皆、ペリシテ軍とエラの谷で戦っていた。

（サムエル記上　十七：十七〜十九）

聖書の有名なダビデとゴリアテの話によると、ダビデは心配する父エッサイの言いつけでサウル王の軍にいる三人の兄たちの様子を調べるため送り出され、そこで恐ろしい敵と対峙する。紀元前一〇二五年ごろのことである。アブラハムの子であり、イスラエルの民であるダビデの一族は、それよりおよそ二百年前に内陸部の丘陵地カナンの地に定住していた。

同じころ、最大の競争相手、ペリシテ人は、海岸に沿った平地に定住した。ギリシャ人はペリシテ人のことをパレスチナ人と呼んだ。その名前はこの地の名称ともなり、今日まで使用されている。ペリシテ人たちは紀元前一二〇〇年ごろ西部アナトリアにあった居住地を捨てて、北方へと移動した。

この時代、地中海全域にわたって社会経済上の大変動が起こっていた。これは二つの大きな文明（ヒッタイトとミケーネ）の崩壊を引き起こし、もう一つの文明（エジプト）まで弱体化させることになった。ここに紀元前三二〇〇年ごろから一二〇〇年ごろまで続いた青銅器時代は終焉をむかえた。

ダビデもチーズを食べていた？

ダビデの父は、息子たちのために軽食用に炒った穀類と焼きたてのパン十個を救援物資の荷物に詰めて、ダビデを送り出した。その時同時に大隊の隊長には尊敬と支援の気持ちを込めて、貴重なチーズ十個をことづけている。羊の乳から作ったものらしいという以外には、この十個のチーズについてはほとんど何も伝わっていない。

ダビデのベツレヘムの住まいは、サウル王の軍が駐屯していたエラの谷からは十六キロ以上離れており、その運命の朝、ダビデは食料などを驢馬の背に乗せた。十個のチーズは「十切れのチーズ」と翻訳することも可能で、もしそうだとすれば相当固いもの、移動の厳しさにも耐えられる日持ちのするものだったことになる。その点から、レンネット凝固によるチーズだったと考えることができる。チーズ製造におけるレンネットの使用は、この当時までに北方はアナトリアですでに十分に発達していた。

ここで、チーズの歴史をたどる旅を、次のステップであるアナトリアへと進めていくことにしよう。

アナトリアの台頭

アナトリア半島（現在のトルコ）は昔から貿易に適した地だった。紀元前六〇〇〇年代から、黒曜石（火山ガラス）が中央アナトリアから豊富に発見され、高い評価を受けるようになると、道具を作るために近東各地で取引されるようになった（Sagona and Zimansky 2009）。銅もアナトリアには豊富にあり、紀元前六〇〇〇年ごろには山地から採掘されるようになった。銅は叩いて板状にし、帯状に切って、ビーズや指輪など装飾品に加工された。これが金石併用時代、銅器石器併用時代の始まりである。紀元前三〇〇〇年代の後半まで続き、アナトリア全域からさらに先まで広大な銅の交易網が形成された。銅が高温（華氏千九百八十一度／摂氏千八十三度）によって熔けることが分かると、紀元前四〇〇〇年代にアナトリアの銅器製造技術は劇的に発展し、様々な鋳型で斧や鑿《のみ》を作ることができるようになった。

紀元前三〇〇〇年代になると、アナトリアの銅細工師たちはさらに高温で銅を熔かす実験を行うようになった。それによって銅の鉱石には低い割合でしか含まれていないヒ素や、錫などの不純物を純粋の銅に熔け込ませて合金を作ることができるようになる。このプロセスを精錬術という。

合金は新しい性質をもち、時にはさらに望ましい性質になることもあった。たとえば銅に錫を加えた場合には、合金は強度と弾力性を増し、それによって前より大きな、またさらに複雑な鋳物を作ることができるようになった（Sagona and Zimansky 2009）。紀元前三〇〇〇年の終わりごろ、銅に錫を一：一〇の最適比で混ぜて、非常に強度があって便利な合金、青銅ができることが発見された。これによって時代は二千年続く青銅器時代へと移っていく。

同じころ、アナトリアに豊富にあった金と銀で冶金術も完成しつつあった。

アナトリアでこうした冶金術が進歩を始めていたちょうどその時、南方ではメソポタミアの都市ウルクが急速に拡大し、遠方からも原料などを運んで来て、ますます文明を洗練しようとしていた。ウルクが最も熱心に求めていたのは金、銀、銅、そしてやがては儀式の際使用される青銅で、他には神殿や宮殿、さらに神官や支配者たちの装身具として宝石の需要も高かった（Sagona and Zimansky 2009）。銅と青銅の大小の道具類も、灌漑と鋤の使用を基本にした集約的な農業を支えるのに必須だった。この農業こそがウルクの巨大な都市人口を養っていたのだ。また金属の武器類の分野も成長してきて、需要も急速に高まっていた。

こうした理由に思想的な動機も重なって、紀元前三八〇〇年ごろから紀元前三一〇〇年ごろまで「ウルクの膨張」として知られる時代が訪れた。居留地や飛び地をむすぶ広範囲の交易網は北は南東アナトリアに及んだのである。資源に乏しいウルクは輸出できる品物がほとんどなかったが、羊毛製品だけは有名だった。アナトリアやそのさらに先の地域では羊毛需要は増加の一途で、神殿が統制する巨大織物工場の建設が進んでいた。こうしてウルクが紀元前二〇〇〇年代以降、南部メソポタミア経済を牛耳るようになったことは第二章で述べたとおりである。

アナトリアにおけるメソポタミアの果たした影響は計り知れない。鋤と車輪を利用した運搬方法は紀元前三〇〇〇年代に入ると、急速にメソポタミアから北方に向かってアナトリアに、また西方にはエーゲ海沿岸へと伝わり、集約的な農業方法と都市文明の舞台を用意した。メソポタミアの高度に中央集権化した宗教と政治制度も、アナトリア文化に継承され、やがて、アナトリアを五百年にわたって支配するヒッタイト文明を形成することになる。

文化移転による様々な影響のなかでも特に注目すべきは、ヒッタイトの宗教儀式の中でチーズが神々への目に見える捧げ物となったことだ。

ウルクとの交易は、広大なアナトリアの交易網の発達に拍車をかけ、紀元前三〇〇〇年代の終わりまでに西はエーゲ海沿岸まで広がった（Şahoğlu 2005）。アナトリアは青銅器時代を通じて、エーゲ海の島々とギリシャ本島との間に密接な文化的経済的なつながりを築き、古代ギリシャ文明の形成に貢献した。海上貿易はいまだ初期段階で、小さなオールで漕ぐ舟を操ってエーゲ海の島々やアナトリアの沿岸沿いに貿易を行っていた。しかしその南、エジプトでは帆船による航行が、海上交易に大革命を起こし始めていた。紀元前一〇〇〇年代の終わりごろまでには帆船は地中海とエーゲ海の全域を席巻し、史上初の巨大な貿易ブロックを形成しつつあった。

アナトリアの金属は織物と取引され、ワインや香りづけしたオリーブオイルの生産は「換金作物」として、エーゲ海沿岸地方で輸出向けに発展した。紀元前一〇〇〇年代の初めまでには、貿易による経済力を背景にアナトリアに最初の帝国が成立し、ほぼ二百年にわたって支配が続いた。この帝国は国内紛争から紀元前一八〇〇年ごろ崩壊した。ところがアナトリア中央部の都市ハットゥサを中心地とする新しい勢力が、もう出番を待っており、この後、五百年続く大文明をうち立てることになる。

ヒッタイト文明とチーズの進化

中央集権のヒッタイト帝国は、最盛期には約百六十五ヘクタールを包含する、要塞首都ハットゥサから広大な領地を統治していた。ハットゥサは古代で最も巨大で最も威厳のある都市のひとつと言われ、ヒッタイト王は帝国じゅうの地方官庁に役人を派遣し、帝国をいくつかの行政区に分割して統治していた（Bryce 2005）。

またハットゥサは宗教上の中心地でもあった。ヒッタイト王は国王として君臨しながら、同時に大祭司として神々の前にヒッタイト民族を代表した。したがって、市街には王宮と多数の行政官庁の建物の他に三十数か所の神殿があった（Beckman 1989）。メソポタミアの都市とほぼ同様に、最も大きな神殿内には主要な神々を祀り、食品その他の供え物を保管する大きな倉庫が入っていた。市街の外にひろがる広大な農地から上がってくる収益で神殿の行事を執り行っており、神殿はヒッタイト経済の重要な部分を占めていたと言える（Beckman 1989）。様々な儀式や祭礼が定期的に催され、主要な神々には日々パンとワインが供されていた。さらに、神々の仲裁が必要な時や特別な恩恵を請う時には、種々の宗教儀式が行われた。神殿の書記係は日常の仕事として、このような儀式の記録を細部にわたって粘土板に楔形文字で記録し保管した。これらの粘土板の多くが発見されて、今日翻訳されている。

これらの楔形文字による記録から、チーズを捧げるという行為が儀式の中で必ず行われていたことはまず間違いない（Beckman 2005）。例を挙げると、干ばつの春には「春の穴」の中に隠れてしまった天候の神に、命をもたらす雨を連れて戻ってきてくれるよう祈る儀式が営まれた。チーズは天候の神をなだめるために捧げられた品物の一つだったのである（Bier 1976）。嵐の神、太陽の神、太陽の女神を鎮めるための儀式でもチーズの捧げ物が供えられた（Goetze 1971; Hoffner 1998; Wright 1986）。同様に、怒りを買うと疫病を広げるという地底の神サンダスを鎮めるのにも、チーズを捧げ物にした（Mastrocinque 2007; Schwartz 1938）。

死者の精霊でさえ、聖なる捧げ物をする穴の中にチーズなどの食品を供えると、短時間地下の世界から誘い出すことができた。おそらくこの同じ儀式が、後代になってヒッタイトの移民によってレバント地方へともたらされたと考えられる。これがサウル王が魔女エンドアを訪問した話で（第一サミュエル記二十八：十三―十四）、サウルは自分の命と王国を救うため、必死になって、サミュエルの精霊を死者の世界から呼び出したのだった（Hoffner 1967）。

ヒッタイト人の楔形文字の記録でチーズを表す語は、多くの場合、様々な修飾語とともに使用されており、それぞれが特別な性質を持ったチーズであることを明示している。例としては、「小さいチーズ」、「大きなチーズ」、「砕いたチーズ（摩り下ろしたチーズか？）」、「すっぱい、または（擦りつけられてか、すりむく行動によって）死んだチーズ」、「年数を重ねた、兵士のチーズ」などである（Carter 1985; Hoffner 1966）。最後の二つには特に注目したい。レンネット凝固が新種の改良されたチーズで使用されていることを示唆しているからだ。

たとえば、「すっぱいチーズ」という語が使用されている文脈を分析してみると、このチーズの表面がおそらく繰り返し擦るような動きできれいにされているらしいことがわかる（Carter 1985）。これは伝統的な皮の固いチーズが熟成の過程で、表面が不必要に盛り上がらないように繰り返し擦られるのに似ている。もしもヒッタイト人が実際に皮の固いチーズを生産していたとすれば、レンネット凝固を使っていたことはほぼ確実である。こうしたチーズは青銅器時代のチーズ製造技術における大きな前進を示している。

同様に「年数を重ねた、兵隊のチーズ」という語から想像されるのは、ごつごつと固い、日持ちのする、おそらくは皮の固いチーズで、軍隊の配給としての用途で評価されたチーズだ。繰り返すが、このようなチーズこそ、レンネットによる凝固が必ず必要で、チーズ製造の歴史において、これは画期的な事件だったのである。

ダビデとゴリアテの聖書での物語は、軍隊で初めてチーズが配給された時のものというわけではない。西欧文明では古来から、陸軍でも海軍でもチーズが配給されていた。皮の固いチーズは、ごつごつして密度が高く、兵士たちに生命維持に必要なエネルギーと栄養をあたえることができる理想的な配給食品だったのである。

ヒッタイト人の文書にチーズとともにその修飾語として現れる語について、いくつか例を取り上げたが、多くの場合、これらは翻訳がとても難しく、修飾語の意味がいまだによく分かっていないものが多い。翻訳が困難なのは、ヒッタイト人が文書を作る時、同じ地域のハッティ語、フルリ語、ルウィー語、シュメール語、アッカド語など複数の言語から楔形文字を借りてくるためである。

たとえば、ブランダイス大学の研究者、ハリー・ホフナー氏はチーズを表すGA-KIN-AGと連結して現れる修飾語GA-PA-ANをかつて翻訳した煩雑な過程について以下のように分析、解説している。ヒッタイトの粘土板ではこのGA-PA-ANという言葉は、捧げ物のチーズを燃やして行う儀式について記述する際に、使用されているという。

彼はGA-KIN-AG　GA-PA-ANを取って［の上で?.］回し［?.］、分け、火の上に置く。

（Hoffner 1966）

修飾語GA-PA-ANはヒッタイトの記号ではない。したがってホフナーは複雑な消去法を行った結果、GA-PA-ANがアッカド語の単語であることを結論付けた。続いて、可能性のあるアッカド語の十二語を検討して、結果的に最も可能性の高い二語に絞り込んだ。最初の可能性は、GA-PA-ANがアッカド語の名詞、gapnuの音声上の解釈で、その意味はイチジク、ザクロ、リンゴ、ブドウの実を生じる植物をさすという。そうすると、GA-KIN-AG GA-PA-ANは「イチジクのチーズ」とか、「ブドウのチーズ」などと翻訳できることになる。ホフナーはこれを否定。

もう一つの可能性はGA-PA-ANが、アッカド語のgaban of gabnuで、おそらくチーズの形のことを言っているのではないかという。ホフナーはこの第二解釈のほうを採用した。「イチジクの木のチーズ」とすればチーズ研究者もあながち否定はしないのではないか。イチジクの樹液は地中海地方ではチーズの凝固に少なくとも紀元前一〇〇〇年以降のどこかの時代から使用されてきたからである。ヒッタイト人がイチジクの樹液を使ったチーズに、他と区別してGA-KIN-AG GA-PA-ANという特別な用語を使用したという仮定は決して不合理なことではない。

とはいえ、ブドウのジュースがトルコや近東のそのほかの地域で作られるフレッシュチーズの風味づけに使われていることを考えると「ブドウのチーズ」というのも、可能性が全くないわけでもない。ヒッタイトの粘土板に残るチーズに関する言葉の多くが謎のままである。さらに言えば、メソポタミアのシュメール人の粘土板でも同じことなのだ。

チーズは海を越えて

面白いことに、ヒッタイトの文書にはチーズばかりでなくレンネットについても書かれていて、チーズやその他の食品と同様、神々に捧げられてきたという（Güterbock 1968; Hoffner 1995, 1998）。ヒッタイト人が書き残している資料で、レンネット凝固で作るチーズ製造の直接証拠になるのは、最も古いものは紀元前一四〇〇年ごろのものである。レンネットの技術と保存性の高いチーズはちょうどこのころから始まって、チーズの海上交易の成長におそらく直接関係したと思われる。このことはヒッタイトに隷属する都市、シリア海岸のウガリットで発見された商取引の記録にも残っている。

ウガリットは非常に好立地な貿易中心地で、南方は南部レバント地方へ、東はメソポタミア、北はアナトリアへと、大きな地上交易ルートが交差する地点なのだった。また、海上貿易でも要となる地で、南部レバントとエジプト、エーゲ海の島々にギリシャ、アナトリアへと、広範囲にわたる交流があった（Sherratt and Sherratt 1991）。

ヒッタイトがウガリットを支配していた紀元前一〇〇〇年代の終わりごろ、ヒッタイトの行政官は陸上と海上の貿易がこの町で交差する様を楔形文字で多数の記録にして保管した。ウガリットで発見された道具類の中に、楔形文字の粘土板が発見されており、積み荷のチーズが南部レバント（現在のイスラエル）の町、アシュドッドで受領されたという記録が残されている。これらの粘土板は紀元前一二〇〇年ごろのものと推定され、遠距離海上貿易でチーズが運ばれた、最初の直接的な証拠である（図三―一）。

これはチーズの歴史上もう一つ画期をなす出来事だった。青銅器時代の後半までに、長距離海上輸送

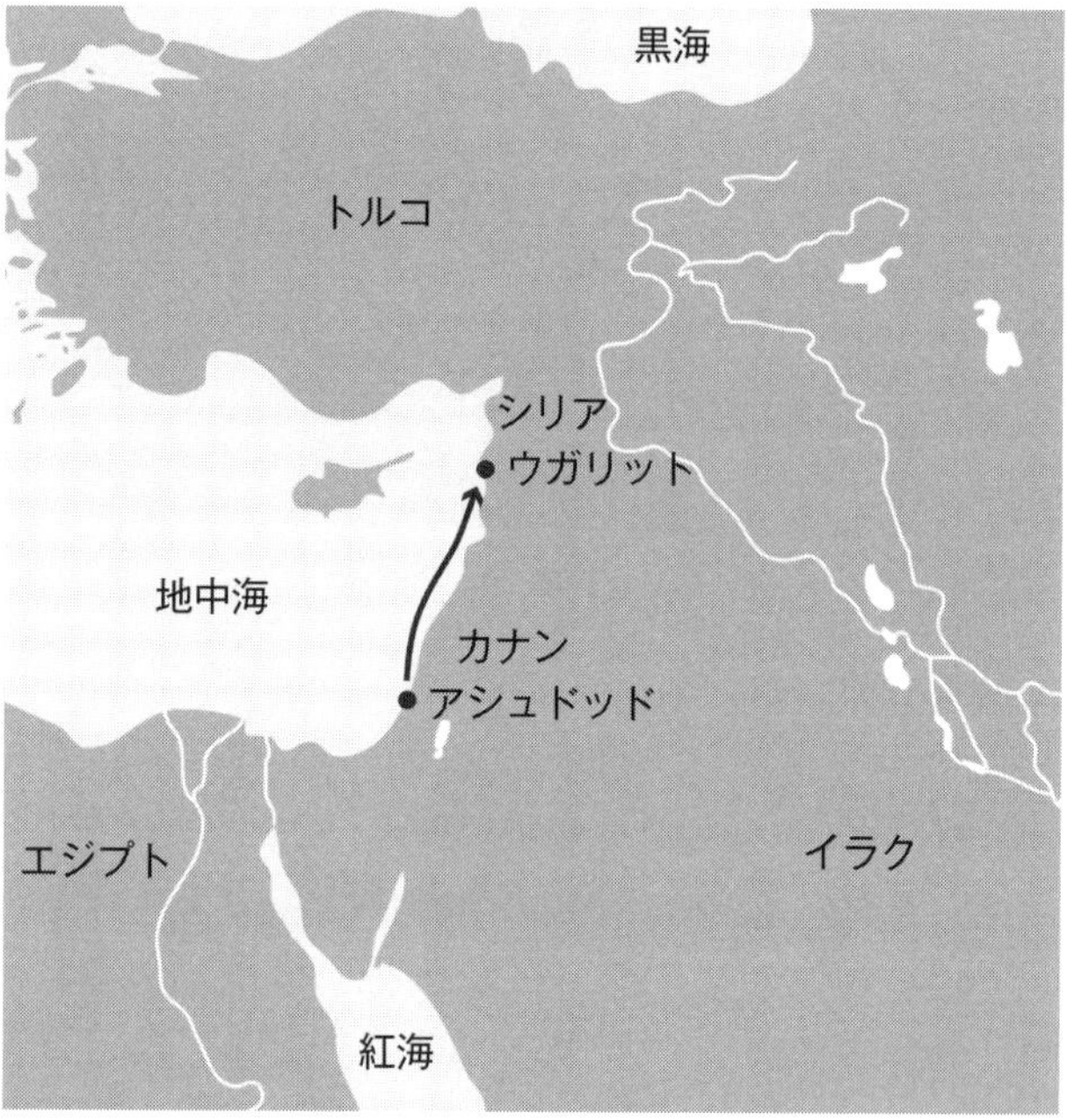

図３―１
海上交易でチーズが発送された最初の記録は紀元前1200年ごろのことで、カナン（現在のイスラエル）の海岸の町アシュドッドとシリア海岸のウガリットの間である。カナン人たちは初めて、海上交易のために粘土の容器を作り出した。カナンのチーズは塩漬けされて、この粘土容器に詰められたのだろう。フェタチーズのようなタイプのものだった可能性が高い。

の厳しさに耐えるチーズがすでに完成していたというだけではない。加えて、商人はチーズ輸送用の容器を作り、港はチーズの海上輸送に適した保存用設備を整えていったのである。さらに、レバント沿岸地域の商業市場では明らかに「洗練された客向けの」チーズの需要が高まっており、チーズ貿易の促進は十分に人を引き付けた（つまり、儲かるということ）。

別の言い方をするなら、青銅器時代後期にはチーズは、羊毛製品やワイン、オリーブオイル、青銅やその他の貴金属などに伍して、メソポタミア、アナトリア、ギリシャ、エーゲ海の島々、そしてエジプトを繋ぐ巨大な交易網の中で価値ある品物として珍重されるようになったということだ。

そして、ウガリットの粘土板に記録されたカナン地域のチーズは、どう見ても青銅器時代のチーズ交易全体のいわゆる氷山の一角にすぎないのである。

紀元前一〇〇〇年代、海上交易で取引されたチーズとはどのようなものだったのだろうか。まず第一に、市場では高価な値がつくものだったはずだ。理由は（おそらく、その珍しい特徴と品質の良さと）海上輸送が高額につくことと、危険が伴うということだ。

価値が高く嵩《かさ》の小さい食品、たとえば乾燥させた果物（イチジクやザクロ）、ワインやオリーブオイル、または穀類のように生命に直結する嵩の大きい食品などは、海上交易の費用と危険に見合う。交易された品物のほとんどは、社会の中枢にいる者たちのための贅沢品であったのだろう。さらに言えば、青銅器時代の船で使用されていた輸送用の容器はチーズに適するものだったに違いない。難破船の残骸の発掘資料やウガリットのような沿岸の港に残る、楔形文字による交易の決済記録は、陶製の容器が食品などの海上輸送用の容器としてこのころ広く使用されたことを物語っている（Monroe 2007）。

カナン人たちは、有機産物の海上輸送用に便利で頑丈な陶製の容器を開発した、最初の商人である。六から十二リットルの量が入るこのカナン人の容器、あるいは両取手付きの容器アンフォラは、青銅器時代に海上交易で広く使用された（Knapp 1991; Monroe 2007; Sherratt and Sherratt 1991）。容器のかけらに残った残留物質の分析によると紀元前一〇〇〇年代から紀元の間ごろ、オリーブオイルやワイン、蜂蜜のような高価な液状の食品や、塩漬けの魚やオリーブなどが粘土で封をした陶製容器に入れられて海上を運ばれたと考えられる（Bass 1991; Faust and Weiss 2005; Knapp 1991; Monroe 2007; Vidal 2006）。

青銅器時代、チーズがカナン人の容器に入れられて船で運ばれたという直接の証拠はないが、これよりずっと後の時代、紀元後の十九世紀の終わりまで、塩漬けされた白いチーズ（フェタタイプ）が陶製の容器に入れられて、エーゲ海の至るところへ船で運ばれていた（Blitzer 1990）。事実、二十世紀に木の樽や金属の容器に取って代わられるまで陶製の容器は塩漬けのギリシャチーズの保存や輸送に、日常的に使用されていたのだ（Anifantakis 1991）。ギリシャではチーズを塩漬けにして保存するのに、bourniesと呼ばれる陶器が二十世紀後半まで使用されていた（Birmingham 1967）。

したがって、青銅器時代の港ウガリットに輸送されたカナンのチーズが、フェタと同様にレンネットで凝固し塩漬けされた白チーズで、カナンの容器に詰められ粘土で封をしてあったというのは、あり得る話だ。塩漬け白チーズは伝統的に、近東、地中海東部とエーゲ海地方のほぼ全域で作られていた。その製造法は単純で、塩水に漬かった状態で密封されて、塩分含有量も多く、夏の地中海の高温で乾燥した気候にも耐え、腐ることも乾燥することもなかった。

レンネット凝固のチーズ製造の歴史の中で、白チーズの保存に塩水が使用されることは、非常に早い時期から発達していた可能性が高い。塩漬けチーズ製法が広域に伝わった後すぐに、塩水の持つ保存性が明らかになったのに違いない。

加熱も加圧もしていない、酸性の水分の多い白チーズ（フェタに類似）は当然、塩漬けチーズの上に大量の塩辛いホエイが出てくる。したがって、特に暖かい気温の時、塩漬け白チーズはそれ自身が自然に塩水を生じる。そのようなチーズを革袋や陶製容器にきつく詰め込めば、塩分を含んだホエイが集まって保存性の高い塩水ができる。自然に塩水を発生させることができるチーズや、これに近いタイプのものがいまだに近東で伝統製法で作り続けられている（Kamber 2008b）。

塩水を別に作って（肉と魚も一緒に）チーズを保存する効用について最初に記述したのは、ローマ人の農業家マルコス・ポルキウス・カトーによる、紀元前二世紀の革新的な書物『農業論』である（Brehaut 1933）。実際にはこれよりはるか以前に始まっていたようだ。

チーズを海水や塩水で保存する方法に言及している別の資料としては、後の時代、紀元十世紀の農業書『ゲオポニカ』である。これはヘレニズム時代（およそ紀元前三世紀）やそれ以前にも遡れるような、ずっと早い時期の資料を引用編纂している（Owen 1805）。『ゲオポニカ』には塩水の中で保存するとチーズは白いままであるとの記述がある。酸性白チーズ、フェタタイプのチーズを指していることはほぼ間違いない。

以上のことから、ウガリットに輸出されたカナンのチーズには、塩水に漬け込まれたフェタタイプのチーズが含まれていて、粘土で密封されたカナンの壺に詰めてあったと考えられる。

高濃度の塩分と水分は、天然の動物性レンネットのなかにある脂肪分解酵素リパーゼが活性化するのを助けて、乳脂肪を分解し、塩水漬けの白チーズの強いピリッとした味と芳香を生み出すという点で重要だ。フェタタイプの独特の刺激的な風味は今日と同じくらい、いやそれ以上に歓迎されて、長距離輸送のコストを払う価値のあるものと、青銅器時代の指導者たちは考えたのではないか。

穀類などの中身が詰まって嵩張る食品を海上輸送する際は、一般的に織布の袋が使用されていた（Monroe 2007）。したがってカナンのチーズも袋（または丈夫な編み上げ籠）に入れて輸送されたのではないか。その場合のチーズは小さく固い、皮の乾燥したチーズで、摩り下ろして使う、伝統的なチーズの中の非加熱のペコリーノとカプリーノチーズの類で、今もイタリアで生産されているペコリーノ・バニョレーゼやカプリーノ・ダスプロモンテのような種類だったと思われる。

地中海北部ではごく一般的に生産されていた小さいサイズの皮のついた熟成チーズだが、近東地域では製造困難な種類であった。気温が高く湿度の低いこの地域では、過度に乾燥が進んでしまうからである。したがって、推測にすぎないが、ウガリットに運ばれたチーズはヒッタイト人の「熟成兵士チーズ」と同時代のカナンのチーズだったのではないか。とはいえ、チーズの下ろし金が地中海地方で見られるようになり、続く鉄器時代にはごく普通になることから、小さいサイズの固い、レンネット凝固による摩り下ろしチーズが青銅器時代以降しだいに成長してきていたと言える（Ridgway 1997）。

ヒッタイト人世界で、レンネット凝固のチーズがいかに重要であったかを強く示している資料がある。紀元前一四〇〇年ごろ、ヒッタイト王、アルヌワンダがアナトリア西部の属国の支配者マドゥワッタスへあてた書状である（Bryce 2005）。マドゥワッタスとその民族はその当時アタルシヤス率いる侵略軍によって祖国を追われたばかりであった。アルヌワンダはマドゥワッタス援護に来て、その民族に避難所を与え、新生活を始めるのに必要な物資を調達した。書状の中でアルヌワンダはマドゥワッタスに対して、彼とその一族に何をしたかを列挙して確認している。

太陽の父として「ヒッタイト王、アルヌワンダのこと」アタルシヤスから汝を守り、太陽の父は汝マドゥワッタスと、汝の一族の女たち、子供たち、汝の兵隊たちや二輪戦車の戦士たちを受け入れた。そして、汝の戦士たちに穀物とその種をたっぷりと与え、汝にはビールとワイン、麦芽と麦芽パン、レンネットとチーズをどれも有り余るほど与えた。

（Wainwright 1959, pp.202–203）

アルヌワンダがマドゥワッタスとその一族を援助して新しく生活を立ちあげさせるために与えた生活必需品の中に、レンネットとチーズが含まれていた点は注目すべきだ。明らかに、レンネット凝固によるチーズがアナトリアの食生活と食文化に根づいており、パンやビール、ワインなどに劣らず重要度の高いものととらえられていたのである。

マドゥワッタスの話は、この地域でのミケーネ人の影響力が増大していることを物語っていて面白い。研究者の間では、アタルシヤスの本拠地アヒヤワの王国がアナトリアの北西エーゲ海沿岸のミケーネ人属領だったことに異論はないようだ（Knapp 1991）。ヒッタイト人とその西方、巨大エーゲ文明の間に緊張が高まっていることが感じられる。こうして舞台は西方と東方の文明の衝突を準備しつつあった。そしてそれは何世紀も後になって、トロイ戦争を主題にした不朽の名作、ホメロスの大叙事詩を生むのである。

ミノア文明とミケーネ文明

メソポタミアで改良された鋤と、家畜に車を曳かせる輸送手段はアナトリアを経て、紀元前二〇〇〇年代にはクレタ島とギリシャ本土へと伝えられた（Halstead 1981）。メソポタミアやアナトリアと同様、鋤の導入によって低地を開拓して農地ができると、収穫後の切り株畑や休耕地にヤギや羊を放す機会も次第に多くなっていく。ここから、メソポタミアのように家畜の季節移動が発展するのである。この時代の動物の骨の分布の変化と、同時代の地層から穴のあいた壺のかけらが発掘されていることから、ミルクの生産とチーズ製造がだんだんと強化されて（Barker 2006）、農耕と畜産の隆盛、人口増加と、他の文明と同じく、クレタ島とギリシャ本土でも新しい文明が育まれていった。

ミノア文明と呼ばれるクレタ島の文明がまず開花した。紀元前一〇〇〇年代の初めにはクレタ島は考古学者たちが「宮廷」と呼ぶ、網の目のように広がった巨大な行政宗教機構によって統治・管理されていた。その最も重要なものがクノッソスにあった「宮廷」である。ミノア文明の「宮廷」はメソポタミアの巨大な都市国家にどこか似ていて、メソポタミアとアナトリアの文化的な影響を受けていたことはまず確実に言える。

巨大な倉庫と作業場のある巨大な建造物がそびえ立ち、そこでは大規模な富の再配分が宮廷によって行われており、神殿への崇拝とも関係していたことは明らかだ（Neils 2008; Sansone 2009）。ミノア文明は近東の楔形文字の技術を借用して、自身の記録用文字を発達させた。線文字Aと呼ばれる文字である。

さらに、メソポタミアと同様ミノア人たちも、大規模な羊の群れの移動農法を組織化して行い、羊毛生産と織物産業を促進した（Halstead 1996; Wallace 2003）。

考古学資料にはクレタ島でのチーズやバターの生産の痕跡は、そう多くは残されていない。これは、新石器時代の民族移動の時代よりさらに何千年も前に、クレタ島に移入された小規模な混合農法モデルのためだろう。チーズやバターが神殿での礼拝に使われたという手掛かりは、実質的には全く見つかっていない。メソポタミアとは異なり、ミノア文明では神殿の行事を賄うために羊毛生産と大規模な乳製品加工が連結して行われた形跡は、見たところ全くないのである。ただ、結論を急ぐことはできない。ミノア文明の線文字Aはいまだ解読されておらず、ミノア人についてはメソポタミアのシュメール人やアッカド人、アナトリアのヒッタイト人と比べてはるかに情報が乏しいのである（Neils 2008）。

ミノア文明の宗教行為についてわずかに垣間見ることのできた資料は近隣の島、ケオス島で発見されたミノア時代のフレスコ壁画で、捧げ物を運ぶ男たちの宗教的行列の進む様が描かれていた。アブラモビッツ（Abramovitz 1980）によれば、男たちの一人が運んでいる棒からぶら下がっている袋にはチーズが入っていたのではないかという。しかし、このような推測は暫定的としか評価できない。

ミノア文明が花開いたのは紀元前一〇〇〇年代の初めの短期間だけで、軍事力で勝っていた競争相手のミケーネ文明にすぐに併合されてしまった。ミケーネ人はギリシャ本土に台頭してきた民族で、ホメロスはアカイア人と呼んでいる。彼らはミノア文明から多くを借用し、中でも、ミノア文明の線文字Aは線文字Bと呼ばれる新しい文字に変形されて、これが古代ギリシャ語へと進化していく（Sansone 2009）。ミケーネ人は「宮廷」を中心とした経済をギリシャ本土に確立し、ミノア文明と同様、オリーブオイルとワイン生産を強化した。また、羊の移動飼育にも力を注ぎ、羊毛生産を発達させて織物業を盛んに行った。これらの生産物はすべて輸出され、エジプトやレバント、アナトリア西岸との交易がミケーネの経済と文化の主たる原動力となったのである（Cline 2007）。

ミノア人よりもミケーネ人について多くのことが知られているのは、線文字Bが解読されていることと「宮廷」の統治記録を含む、楔形文字で書かれた粘土板が数千枚も発見され、翻訳されたからである(Sansone 2009)。

こうした記録からミケーネ人がのちに古代ギリシャ人の信仰の対象となる、多くの神々を崇拝していたことが明らかになっている。さらに、チーズを含む大量の食品が、宗教行事の中心として機能していた神殿の聖域で、海の神ポセイドンやその他の神々に捧げられたこともわかっている。こうした食品は聖なる行為、宗教儀式としての宴会のなかで消費されたという(Brown 1960; Lupack 2007; Palaima 2004)。これは長年続いていたメソポタミアや同時代のヒッタイト人のアナトリアでの宗教儀式と基本線は同じだ。

こうしてみてきたように、イナンナの神殿からポセイドンの聖域へと、東西の間、メソポタミアとギリシャの間には綿々と続く強い文化的な継続性があることは明らかである。それは宗教的表現としてのチーズの使用など多くの面に現れている。

チーズは近東で二千年にわたってそうであったように、青銅器時代のエーゲ文明でも二重の役割を果たしていた。ひとつは素朴な田舎の人々の必須の食料品として、またもうひとつは神殿での礼拝と少数支配者層向けの格上の食品としての役割である(Palmer 1994)。

ミケーネのチーズの特質についてはほとんどわかっていないが、たとえそのノウハウを獲得するまでには至らなかったとしても、ヒッタイト人からミケーネ人へとレンネット凝固によるチーズの製法が伝えられる機会は十分あったはずである。なぜなら、ミケーネ人とヒッタイト人との間には密接な関係があったからである。

エーゲ文明で熟成したレンネットチーズが製造されていたことを示す間接的な証拠が現れるのは、紀元前十世紀、青銅製のチーズの摩り下ろし器だった（Ridgway 1997）。ミケーネ文明は紀元前一二〇〇年ごろ、跡形もなく崩壊した。そしてギリシャ本土は歴史家たちがギリシャの暗黒時代と呼ぶ、混沌とした時代に突入する。しかし、ミケーネ人の神々の記憶とチーズへの愛好はすぐには消えず、この数世紀後に台頭してくるヘレニズム時代のギリシャ文化にとって、重要な要素になるのである。

北へ、ヨーロッパへ

メソポタミア、アナトリア、エジプト、そしてエーゲの大文明が連続して起こり、お互いに資源や領土を競い合っている間、北方のヨーロッパは新石器時代の近東のような小規模な混合農法の農業コミュニティーがあるだけだった。それにもかかわらず、チーズ製造に大きな影響を及ぼすことになる重要な進展が、アナトリアの青銅器時代の前後のヨーロッパに生じた。新石器時代人の移民が作物の品種改良、牧畜、そして酪農業を紀元前六〇〇〇年代のヨーロッパに持ち込んだのである（Craig et al. 2005）。しかし、この時代のヨーロッパは森におおわれていて、牧草地はごく限られていた。牧畜と酪農業は主として新石器時代の入植者たちが石器を用いて森から切り開いた空地のみで、非常に小規模に行われるにとどまっていた。しかし、紀元前三〇〇〇年代になると変化が起こる。

紀元前三〇〇〇年代の初めになると、氷河期後の第三期である、アトランティック期から亜寒帯気候期への変化として知られている気候変動が訪れる。大陸全域にわたって冬の気温は以前より低く乾燥し、夏は以前より気温が高くなるというヨーロッパ亜寒帯期の特徴が現れた（Barker 2006）。気候はアトランティック期から亜寒帯気候期への変わり目の期間で変動幅が特に大きく、紀元前三〇〇〇年代の前半ごろには、ヨーロッパ中央部は過去二千年で最も寒い冬を迎えた（Anthony 2007）。その結果、入植地の川の氾濫原では洪水が以前よりも頻繁に発生し、晩春には厳しい遅霜に見舞われ、それによって作物の生長期は一層短くなった。

こうして新石器時代人の農業コミュニティーでは、労働の辛苦が募り、飢えも厳しさを増した。厳しい気候に耐えうる補足作物の耕作と食糧の維持が何より急務となった。地域によっては生命の危機に瀕しているところさえあった。

たとえば、ルーマニアの低地ドナウ地域では多くの入植地が焼き打ちにあったり、放置されたりして、耕作上で大変動が起こった。同じころ、ドナウ低地では黒海やカスピ海の北の草原地帯から遊牧民たちが流入してきた。明らかに彼らもまた気候変動によって、危機的な状況に陥っていたのだ（Anthony 2007）。

他方、亜寒帯気候の極端に気温の低い冬にも「希望の光」が差してきていた。このあとその影響は長く強く残る。中央ヨーロッパを覆っていた深い森は寒冷化した気候では簡単に再生することができず、場所によっては木のまばらな空地に変わっていったのである（Barker 1985）。

ちょうど同じころか、少し前くらいの時期に、鋤を牛につけて曳かせる農耕法がメソポタミアからヨーロッパへと伝わり、北はスカンジナビアまでも含む広域に広がった。自然に開けた土地に加えて、冬の気温の上昇と鋤の使用によって各地の森の間の空地は新しい農耕地へとどんどん変化していった。特に中央ヨーロッパでは結果として休耕地が増え、収穫後の切り株畑の利用が進んだことから、紀元前三〇〇〇年代後半になると、畜産が大きく前進していった（Sherratt 1983）。

厳しい冬の低温が高地に及ぼした影響には特に注目したい。高山の樹木限界線（密度の高い森から樹木がまばらになり、さらには高山性の草原へと変化していく変わり目のところ）はその地方の気候と均衡状態にあり、したがって急速に進む気候の変動に対しても、非常に敏感に反応した（Tinner and Kaltenrieder 2005）。紀元前三五〇〇年ごろから二五〇〇年ごろのアトランティック期から亜寒帯気候期への寒冷化のとき、樹木限界線はヨーロッパの高山地方全域で三百メートルほど明らかに下がってきた（Greenfield 1988; Tinner and Theurillat 2003）。言い方を換えると、比較的開けた高山と亜高山の区域がこの時期、大きく増加した。こうしてできた土地は家畜の放牧に適していた（Barker 1985; Greenfield 1988）。標高の高い地域の開けた土地で、人々は生活パターンと農業戦略を大きく変化させた。牧畜と酪農を選んだのである。

その例を挙げると、バルカン半島では、家畜の骨の分布にはっきりとした変化が見られる。それによると、ヤギと羊の群れの増加と、その副産物であるミルクと羊毛の増産が見て取れる。さらに、開けた高地の牧草地を利用してこの時期に新しい移動酪農の方法が導入され（Greenfield 1988）、バルカン地方の農業の定型となって、今日にまで続いている。

新石器時代の農業コミュニティーは、スイス国境より北のドナウ渓谷には紀元前五〇〇〇年代から成立していたが、スイスの台地と高山地域では紀元前三〇〇〇年代以前にはまだ農業は始まっていなかった（Wehrli et al. 2007）。気候の変動の影響で、新石器時代の農民が人口の多かったドナウ低地から移動してきて、この地に農業を伝えたのか、あるいは、その土地の旧石器時代の人々が近隣の新石器を使用する集落から農業の方法を借用したのか、研究者間でも議論がある（Barker 2006; Sauter 1976）。

どちらにせよ、湖畔のコミュニティーとスイスの渓谷で紀元前三〇〇〇年代に農業が行われるようになると、じきに、牛や羊、ヤギなどの動物の群れを季節ごとに低地の谷と高地の間を移動させるようになり、夏の間は高原地方でより広い草地に家畜を放牧するようになった（Barker 1985; Wehrli et al. 2007）。平地と谷間の耕作では、放牧と酪農に重点をおいて行うことが、厳しい高地での生き残りを可能にする戦略となった。

中央ヨーロッパの高地の農民は伐採と焼却、放牧によって樹木限界線をさらに低くできることに気づいた。紀元前二五〇〇年ごろから、人間が樹木限界線の高度や樹木の構成に影響を与えた痕跡が、スイス高原とアルプスの花粉や植物の化石の記録に見ることができる（Finsinger and Tinner 2007; Heiri et al. 2006）。この初期の高地での酪農は、冬の間の家畜の飼料を周辺の森で集めた枝や木の葉のみで賄うしかなかった。干し草を作る草地がほとんど存在しなかったからである（Rasmussen 1990）。紀元前一〇〇〇年代の終わりになって初めて、より低い所に森林の開けた部分ができ、そこが草地となって牧草が刈り取られ、木の葉の餌を補えるようになり、のちには冬の間の主な飼料にできるまでになった。しかし、スイスでは木の葉の飼料は二十世紀に入ってからも、干し草の足しとして使い続けられたのである（Rasmussen 1990）。

こうして、紀元前三〇〇〇年代から二〇〇〇年代へと移るころ、移動酪農業と家畜を冬の間小屋で飼育する方法を中心とする伝統的な高地農業が始まった。そしてこの農法は今日まで続いている。アルプスの反対側、イタリア北部の亜高山地帯でも、変化は緩やかであったが、同様な変革が起こりつつあった。この地域では、高山での牛や羊の酪農は紀元前二〇〇〇年代の前半に確実に成立した（Barker 1985; Wick and Tinner 1997）。

この時期の陶器類の収集とその中に残っていた有機物質の分析から、スイスと北イタリアでのチーズ製造は、酪農がこの地方に導入されたのとほぼ同時に始まったことがわかる（Barker 1985）。紀元前一〇〇〇年代には、スイスとイタリアの亜高山地帯でこの新しい高地農法は成功し、盛んに行われるようになった（Sauter 1976）。さらに南の中央イタリアでも、同じころ、移動酪農法とチーズ製造はアペニン山脈に沿った地域で行われた（Barker 1985）。

高地の移動酪農法とチーズ製造は結局ヨーロッパ全域の山岳地帯共通の特徴となる。そして山地の自然環境に適合する技術を共有する、「山のチーズ」といえる別種を育て発展させていくことになるのだ。中央ヨーロッパの山のチーズについては、この時代の地層から発掘された陶製のふるいやその他のチーズ製造用の道具類の研究で確かめられたこと以外には、ほとんど知られていない。しかし、紀元に近づくころローマの大軍が北上し、アルプスを越えて中央ヨーロッパへと進軍してきた時には、アルプスの向こう側の中央ヨーロッパのチーズ製造技術はすでに驚くほど進んでいた。

酪農とチーズ製造文化は中央ヨーロッパのケルト語族の間にしっかり根を下ろした。その後彼らは大陸中に散らばって、ヨーロッパのチーズ製造を方向付けていったのである。

青銅器時代の終わり

紀元前一〇〇〇年代、近東とエーゲ文明ではいくつもの変化が生じて、紀元前一二〇〇年ごろ青銅器時代は急激に終焉を迎えた。

アナトリアでは鉄を精錬するようになっていた。技術はごくゆっくりと進歩していて、品質の点で鉄は青銅となかなか肩を並べることができなかった。しかし実験を重ねるうち、焼き入れによる浸炭で表面を硬化させた鉄や鋼の発見につながり、その結果青銅は時代遅れになっていった(Muhly et al. 1985)。

これが来るべき鉄器時代への第一歩になる。アナトリアなど各地に鉄鉱石が銅や錫よりも豊富に埋蔵されていたのである。鉄製の武器や道具類は青銅で作るよりも優れたものが、じきに生産できるようになり、青銅製よりもずっと安価で、どこからでも手に入るようになった(Muhly et al. 1985)。

また、この時代(およそ紀元前一九〇〇年)近東に、黒海やカスピ海あたりの大草原地帯から軍事用の武器や家畜化した馬、二輪戦車が初めて入ってきた(Anthony 2007)。近年の発見によれば、野生の馬を馴らして轡《くつわ》をかけ、乗用に、荷車用に、またミルクを採るために利用を始めたのは、紀元前三五〇〇年ごろのことだったという。カスピ海の北と西、ユーラシアの大草原、現在のカザフスタンに住んでいたボタイ人が始めたことは確かなようだ(Outram et al. 2009)。ボタイ文化は自分たちの生活に必要なもの、肉やミルク、その副産物を馬から調達して暮らしていた。面白いのは、この時代の動物の骨からみると、ボタイ人はヤギや羊、牛などの反芻動物を家畜化していなかったようだ。動物の家畜化についていえば、ボタイ人は後発だったのである。馬のミルクを採るようになっていたが、三千年ほども前から反芻動物による酪農を行っていた近東の文化とは接点がなかったのだ。

しかし、遠く西方、黒海やカスピ海の北にあるステップでは、新石器時代のアナトリアからバルカン半島を経て、ドナウ川下流へ、さらに黒海・カスピ海の北のステップへと移入してきていた遊牧の民族が牛や羊、ヤギなどを飼っていた。ボタイ人の例に従って、ほどなく、彼らも馬を飼い馴らすようになり、二輪戦車を発明し、それは兵力として一目置かれるようになる（Anthony 2007）。

紀元前一〇〇〇年代の初めごろ、黒海・カスピ海沿岸ステップから、近東とエーゲ文明に馬と二輪戦車が入ってくると、支配者側のエリート層と被支配者側との間に新しい力関係が発生した。恐ろしい力を持った二輪戦車を手に入れたエリート層は、軍人貴族階級を生みだし、支配者エリート集団と一般市民との間の溝を一層深めた。社会経済的状況は厳しさを増し、財産を奪われた貧しい民が増加した。それまで近東とエーゲ文明の経済制度は、社会の構造と相互に連結されていたのだが、次第にほころびを見せ始めた。

こうした変化に加えて、地中海地方では紀元前一〇〇〇年代も終わりに近づくころ、急激に乾燥が進んで干ばつに見舞われた。そのため収穫は減少し、飢饉になる年が続き、とうとう、財産を奪われて飢餓に苦しむ人々が暴動を起こすようになった（Liverani 2005）。

アナトリアのヒッタイトとその属国のウガリットの楔形文字の記録には、飢饉のことや危機を緩和するため穀物を送るようにと、必死にエジプトに嘆願したことが書かれている。その他、社会不安から今にも大混乱が起きそうだという不吉な知らせも書かれていた（Wainwright 1959, 1961）。

ミケーネ人の同じころの楔形文字の記録には、ギリシャでは軍隊を動員して沿岸を警備したとある。

海上からの侵略に備えたものと思われる（Neils 2008）。侵略は紀元前十二世紀の初めごろ実際に起こり、ミケーネの神殿と文明を完全に破壊した。これがきっかけとなってミケーネ人はあらゆる方向へと移動を始め、そして北はヨーロッパへ、また地中海全域へと影響が及んでいく。

結論は出ていないが、北へ向かったミケーネ人たちの移民はドナウ川低地に達したのではないか。ミケーネ文明が滅んだ時、黒海のステップ地方から来た騎馬遊牧民たちは西の方向に、おそらく同様の気候の土地へと拡散しながら進んできたはずだ。彼らもまた同じころドナウ低地へとやってきたのだろう。これも証拠は不十分である。ただ、はっきりしていることは、この怒涛の時代に、ドナウ低地では大変動があり、新しい文化がここに流れ込んできていたということだ。そしてそれはさらに西方へと、アルプスの北側、中央ヨーロッパ（オーストリア、スイス、東フランス）へと広がって、新しい社会秩序を作り上げる際の助けとなる。

新しい民族、ケルト人が混沌の中から現れてきたのだ。彼らの言語も特徴もようやくはっきりとしてきた（Cunliffe 1997）。ケルト人は素晴らしいチーズを製造するようになる。そしてそこからヨーロッパ中に彼らの影響は広がって、無数のヨーロッパチーズの発達につながっていくのだ。

エーゲ海に目を戻そう。ミケーネ人の難民たちはアナトリアの沿岸部を追われた人々と合流すると、アナトリアで暴動を起こして略奪行為を繰り返した。そしてレバントに入ると北はトロイからカナン南部まで、破壊活動を繰り広げた。数世紀後、ホメロス（叙事詩『イーリアス』）とウェルギリウス（叙事詩『アエネーイス』）は、この時代の混乱をトロイ戦争の話の中によみがえらせる。二世紀にわたって連続する戦争と大惨事、移民という歴史の中から一つの話を描き出したのだった（Wainwright 1959）。

エジプトも、群衆の猛攻撃を避けることはできなかった。エジプト人書記は「海の民」による侵略を細部にわたって記録している。最初はメネプタ王の在位中の紀元前一二一九年、続いて、ラムセス三世在位の時代の紀元前一一六二年のことである（Wainwright 1961）。

この「海の民」とはまず間違いなく、食料の乏しい、祖国を追われた人々の緩い連合体で、主としてアナトリアの海岸沿いから出てきた人々で、おそらくは、それにエーゲ海の島々やギリシャ本土の海賊が加わっていたのだろう（Wainwright 1959, 1961）。彼らはアナトリアを駆け抜け、ヒッタイト帝国の首都ハットゥサの城門を目指した。ミケーネ文明と同様に徹底的な破壊にあって帝国は崩壊した。続いて南方へ、進路にあたった都市を次々に破壊しながらレバントに侵攻、エジプトには二度までも猛攻を加えた（Wainwright 1959, 1961）。エジプト人たちは生き残ったが、エジプトは極度に弱体化し、もはやこの地域の超大国としての地位を取り戻すことはなかった。

「海の民」によるエジプトへの侵略が失敗したことで、チーズ製造の歴史にも副次的な影響が及んだ。「海の民」を構成していた様々な民族のうちの、エジプトの書記がシケル人、テレッシュ人、シェルデン人と記した人々はエジプト侵略に失敗した後、西方に船を進めて、シチリア、イタリア、サルジニアにそれぞれ入植したと思われる（Wainwright 1959, 1961）。しかし、「海の民」の地中海西部への移動については主に古代の記録から知るのみで、考古学的な証拠は不完全なものでしかなく、議論が多いところである。事実、研究者の多くが海の民の西方への大規模な移民という意見には否定的である。

青銅器時代の終わりごろ、地中海西部に強い影響を与えた東方やエーゲ文化が到達したのと、地中海西部、シチリア島、イタリア、サルジニアにいくらかの東方からの移民が入ったのとは同時期だというのは、ほぼ確実である（Cunliffe 1997; Le Glay et al. 2009）。したがって、東方の専門技術、レンネット凝固によるチーズ製造技術は、その他の東方文化の要素とともに紀元前一〇〇〇年代に西方へと伝えられた可能性が高い。また、その過程で新石器時代以来行われてきた固有のチーズ製造も活性化し、再発見されたのではないか。とするとイタリアとシチリアで紀元前一〇〇〇年以後、熟成されたレンネット凝固のチーズが盛んに製造されたことは決して偶然の一致ではなかったのだろう。

そしていよいよ、「海の民」の中に名を連ねていたアナトリアを起源とする一団、ペリシテ人がカナンの海沿いの平地に入植したのは紀元前一一八五年、エジプトへの二度目の侵略戦争が失敗する直前のことであった（Barako 2000; Stone 1995）。ペリシテ人たちは地中海沿岸の有利な地の港を利用して、この地方一帯に非常に積極的に交易網を発展させ、カナンの地で五百年以上繁栄を続けた。

ペリシテ人たちの領土拡張への熱望は、同じころにカナンに到着した新しいグループ、イスラエル人たちによって突然阻止される。彼らはサウル王、ダビデ王、その子ソロモンに率いられてペリシテ人たちの強敵となった。あのダビデ、羊飼いのときサウル王の軍隊にチーズを届けたダビデが、無敵のペリシテ人勇士、ゴリアテを石礫で殺してから、ペリシテ人との戦争は風向きが変わっていったのである。ゴリアテに勝利したダビデは彗星のごとく名声を得て、イスラエルの最も偉大な王となる。

そしてダビデの家系から千年ののちに、大工の息子イエスが現れるのだ。彼が西洋文明とチーズ製造に及ぼした影響は、ほぼ間違いなく、それ以前の、またそれ以後の誰よりも大きかったと言える。

第4章 地中海の奇跡 ギリシャ世界のチーズ

御手をもってわたしを形づくってくださったのに、あなたはわたしを取り巻くすべてのものをも、わたしをも、呑み込んでしまわれる。心に留めてください。土くれとしてわたしを造り、塵に戻されるのだということを。あなたはわたしを乳のように注ぎ出し、チーズのように固め、骨と筋を編み合わせ、それに皮と肉を着せてくださった。なぜ、わたしを母の胎から引き出したのですか。わたしなど、だれの目にも止まらぬうちに、死んでしまえばよかったものを。

（ヨブ記　十：八〜十一、十八）

古代文学の中で最も深遠な作品の一つ、ヨブ記の物語の中で、主人公ヨブは人間の苦しみという普遍的な問題に直面する。ヨブはだれからも後ろ指を指されることのない、真っ正直な人生を歩んできた。それなのに、何の理由もなく、健康も何もかも一度に失うのだ。ヨブは自分の人生に失望してしまう。

聖書のこの一節では、ミルクの凝固とチーズ作りのイメージを用いて、そもそも神がなぜ自分を造りたもうたのだろうかと、その混乱した気持ちと不満を実に巧みに表現している。

この書がいつ書かれたものか正確なところはわかっていない（推定では紀元前二〇〇〇年から五〇〇年）。ただわかっているのは、この後も、ミルクの凝固とチーズ作りが人類の起源と誕生の過程を説明するイメージとして使われるということである。

チーズ作りと人類の起源

ギリシャの哲学者の中で最も偉大で、熱心な自然主義者の一人と言われるアリストテレスは、レンネット凝固とチーズ作りの比喩を用いて、人類の起源とその初期の発達についての説を打ち立てている。ヨブやアリストテレスによるその比喩的表現はローマ時代にも再び注目されて、初期キリスト教の発達に影響を残している。後の時代、中世から現代にかけての時代でも、チーズの作り手と宗教者は神秘主義や民間伝承、聖伝を通してミルクの凝固と人類の始まりの神秘を一つに重ね合わせていた。後のアメリカや、二十世紀に伝統的なチーズ作りがほぼ絶えてしまった地域で職人による新種のチーズが花開いた時にも、出産の比喩がまだ木霊のように残っていることにははっとさせられる。

少々先走りすぎてしまった。

最後にはヨブは試練に遭う前よりさらに大きな繁栄を手にすることになる。ホメロスの物語では紀元前九世紀、それまでのミケーネの栄光をすべて失ったギリシャはちょうどこのヨブに似ていた。しかし、ヨブと同様、ギリシャもまた再生を遂げた。青銅器時代に一度は壊滅的に崩壊したものが、それに続く暗黒の時代を経て、紀元前四世紀のアリストテレスの時代には以前の栄光にも勝る繁栄期を迎えていた。このころには、広範囲にわたる交易網が復旧し、ギリシャはフェニキア人とともに広域に植民地を置いて交易によって繁栄していた。チーズの海上貿易はギリシャの時代に盛んに行われた。

しかし、実際はギリシャの復興は経済の話だけではなかった。ギリシャ文化の新しい生命力は、宗教をその中心に据えて、地中海沿岸全域に次々に広がり、文明を新たな高みにまで到達させている。そして、異論があるかもしれないが、新たなる深みをも獲得するに至った。ここでも、チーズは以前の近東の文明でもそうであったように、ギリシャの宗教儀式の中で重要な役割を果たしたのである。

蘇ったギリシャ文明

青銅器時代が終焉を迎えると、ギリシャ本土とエーゲ海の島々で栄えたミケーネ文明は紀元前一二〇〇年ごろに完璧に消え去ってしまった。いわゆるギリシャの暗黒時代はここから始まったのである。この時代には、宮廷の周辺に形成された中央集権的なコミュニティーは姿を消し、書記言語である線文字Bの技術、海上貿易もほとんど途絶えた。人口は拡散、激減し、人々は小規模の孤立した集落を作って住むようになった。農業は大規模な貿易向けの換金作物（特に、羊毛やオリーブオイル、ワイン）から、新石器時代に行われていた小規模な混合農業へと逆戻りした（Cherry 1988; Sansone 2009; Wallace 2003）。

文書の記録が残っていないため、このギリシャ暗黒時代の生活はごく限られた部分しかわかっていない。明らかに貧困を理由に諸民族はギリシャを離れて東方のアナトリアの沿岸地域やキプロス島へと、大きく移動して行ったようだ。

そして紀元前十二世紀から十一世紀にはそこにギリシャ人のコミュニティーを形成するのである（Sansone 2009）。小アジア（アナトリア）にギリシャ人移住者がいたこともあって、元来海洋民族であるギリシャ人は海上貿易を再開するようになったのだろう。

続いて紀元前一〇〇〇年ごろ、アナトリアからレバント地方へと広がっていた鉄の精錬の技術が、キプロスとの接触を通じてギリシャ本土へと伝えられたことは重要である。ギリシャは鉄鉱石が豊富で、鉄製の道具類と武器の製造は瞬く間に盛んになり、それが貿易拡大の刺激剤となって、ギリシャ本土とエーゲ海の島々の経済復興を加速させた（Sansone 2009）。

続く二百年以上の間、ギリシャの様々なコミュニティーが地中海沿岸各地に居住地を造って、貿易を促進した。こうしてギリシャは小アジアや近東、特にフェニキアとの交流を進めていくのである。

フェニキア人は現在のレバノンのあるレバントの海岸沿いに住んでいた、カナン人である。青銅器時代の終わり、レバント海岸の都市が「海の民」によって次々に破壊された直後、カナンのフェニキア人たちは主立った港町の再建を始めた。レバントの海岸はそれまで長い間、東西間の貿易の要衝で、メソポタミアとエジプトの大文明の間を繋ぎ、また後にはヒッタイト族のアナトリアとエーゲ文明の間の交易の中心地となった。

青銅器時代の終わりに地中海貿易が衰退し、エジプトが弱体化すると、政治は空白状態に陥り、紀元前最後の千年に達したころには、フェニキア人とその南方のペリシテ人とが商業上の覇を争っていた（Sommer 2007）。

初めのうち、フェニキア人たちは隣国のペリシテ人から激しい競争を挑まれていた。しかし、ダビデの統率のもと、イスラエル人たちがペリシテ人の膨張政策に待ったをかけたことから、フェニキア人の優位へと流れは変わっていった（Aubet 2001）。中でもフェニキア人の町、テュロスが頭角を現し、一帯に覇権を有するようになり、紀元前八一四年にアフリカ北岸に建設されたカルタゴをはじめとして、地中海全域に貿易植民市を建設した。フェニキアは巨大なメソポタミアの帝国、アッシリアと地中海との間の中継地となった。

しかし、紀元前六世紀前半には南メソポタミアに新しい政権が誕生し、アッシリアを制圧し、西方のレバントへと侵攻して行く。

これがネブカドネザル率いる新バビロニア帝国である。バビロニア人たちはテュロスを紀元前五八五年から五七二年までの十三年間包囲して、完膚なきまでに叩きのめした。しかし、多くのフェニキア人はテュロスを逃れ、カルタゴの避難所へと退避した。当時カルタゴはますます力をつけて、フェニキアの西の新都として支配力を手にしていたのである。カルタゴとその文明、古代カルタゴ文明は経済、軍事において、ギリシャと、またその後に続くローマの西の好敵手となっていく。

紀元前八世紀当時のギリシャではそのころ、繁栄を謳歌する一方で、人口が急増して、山がちな国土の農業は、それを支えきれず苦しんでいた。食糧難に対処するために、穀物の輸入先を確保し、また地中海貿易におけるフェニキア勢力に反撃する必要から、ギリシャはその後三世紀にわたって空前の領土膨張をみる。

この時代ギリシャの植民市は、東は黒海沿岸から、アフリカ北岸、シチリア島、南部イタリア、フランス、さらに西はスペインにまで及んだのである。何百という植民市が建設され、その多くがシチリア島のカターニアとシラクサ、フランスのマルセイユなど、のちの主要都市となり、増大するチーズ貿易の重要な中心地へと成長するのである。

ギリシャが貿易を拡大するにつれて、フェニキア人と常時接触するようになる。ギリシャ人は紀元前八世紀の初めごろになると、フェニキア文字を借用し、さらにそれを改良して、ギリシャ文字を造り出した。フェニキア人を通じてギリシャ人たちは近東の文化や宗教その他の要素を消化吸収、自身の文化・宗教へと融合した。

紀元前八世紀半ばから七世紀半ばにかけての時代は、ギリシャ文明の東方化時代と呼ばれる。アシュトレト、アステルテ、イシュタルと、様々な名で呼ばれたセム族の豊穣と性愛の女神が、ギリシャの神殿にアフロディーテとして加わるのはこの時代である。その起源をたどれば、この時より遡ること三千年、シュメールの女神イナンナである（Sansone 2009）。初期のギリシャ神話の要素の中には近東の神話と驚くほど類似しているものがある。しかし、近東がギリシャ文明に果たした最大の意義は社会、経済、宗教上の特徴的な組織、ポリスである。ポリスは近東における都市国家の変形で、中心にある都部と周辺のそれを支える農業地域から成る自治組織体であった。

それぞれの宗派の宗教的儀式と守護神は各ポリスのアイデンティティの中核をなしており、守護神への信仰が公私にわたって生活を支配し、信仰と儀式を通してコミュニティーを一つにまとめあげていた。ギリシャ宗教の中心は、ポリスの一角に設けられた守護神のための聖域であり、そこには神殿があった。神殿には神の似姿（像）が納められており、そこでは神への捧げ物を管理したり、儀式が行われたりした。また、祝宴を執り行う施設でもあった（Kearns 2010）。

ギリシャの宗教がその多くを近東から借用していたことは事実だが、ミケーネ文明から採りいれた要素も多い。例をあげれば、線文字Bの粘土板に名前の挙がったミケーネの神々はギリシャの神殿にも姿を見せており、重要な宗教上の存在となっている。また、ギリシャの神殿はミケーネの宮殿内にあった聖域のデザインに酷似している（Neils 2008）。しかし、チーズの歴史の観点から言って、最も重要な点は、ギリシャの宗教的行事の中でチーズが果たしていた特別な役割にある。

ギリシャ宗教におけるチーズ

ギリシャの信仰では、動物を生け贄として捧げるのが常であった。生け贄を捧げる儀式は聖域の中の、神殿前に設けられた野外祭壇で執り行われた。信者たちは各自の能力に応じて神へ生け贄を捧げた。生け贄の頻度や殺される動物の種類は、その信者の財力によって異なっていた。ポリスのほとんどの市民にとって、動物の生け贄を捧げるのは日常的なことではなく、おそらくは特別な時だけ行われていたのだろう。それ以外の時は、信者は血を流すことのない食物を神々に捧げることになっていた。できれば毎日（朝ともう一度夜に）だが、どれほど正確に毎日の捧げ物がなされていたかは明らかではない（Kearns 2010）。

血を流すことのない捧げ物とは人々が普通に食べていた食物で、特に、菓子や果物、パンや、時にはチーズが含まれていた。こうした捧げ物は動物の生け贄を捧げる時の祭壇の横に置かれた指定のテーブルの上か、神殿の中に供えられたという（Gill 1974）。

一九三〇年代、アテネのアクロポリスの北西の斜面から素晴らしい大理石の碑文が出土した。この碑文は二つの記念碑か祭壇のものらしく、紀元前五〇〇年ごろに建てられたもので、そこにはエレウシスの宗派と関連のある神々に捧げられたチーズや大麦の粉、ゴマ、オリーブオイル、蜂蜜などの量を詳細に記録した目録が刻まれていた。碑文は、単なるしきたりだったものを恒久的な法として規格化しようとする一連の命令だった（Jeffery 1948）。

アクロポリスはギリシャの最も古くからある聖域の一つで、紀元前五世紀にはすでに太古のものとみなされていた。したがって、紀元前五〇〇年のアテネの人々は自分の都市が富を蓄え、文化的な水準が上がっていくにつれて、迫りくる変化から古代の宗教的伝統を保護しようと思ったことだろう。こうした背景があって、アテネの人々は血を流すことのない捧げ物としてチーズを礼拝の中に組み込む伝統を守ろうと努めたのである。また、これはチーズが太古の昔からあったもので、礼拝の中でも中心的な位置を占めていたことを示唆している。

同じころ、ギリシャの喜劇詩人キオニデスは、アテネ市民の習慣について記述している(紀元前四八六年ごろ)。そこにはディオスコロイ(ゼウスの双子の息子、カストルとポリュデウケス)のために食事を出す場面がある。アテネ市民に昔の素朴な生活を思い出させる目的でその食事は意図的に素朴なものが選ばれており、チーズや大麦の菓子、熟したオリーブとポロねぎが使われている(Gill 1974)。このように、チーズが日常生活でも宗教的な慣習の中でも重要な役目を果たしていた過去の時代、より素朴に生活していた時代のことをアテネの市民たちは記憶にとどめようとしていたことがわかる。

無血の捧げ物が収穫の女神デメテルにも供えられたことは、スパルタ近郊のデメテルの聖域から発見された捧げ物に関する碑文からもわかる(Jeffery 1948)。森と丘の女神アルテミスの神殿(スパルタ)はチーズの捧げ物でもよく知られている。これはスパルタ市民の敬虔さというより、神殿からチーズを盗むことが許されていたことが理由だ。

四世紀のギリシャ人著述家クセノフォンによると、スパルタ教育を受けていた生徒たちは若者の食欲を十分に満たすには足らない、ごく質素な食事しか与えられなかったという。しかし、将来の兵士となる訓練の一環として、もっと食欲をそそる食べ物を探して定期的にコミュニティー内で盗みを働くことが許されていた。むしろ奨励もされていたという。少年は食べ物を盗んで捕まると、厳しい鞭打ちの刑に処せられた。これは盗んだことに対する刑ではなく、捕まったことに対してのものだった。一方、盗みに成功すると、感心な少年だということになったのである。アルテミスの神殿は無血の食物の捧げ物が常に豊富にあり、食料を求めて行われる強盗の主要なターゲットとなった。神殿から盗んだチーズの記録を塗り替えることが、少年たちの間で有名な競争にまでなっていたという（Harley 1934）。

チーズの好みにうるさいギリシャの神々

神々は時として特別なタイプのチーズを捧げ物として要求することがあった。たとえば、ヘレニズム時代（紀元前三二〇年ごろから紀元前一〇〇年ごろまで）のクレタ島では、「女チーズ」という特別な種類のチーズが神々の母キュベレに無血の捧げ物として供えられたという（Halbherr 1897）。「女チーズ」が他のチーズ（男チーズか？）とどんな違いがあるのかという点は興味深いが、女性の胸をかたどった「女ケーキ」と呼ばれるものに類似していた可能性はあるものの、答えは長い年月の間に失われてしまった。

紀元前一世紀のギリシャ人地理学者ストラボンは、また別の神のチーズの好みについてごく簡潔に記録している。ストラボンによると、アテネの女神アテナに仕える女性神官は、その地のグリーン（フレッシュ）チーズに触ることが許されていなかった。彼女の前には外国産のチーズだけが供えられたという（Cooley 1899）。明らかにアテナは輸入されたチーズを好んでいたのである。この後すぐに明らかになるが、これはアテナだけではなかった。ギリシャは輸入チーズが盛んに取引される市場として、その名を知られていたのである。

生け贄に代わる捧げ物の一つだった以外に、チーズはお供え用ケーキの材料の一つとして礼拝の中に取り入れられていた。ケーキはギリシャの食事や無血の捧げ物としてどこにでも見られた。神によってケーキの好みはまちまちだった。プラコスとかプラコンタという名前で知られている軽くてサクサクしたケーキは、蜂蜜とヤギか羊のミルクのチーズを材料として作られており、また、固いケーキの中にパイ生地の薄い層が入るものもあった。これはデメテルとアポロのお気に入りのケーキだったという(Brumfield 1997; Grandjouan et al. 1989)。

また別の種類ではphthoisといって、小麦粉とチーズ、蜂蜜から作るケーキはヘスティア、ゼウス、アポロ、アスクレピオスにしばしば捧げられた。コリントのデメテルの聖域ではプラコスやその他のケーキが女神たちに捧げられた。

粘土で作られたケーキが、粘土製のミニチュアの唐箕かごに盛り付けられていることもあった。コリントの聖域からは紀元前六世紀から二世紀の間ごろのものと推定される、粘土製のケーキが入った同様のかごが何百個も見つかっている。神殿の外で捧げ物作りを専門に行っていた陶磁器職人のコミュニティーから、参詣者たちは粘土製の複製品を購入していたのだろう。

医術の神アスクレピオスは、チーズとギリシャ宗教との間の非常に面白い関係を見せてくれる。ケーキを捧げること、特にチーズが中に詰められたケーキを神に供えることは、アスクレピオスを祀る儀式の際、特に目立っているという(Kearns 2010)。ギリシャ神話では人間にチーズ作りを教えたとされる神で、アスクレピオスの異母（父？）兄弟アリスタイオスに敬意を表してのことだったのだろう（Harrod 1981）。さらに、ミルクの凝固とチーズ作りは、アスクレピオス信仰の癒しの儀式の中で、ある種の役割を果たしていたのではないかと考えられる。

アスクレピオスは癒しの神として単に信仰されただけではなかった。この宗派はギリシャ中に広がっていたうえ、後にはその聖域が古代世界の病院にあたるアスクレピエイオンと呼ばれて、癒しの中心地としてローマ世界でも支持されたのである。五百年以上もの間、病に苦しむ人々は地中海とエーゲ海全域に広がっていたアスクレピオスの聖域に遠方からも集まってきて、施術と治療を求めた（Kearns 2010）。驚くべき癒しの力を持った聖なる蛇は聖域の大切な構成要素で、アスクレピオスは必ず聖なる蛇が巻き付いた杖を持った姿で現れた（Bieber 1957）。聖なる癒しの蛇が巻き付いたアスクレピオスの杖は医学と医療の国際的シンボルとなっており、米国医師会のような医学関連の図案に用いられることも多い。

さて、この話はミルクの凝固やチーズ作りとどう関係するのだろうか。一九三〇年代、アテネの米国ギリシャ・ローマ研究所からフェルデナンド・ジョゼフ・ドウェイル氏率いる考古学研究チームが、コリントにあるアスクレピエイオンの遺跡の体系的な発掘調査を行った（de Waele 1933）。もともとの聖域は紀元前六世紀に建てられたものだが、紀元前四世紀に建て直されていた。

この遺跡から発掘された数多くの工芸品の中に、テラコッタ製で重い注ぎ口が付いた平たい水盤があったのである。他の例と同様にこのタイプの水盤は聖なる儀式の中で穀物を挽いたすり鉢の典型例と理解された。今日でもそう考えられている。しかし、スイスで伝統的に使用されているミルク桶、チーズ発酵桶にも非常に類似していることから、ドウェイル氏はミルクの凝固、あるいはチーズの発酵桶としても使用されたのではないかとの説を発表した。

しかし、ドウェイル氏の仮説は四十年間ほとんど注目されなかった。その後、一九七〇年代になってロジャー・エドワーズ氏が以前の発掘調査の結果を利用して、コリントにおける陶磁器の歴史を再検討するプロジェクトを実施した（Edwards 1975）。

すり鉢であると考えられたテラコッタの水盤をエドワーズ氏も調査して、チーズの発酵桶ではないかというドウェイル氏の仮説を再検討してみた。さらに詳細に調べたところ、粉ひきに使われたすり鉢なら内側の表面に当然見つかるはずの擦り傷や、見てわかるほどの摩滅の跡が見つからないことにエドワーズ氏は驚く。さらに、水盤の持ち手と注ぎ口の独特の形は、乾燥した内容物よりも液体に適しているようだった。そこでエドワーズ氏は水盤は粉挽きではなく、ミルク桶かチーズの発酵桶として使用されたのではないかと考えるようになったのである。彼はさらに、考古学的な文献に現れるこのタイプの容器が、古代ギリシャ語ですり鉢という意味の単語holmosで分類されている点は問題ではないかと主張した（Edwards 1975）。つまり、ギリシャの考古学的な出土品の中にはすり鉢として誤って分類されてしまった「チーズ発酵桶」が他にもあったのではないかというのだ。

もしも、これらの容器がチーズの発酵用の桶だったとしたら、コリントのアスクレピオスの聖域でこれらの容器はどう使われていたのだろうか。おそらく、この問題に関係すると思われるが、クレタ島のレベナのアスクレピエイオンの遺跡から発見された紀元前一世紀の碑文に、アスクレピエイオン「病院」では日常的にミルクが医学的処方や施術に使用されていたという、はっきりとした言及がある

（Chaniotis 1999）。

ホメロスのトロイ戦争の叙事詩『イーリアス』によると、ミルクとミルク桶、あるいはチーズの発酵桶がアスクレピエイオンでどのような役割を担っていたのかある程度説明がつく。『イーリアス』ではギリシャ神殿の神々は人間界で紛争が起こるとどちらかの味方につくことが多いが、トロイの戦争でも神々はアカイアかトロイの味方となってそれぞれ皆戦争に巻き込まれてしまう。

軍神アレスは強大な戦術を持つ女神アテナと死闘になり、アテナはアレスに死の一撃を加える。アレスは不死の体で、「死ぬために生まれていない」ので足を引きずりながら父ゼウスのもとに帰り、傷を癒してくれるように頼む。ゼウスは息子を叱責した後、不本意ながらも自分の医者であるパイエオンに命じてアレスの治療にあたらせる。ホメロスはここでレンネット（イチジクの樹液）による凝固を、パイエオンがアレスを治療する様子の比喩として用いた。液体だったミルクが野生のイチジクの樹液を注いでかき混ぜると凝乳になるように、アレスの傷口はすぐに回復したという（Fitzgerald 1989）。

ホメロスが用いたような、レンネット凝固の不思議な現象と傷口の癒える様子の関連性は、ギリシャの言語の中に深く刻まれているようである。傷口が癒える様子を表すギリシャ語の単語の一つは、ミルクが固まって凝乳になることをも含意するものなのである（Morgan 1991）。

ホメロスの描いたパイエオンはもともとアスクレピオスの父アポロ神と同一存在だったが、紀元前四世紀にアスクレピオスはパイエオンの化身としてアポロに取って代わり、ギリシャ神話における医療の神となった。実際、アスクレピオスはしばしばパイエオンという名で呼ばれることもあった（Kearns

2010）。

ギリシャの神話と言語の中にしっかりと根付いていたレンネットによる凝固と医療とのつながりは、アスクレピオス（あるいはパイエオン）の聖域で行われていたミルクの凝固と、おそらくチーズ作りまでも含んだ癒しの儀式の中に象徴的に現れていたのではないだろうか。擦り切れた跡や摩擦による傷の残っていない前述のような水盤が、その他の地域にあるアスクレピオスの聖域にも残っていたかどうかが分かれば面白いだろう。ミルクの凝固を盛り込んだ儀式がギリシャ世界のあちらこちらで広く行われていたなら、あり得る話である。このような水盤の有機残留物質を分析すれば、あるいはミルクの凝固がアスクレピエイオンの医療儀式の中で、ある種の役割を担っていたかどうかの謎を解く鍵が見つかるのかもしれない。

日常生活の中のチーズ、商業の中のチーズ

宗教的な要素はギリシャ人の生活の隅々に行きわたっていた。ギリシャ世界の大きな楽しみの一つだった酒が振る舞われる宴会、饗宴でさえも神々への祈りと献酒を行っていたほどである。宴会は質素な食事デイプノン（deipnon）で始まり、その間には食事だけで酒は振る舞われなかった。食事が片付いた後、客人が手を洗うと、「第二の食卓」と呼ばれるデザートのコースとともにワインが運び込まれる。デザートの中には砂糖菓子、卵、木の実、新鮮な果物やドライフルーツ、チーズ、ケーキなどの珍味が含まれていた。ケーキの中ではプラコンタ（plakounta）とかプラコス（plakous）と呼ばれるケーキ（サクサクとしたケーキでヤギ乳や羊乳のチーズや蜂蜜、練り粉で作られていた）が特に高い評価を受

けていた（Grandjouan et al. 1989; Noussia 2001）。

紀元前五世紀の哲学者であり詩人でもあったクセノファネスによると、名誉ある、聖なる食卓は部屋の中心に据えられており、その上には祭壇が中央に置かれ、神々に敬意を表してケーキ類やチーズ、蜂蜜がたっぷりと飾り付けてあったという。次にワインの献杯が行われ、讃美歌と祈りが神々に対して捧げられた。饗宴でのチーズの役割は神聖な場合もあれば、現世的な場合もあった。ギリシャ人の生活と同様に、聖と俗とは切り離すことができないものだからである。クセノファネスが理想化した夕刻の行事、饗宴では、賢明に飲酒をし、珍味を少しずつ食べ、徳の高い会話と演説が行われるという。しかし、ギリシャの別の文筆家やギリシャの陶器に描かれた饗宴のあり様からすると、騒々しくて性的な乱痴気騒ぎにあふれていたこともわかる。

チーズはギリシャの日常の食事には不可欠な要素だった。当時の食事は次の二つのカテゴリーから成っていた。シトス（sitos）と言われる質素な食物（主食）とオプソン（opson）、すなわち補助食品（付け合わせ）である。シトスは食事の中心的な部分で、主に大麦粉などの穀類から作るポリッジ（粥）とパン、小麦を焼いたケーキもあった。ひよこ豆やレンズ豆などの豆類もよく加えられていた。オプソンは消費される量も少なく、主に羊乳やヤギ乳から作ったチーズ、猟の獲物、時々は野菜も入り、とりわけ酢漬け、塩漬けの魚が食べられた。肉は限られた場合のみに供されたという（Neils 2008; Wycherley 1956）。

ポリスの住民たちが食物を調達していたのは、アゴラと呼ばれる、市内の中心にある公共の場で毎日開かれる屋外の市場だった。アテネ市内のアゴラの市場はフレッシュチーズを売る一角が別に設けられており（Wycherley 1956）、他のポリスでも市街を取り巻く農業地帯から農民がチーズを持ち込んで同様にしていたことはまず間違いない。おそらく紀元前三世紀だと思われるが、アイスキリデスが、また後になってエリアンが、ギリシャのアッティカ沿岸に面したケオス島でチーズを作っている農場について書いている。これはギリシャ本土でも典型的な例だろう。

アイスキリデスがその農業についての書物に書いているように、ケオス島では農家はどこもほとんど羊を所有していない。その理由はケオスの土地が非常に痩せていて、牧草地も全くないからである。ウマゴヤシやイチジクの葉やオリーブの木の落ち葉などを動物の群れに投げてやっている。いろいろな種類の豆の殻や作物の間に生えているアザミなど、これらはどれも羊には非常に良い餌となる。羊のミルクを搾り、凝固させると素晴らしいチーズ、キスノスチーズと呼ばれるチーズができ、一タラントにつき、九十ドラクマという値段で売れるという。

（Aelian: Vol.3, On the Characteristics of Animals）

この一節が特に興味深いのは、ギリシャの農業に特徴的な小規模混合農業地での羊の飼育とチーズ製造が描かれているからだけではない。チーズを製造して市場で取引されることが重視されている点である（Hodkinson 1988）。――このケースでは市場は地元だけではないのである。アイスキリデスが記録していたキスノスチーズは実際にギリシャ世界でよく知られたものだった。推測するに、エーゲ海の島キスノス島で最初に作られて、それがチーズの名前になったのだろう。このチーズの作り方は近隣のケオス島でも模倣され、おそらく他の場所にも広がり、同じ名前で取引されたのだと思われる。キスノスチーズは品質の良さで有名になり、広く輸出された（Casson 1954; Migeotte 2009）。同様に、ギリシャのレネア島もアナトリア沖のキオスのようにチーズの輸出で名をあげた（Casson 1954）。キオスが最も有名なのはワインだが、チーズも世界クラスの品質を誇っていたに違いない。なぜなら、キオスワインと一緒にシリアにあるギリシャの植民都市に輸出され、そこでフェニキア人商人によって利益の多いエジプト市場へと再出荷されていたからである。

エジプトは三十三パーセントと二十五パーセントの輸入税をそれぞれキオスワインとチーズに課したが、それでも高額所得層のエジプト人たちはワインもチーズもあきらめることはなかったようだ。これはエジプトのパピルスに記された紀元前三世紀の輸入記録に基づいている（Berlin 1997）。こうして、ギリシャのチーズはオプソンとして、日常食べる単純なフレッシュチーズの域をはるかに超えて、高級美食家向けに色々な種類をそろえるまでになった。

キオスの輸出チーズがどのようなものだったかは、ほとんど何もわかっていない。しかし、ホメロスの大傑作『オデュッセイア』が、その製法について、ほんのわずかだが垣間見せてくれている（Fagles 1996）。ホメロスの詩が書かれた時も場所もはっきりとは分からないのだが、詩の中の何行かが示す手掛かりは、アナトリア沿岸部か、またはキオス島沖かで、紀元前九世紀ごろであることを示している。もしそうであるなら、ホメロスはオデュッセウスがシチリア島でキュクロプスと出会う場面を描く時に、地元のキオスのチーズ製法をモデルとして使ったのではないか。

羊やヤギの鳴き声のする方に向かって上陸すると、主人公オデュッセウスは仲間の乗組員を何人か連れて、キュクロプスが隠れ住んでいる洞窟を探しに出発する。到着してみるとキュクロプスは洞窟の中にいなかったが、秩序正しいチーズ作りの作業にオデュッセウスたちはすっかり感心してしまう。たくさんのチーズを洞窟内の網の上に並べて、乾燥させていたのである。チーズ作りの過程で出るホェイは様々な容器に入れて丁寧に保存されていた。

オデュッセウスの仲間の水夫たちはできることなら怪物キュクロプスとは出会いたくないと思っていたので、チーズを盗んで洞窟に閉じ込められている子ヤギも子羊もつれて、急いで船に逃げようと提案する。しかし、オデュッセウスは好奇心にあふれ、怖いもの知らずだったので、洞窟内に隠れて、洞窟の主が帰るのを待とうとみんなを説得する。待っている間、キュクロプスのチーズを勝手に取って、神々に捧げ物として供える。興味深い点は、ギリシャ文化がまだ発達の早い段階にあったこの時でさえ(おそらく紀元前九世紀)、ホメロスは、神々に対してオデュッセウスとその水夫仲間たちに血を流さない捧げ物を供えさせていることだ。

やがてキュクロプスは洞窟に帰ってくると、いつも通りチーズ作りを始める。この工程が古代の最も古い記述の中の一つに残されているのだ。キュクロプスはミルクをすばやく凝固させたとあるが、これはレンネット凝固についての言及だと考えられる。ギリシャ語の文献のニュアンスと、ホメロスが『イーリアス』の中でイチジクの樹液のミルクを凝固させる作用について述べていることからすると、おそらくはイチジクの樹液を使ったのだろう(Oldfather 1913)。イチジクはシチリア島でも小アジアの海岸地方でも自生しており、どちらの場所であっても、レンネットの出所として可能である(Zohary and Hopf 2000)。

あるいはまた、現存するギリシャの文献で動物性のレンネットの使用について言及している資料としては、紀元前三五〇年前後にアリストテレスが書いた『動物史』が最も古いものである。このように動物性のレンネットを使用することは、この時代までにすでにアナトリアなどでよく発達していたのだ。

ホメロスはキュクロプスのチーズ作りの手順には触れていない。しかし、これが圧搾チーズで、柳の小枝で編んだ水切りかごが耐えうるだけのごく軽い圧力をかけただけのものだったことは読み取れる。また、ホメロスはキュクロプスがチーズに塩を使ったかどうかについても言及していない。これが単なる書きもらしで、塩は表面にこすりつけられていたとすると、キュクロプスはレンネットを使用して小型のチーズを作っていたということになる。

内容量に見合った表面積を持ったサイズのチーズなら、そして適度に湿度が保たれた場所でなら、余分な水分は蒸発し、次第に表面に皮が形成される。キュクロプスの入り口の開いた洞窟で網棚の上にチーズを載せて乾燥させるというやり方では、ゆっくりと水分を抜いて、皮を形成させるのに適切な温度と湿度の状態が保たれていたのだろう。その結果、長期の熟成に適した低湿度の皮のついたペコリーノやカプリーノチーズになったのである。こうしたチーズはペコリーノ・バニョレーゼやカプリーノ・ダスプロモンテのような、イタリアで伝統的に製造されているペコリーノチーズやカプリーノチーズと似たところの多いものだったのだろう。あるいはまた、キュクロプスのチーズはペコリーノ・バニョレーゼと同様に、新鮮なものを消費していたのかもしれない。いずれにしても、異論はあっても、『オデュッセイア』の中でこの記述は、レンネットによる凝固を利用してチーズを作っていたことを示す確かな記録と考えたい。

ホメロスがキオス島、シチリア島、またはその両島でのチーズ製造について記述していたのかどうかはっきりとしたことは言えない。しかし、重要な点は、ハードで皮のあるチーズ、長い熟成に耐えうる、摩り下ろして使う長期保存に耐えるチーズの製造技術がこの時代すでに存在したということである。その後の何世紀にもわたって、摩り下ろしチーズはギリシャの文化と調理法の重要な要素となっていく。またシチリア島も摩り下ろしチーズで有名になっていく。

ホメロスが書いているような種類の、小さいサイズで、非加熱のレンネット凝固のチーズが当初からあって、アリストテレスもまたこのようなチーズ、四百五十三・六グラムかそれ以下のチーズのことを書き残している（Thompson 1907）。ホメロスの何世紀も後の時代になると、シチリア島やイタリア半島ではチーズの製造方法に新しい手順が加えられて、大幅に水分保有量の少ないカードを作りだす。今日シチリア島で製造されているマイオルキーノのような、より大型の、皮のついた熟成チーズを生みだすことに成功したのである（Campo and Licitra 2006）。

ギリシャ人たちを骨抜きにしたシチリアチーズ

紀元前八世紀、『オデュッセイア』が書かれてまだ間もないころ、ギリシャ人たちはシチリア島の東岸を植民地化し始めた。

ギリシャから来た入植者は地元シチリア産のチーズの味を知るようになった。シチリア島では遅くとも紀元前三〇〇〇年代にはチーズが作られていたようで（De Angelis 2000）、イタリア南部やエーゲ海、アナトリア地方から紀元前一〇〇〇年代の終わりごろ、次々に移民の波がシチリア島に押し寄せた時、チーズ製造の技術に新しい息吹が吹き込まれたのではないだろうか（Barker and Rasmussen 1998; Brea 1957; Holloway 1975; Procelli 1995; Trump 1965; Wainwright 1959,1961）。

紀元前五世紀にはシチリア島東岸の植民地では、ギリシャから輸入されたチーズのための陶磁器やシチリア島内陸部の高地で生産された酪農製品の取引が行われていた。一部の酪農製品はギリシャに輸出された（Finley 1968）。ホメロスがキュクロプス作だとしたペコリーノチーズとカプリーノチーズは輸出品の有望株だったと思われる。このようなチーズは頑丈で、厳しい環境の海上輸送にも耐えうるし、風味はピリッと豊かで強く、また、オプソンとして、摩り下ろしたり、あるいは料理の材料になったりと、食卓での用途が多かったことなどがその理由だろう（図四―一）。

紀元前五世紀末、シチリアチーズの名声はますます高まり、喜劇詩人ヘルミッポスがシチリア産チーズをアテネに輸入された贅沢品のリストに加えたほどだった（リストにはエジプトの書籍、シリアの乳香、クレタ島のイトスギ、カルタゴ産の多色カーペットやクッションが含まれていた）。輸入贅沢品で溢れかえっているユートピア、アテネを風刺した詩である（Braund 1994）。

シチリア産のチーズは「シチリアの誇り」として広く知られるようになり、キスノスチーズがキスノス島以外でも作られるようになったのと同様に、あちこちで模倣された（Ehrenberg 1951）。

喜劇作家フィレモンとアンティファネスは、どちらもシチリアチーズの輸出のことを書いている。アリストファネスはペロポネソス戦争の時シチリア島への探検隊の管理指導ミスで告発されたアテネの将軍ラケス・アイクソネウスについて風刺した。シチリア島のチーズをみんなで分けあわないで、夜の間に食べすぎた犬を告発するという裁判喜劇である（Braund 1999）。告訴された犬の証人として呼ばれた

図4―1
チーズを摩り下ろす女性の小像。紀元前5世紀前半、ギリシャ出土。ボウルの縁には、すりこぎがある。土台の上にはナイフを載せたチーズが描かれている。(写真提供2012年ミュージアム・オブ・ファイン・アート、ボストン)

のはチーズの摩り下ろし器で、露骨な表現は避けているものの、シチリアの植民地カタナ(今日のカタニア)のことを指している。kataneとかcatanaというのはシチリアの方言で摩り下ろし器のことを言うからだ。ギリシャ世界ではシチリアといえばチーズ、特に摩り下ろしチーズと、結びつけられることが多かった。

紀元前四世紀、喜劇作家ティモクレスが認めているように、地中海のチーズ貿易の隆盛はギリシャ世界での「持てる者たち」と「持たざる者たち」の間の不均衡を大きくしていった。ティモクレスはアテネの市場を描写して、上流階級の人間には素晴らしい場所だが、貧乏人には惨めな所と述べている。

富める人々にとって、市場は美味の中の美味を取り揃えたところだ。黒海の魚、北部エーゲ海タソス島のワイン、コリント湾に面したボイオティアのウナギ、アッティカ［アテネ］の地元農家の蜂蜜、オリーブ、新鮮な緑の野菜、地元の焼きたてパンとケーキ、シチリアのチーズというわけだ（Lever 1954）。この時期までに、シチリアはギリシャへチーズを運んでくる最大手の業者であり、かつ、地中海の美食の中心地となっていたのである（Rapp 1955）。

紀元前四世紀のシチリアは非常に裕福で、贅沢な食事でよく知られる、洗練された文化を発展させていた。当時、シチリアの著作家、ミタイコスとヘラクレイデスによる料理本が二冊書かれ、シチリアの料理をギリシャ世界に広めるのに貢献した。どちらの本も、チーズを料理の材料として使い、その特徴を活かしている。ヘラクレイデスはkyboi（文字どおりにはギリシャ語でサイコロの意）という言葉で、アニスの実やチーズ、オリーブオイルで味付けした四角いパンについて書いている。たぶん今日のフォカッチャに似たものだろう。ミタイコスはチーズとオリーブオイルをソースとして魚にかける使い方を説明している（Olson and Sens 2000）。このようなチーズソースは紀元前四世紀後半には幅広く使用（乱用）されていた。

「西洋美食術の父」と呼ばれるシチリアの美食家アルケストラトスは、著書の中でチーズソースを蒸魚（と、ある種の肉）に無闇に使うことをたしなめている。こうしたチーズソースが適しているのは固くて品質の良くない魚だけで、それ以外のシビレエイなどは摩り下ろしたチーズをほんの少しだけ使うのが最も良く、あっさりしていて柔らかい最上等の魚ではチーズは全く使わないで調理すべきで、少しの塩とオリーブオイルだけで十分なのだと言うのだ（Rapp 1955）。

熱心な料理家が、地中海全域からアルケストラトスのようなシチリアの師匠のもとにやってくるなど、シチリアのシェフたちはギリシャ世界の各地から引く手あまたであったらしい（Rapp 1955）。豪華で贅沢をきわめる料理の風潮に逆らって、プラトンはその名著『国家』の中でアテネの美食の行き過ぎを厳しく非難し、かつての質素なオプソンとシトスの食事に戻ることを切望した。

摩り下ろしたチーズは、ギリシャ文化の中でも特別な位置にあったと思われる。ホメロスは著書『イーリアス』の中でこの点についての示唆を残している。

ネストルが傷ついたマカオンを戦場から救い出して、自分の家に連れて帰る場面である。ネストルの奴隷ヘカメデはプラムニアワインの上に、青銅の下ろし金で摩り下ろしたヤギ乳のチーズと大麦粉を振りかけて万能薬を用意する。万能薬はすぐに効き目を現しマカオンは回復する。ホメロスのこの記述は、遅く見積もって紀元前九世紀のギリシャ人のやり方と一致する。その根拠は、考古学者による発掘調査によって、紀元前九世紀にギリシャ人兵士の墓から、青銅のチーズの下ろし金が発見されたことにある（Ridgway 1997; West 1988）。チーズを摩り下ろしてワインに入れるというのは、ギリシャ人兵士の宴会では重要な儀式だった（Sherratt 2004）。貿易や南イタリアに設立されたギリシャの植民地を通じて、この儀式は紀元前七世紀にはイタリアに広まったとされる。数多くのチーズの下ろし金が、北はトスカナから南はカンパニアまで広がるイタリア西岸（ティレニア海沿岸）の、戦士たちの墓から発見されていることから推測できる（Ridgway 1997）。

アテネやその他のポリスでも様々な儀式の過去の記憶は、宗教的な祭礼の中に残ったと考えられる。女神アテナに捧げられた青年たちの徒競走では、優勝者にはワイン、蜂蜜、摩り下ろしたチーズ、大麦少々とオリーブオイルを混ぜ合わせたパンチを飲む資格が与えられた（Ferguson 1938）。摩り下ろして使用するのが理想的な、熟成されたペコリーノチーズとカプリーノチーズのタイプと思われるシチリア産チーズが、ギリシャ人の間で非常に人気が高かったことは言うまでもない。

衛兵の交代

紀元前四世紀の終わりにギリシャは絶頂期を過ぎる。ギリシャ文化はアレクサンダー大王の遠征によって、はるばるインドにまで運ばれたが、帝国は長くは持ちこたえられず、大王の死後すぐに崩壊した。さらに、西にはローマが急速に強大化し、じきにギリシャを越えていくのである。

同じころ、ペルシャでは預言者ゾロアスターが信者の中の幹部である司祭たちを鼓舞して、その教えを広げようとしていた。ローマの著述家プリニウスによると、ゾロアスターはペルシャの砂漠の中で二十年間チーズだけで生きながらえて、神からの啓示を得たという。彼の足跡にならって、ゾロアスターの最も献身的な弟子の大司祭たちは肉食を避け、チーズと野菜と質素なパンだけを食べた（Russell 1993）。こうしたゾロアスター教の位の高い司祭たちのうちの三人が聖書の『ルカによる福音書』に伝わる、金や乳香、没薬（そして、おそらく有り余るほどのチーズ？）を運んでやってきた東方の三賢人なのであろう。彼らは不思議な星に導かれ、ペルシャを出て西へ、レバントの町ベツレヘムへと、生まれたばかりの子供を拝みにやってきた。

この子供はじきに西洋文明とチーズの歴史に計り知れない影響を及ぼしていくのだ。

第5章 ローマ帝国とキリスト教 体系化されるチーズ

それゆえ、わたしの主が御自らあなたたちにしるしを与えられる。見よ、おとめが身ごもって、男の子を産み、その名をインマヌエルと呼ぶ。災いを退け、幸いを選ぶことを知るようになるまで、彼は凝乳と蜂蜜を食べ物とする。

（イザヤ書　七：十四〜十五）

紀元前六〇〇年前後、ヘブライ人預言者イザヤは、将来現れる救世者は素晴らしい助言者、強き神、永遠の父、平和の王子と呼ばれるだろう、そしてその人は正義と高潔をもってダビデの王座に就くだろうと述べた。キリスト教徒たちはこの預言がイエス・キリストという人物の中に実現したと信じている。イエスはイマニュエルと呼ばれ、ほぼ二〇〇〇年前のヘブライ人の祖先アブラハムのようにカード、あるいはフレッシュチーズを食べるだろうと、イザヤは言った。

分断されて気力を失っていたイスラエルで、イザヤが聖職者としての務めを果たしていた同じころ、地中海世界は青銅器時代の崩壊後、数百年続いた暗黒時代を経て、ルネサンスを経験していた。ギリシャは広範囲に植民市を建設して、再び繁栄を謳歌していた。そして間もなく地中海世界の文化的、学術的な覇者となった。しかし、ギリシャの栄光はしだいに光を弱め、ローマが代わって力を強めていった。

キリストの時代には、ローマは武力の面で地中海を制圧していて、大きさでも存続年数でも組織でも並ぶもののない帝国を築き上げようとしていた。キリストの信者たちも帝国建設を望んでいたが、その帝国はローマ人たちのものとは全く違っていた。宿命なのか、神の摂理からなのか、ローマとキリスト教会とは互いに深く絡み合うように運命づけられていた。どちらも、深いところで西欧文明を形作り、チーズ作りにも消えることのない痕跡を残していくのである。

エトルリアの起こり

ローマの伝説によるとローマは紀元前七五〇年ごろ戦闘の神マルス（ギリシャのアレス）を父とする双子の息子たち、オオカミに育てられたロムルスとレムスによって建国されたという。しかし、ローマの彗星のような台頭の実際の物語はそれよりもずっと早く、イタリア半島全体の姿を文化的にも経済的にも変質させるような、遠大な事象を含んでいた。

物語は新石器時代、穀物の栽培と畜産が近東からイタリアに入ってきた紀元前五〇〇〇年ごろに遡る（Potter 1979）。紀元前三〇〇〇年代までには、農業は二次生産物を生む家畜の飼育に重点を置くようになる。陶製裏ごし器の穴の開いたかけらが、この時期の土の層から見つかっていることから、チーズ作りを行っていたことは明らかで、動物の骨の分布の変化からも、羊やヤギを飼育してミルクを得ていたことがわかる。紀元前二〇〇〇年代にはチーズなど、家畜からの二次生産物に一層力を入れるようになった（Barker 1981）。この段階ではまだ農業に従事する定住者は少なく、海岸に沿った低地と半島の谷間にのみ集中していた。アペニン山地の高地は深い森におおわれており、山地の牧草地に家畜を季節移動させることはまだ大規模には行われていなかった（Barker and Rasmussen 1998）。

金石併用時代または銅石器時代と呼ばれる時代は、イタリアでは紀元前二〇〇〇年代の終わりごろに始まった。半島の中西部地方はエトルリアとして知られ（ここから現代のトスカナの名前は由来する）、この地域は銅、錫、鉄の鉱石を豊富に産し、銅器時代エトルリアの冶金術が花開いた。これを経済的土台として素晴らしい文明が築かれた。

エリートたちが頭角を現したことが、墓所から出土した陶器や金属製の武器といった豪華な副葬品からも見てとれる（Barker 1981）。エトルリア人貴族の強い高級品志向は間もなく貿易熱に火をつけることになる。

家畜の季節移動と「ミルク沸かし」

紀元前一〇〇〇年代の終わりごろから始まったイタリアの青銅器時代には、いくつかの大きな転機がみられた。人口が急激な増加をみせ、低地に数多くの定住地が生まれた。これに付随して、アペニン山地の高地にある牧草地が、家畜の季節移動に広く計画的に利用されるようになったのである。混合農業は引き続き低地の定住地で行われていたが、羊飼たちは拡大を続ける羊やヤギの群れを追って、夏の間はアペニン高地へ入り、秋になると低地へと戻ってくるようになった（Potter 1979）。

アペニン地方に家畜の季節移動が伝わったことが、紀元前一〇〇〇年代イタリアにおける森林地帯の減少と関係があるかもしれない。確定的ではないものの、気候が変化してより乾燥するようになったことがきっかけとなって、アペニンの高地に樹木の生えない草原地帯が増加したことを示す資料もある

(Barker and Rasmussen 1998)。

いずれにしても、家畜の季節移動が行われるようになった同じ時期に、「ミルク沸かし」と呼ばれる陶製の容器が広範囲に現れるようになった。この「ミルク沸かし」はイタリア半島に特有のものと言ってよさそうである（Potter 1979; Trump 1965）。

ミルク沸かしはよく工夫された陶器で、酸と加熱による凝固を利用してチーズ（リコッタタイプ）を作る際に、高温でミルクを沸かす時、泡立ちと吹きこぼれを抑えるようにできていた。

今日最も伝統的な製法で作るリコッタタイプのチーズは、少量の牛乳を加えたホェイから作る（一般的に、ホェイの量の十から十五％）。このタイプは全乳からも部分的に脂肪分を除いたミルクからも作ることができるが、その工程は少々難しくなる。というのは、ミルクを高温で加熱すると大量の泡が発生するからである（カプチーノの泡を思い出していただきたい）。それによって吹きこぼれしやすくなり、そのためカード部分を集めることが難しくなるのだ（Kosikowski and Mistry 1997）。

青銅器時代のミルク沸かしはこれを抑えるために優美なデザインで作られており、酸と加熱による凝固のチーズをミルクから作るのに特注で制作されたようである。二種類のデザインが採用されており、一つめはろうそく型のもので、南イタリアでのみ使われた。もう一つのタイプは逆さになった漏斗型でこちらは北部地方で使用された（Trump 1965; 図五―一）。さらに第三のタイプとして、数はかなり少なかったようだが、古いデザインで、紀元前二〇〇〇年代の終わりまで遡るものがあり、後の二タイプの前身ではないだろうか。

紀元前一〇〇〇年代に、リコッタタイプのチーズ作りはイタリア半島の多くの場所で農業経営上大き

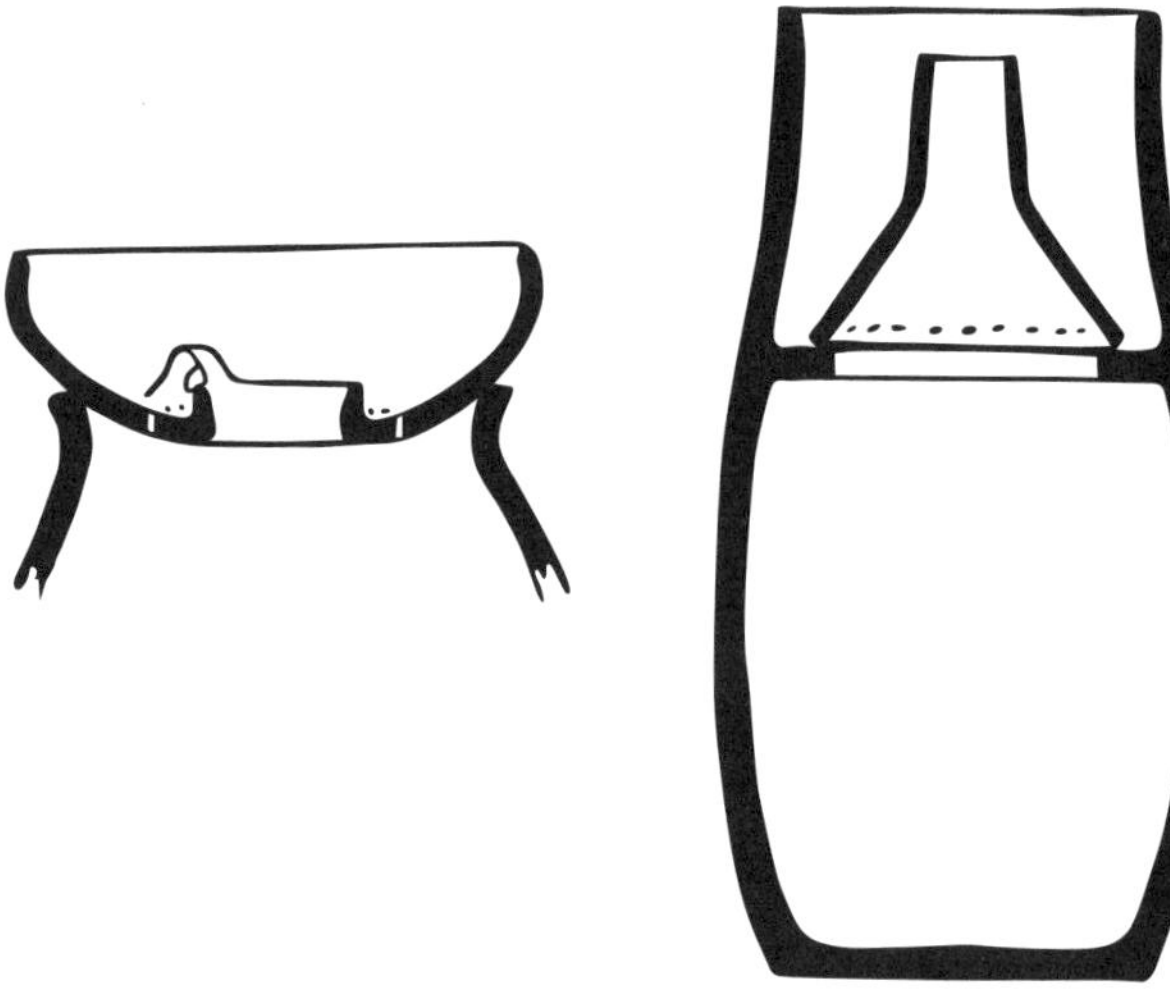

図5―1
紀元前1000年代のイタリアでは、酸と加熱によるチーズ（リコッタタイプ）作りの際、吹きこぼれを防ぐミルク沸かしがよく使われた。ろうそく型のミルク沸かし（左）は南部イタリアで、円錐型のミルク沸かし（右）は北部で使用された（Trump 1965の図35（111頁）より）

な比重を占めるようになっていたことが、資料からはっきりうかがえる。これらのチーズはおそらく、もともとは全乳から作られたのだろう。レンネット凝固によるチーズの製造が広く行われるようになった後、（レンネットを使用してホエイが豊富にできるようになった後に）、ホエイとミルクの混合液にこの技術が用いられるようになったのだろう。季節ごとに移動しながら家畜を育てる暮らしと、リコッタチーズを作ることはイタリアの田舎の風物として長く続いた。

陶器のミルク沸かしは、アペニン地方でチーズ作りを続けていた牧畜業の人々の間で十九世紀になっても使用されていた。金属製の円錐型のミルク沸かしは、今日でもこの地方で使用されており、リコッタチーズの製造方法も古代とほとんど変わっていない（Barker and Rasmussen 1998; Barker et al. 1991; Frayn 1984）。

チーズ製造と豚の飼育とがイタリアで相乗効果を持ったのも、紀元前一〇〇〇年代だったのだろう。豚が家畜化されたのは新石器時代の近東で、これと同時に農業も新石器時代の民族移動に伴って地中海沿岸とヨーロッパの北方へ広がった。豚は雑食で、森で採れるドングリやブナの実など何でも食べるため、特に肉の供給源として貴重だった。また、豚は多産だったので、当時ヨーロッパを覆っていた広大な森の中で数を増やすことができた（Barker 2006）。豚はチーズを作る時のホェイも食べた。リコッタを作るなどしてタンパク質が取り除かれた後でも、ホェイはエネルギーやその他の栄養素が豊富で、豚を肥えさせるための貴重な食物だった。

豚を飼うことはヨーロッパではチーズ製造と同時発生的に古代から行われていたのである。ローマ人著述家カトーは、紀元前二世紀に自著の農業案内書『農業論』の中でこの相乗作用に注目し、最大限に利用した最初の人物である。その中でカトーは、乳を出す羊十頭当たりに豚一頭を飼って、チーズを作る時にできるホェイを利用するとよいと推奨している（Brehaut 1933）。

豚にチーズのホェイを与えることはかなり以前から行われていた。イタリア各地に残る青銅器時代からローマ時代にかけての遺跡で発見された羊、ヤギ、豚の骨の割合はこれで説明がつく。一般的に羊とヤギが多数で、豚は少数にとどまっている（Holloway 1975; Potter 1976; Trump 1965）。

豚肉はローマ人から高く評価されており、カトーは自著『農業論』の中で塩漬け肉とハムの作り方を詳細に紹介している。夏の間、他の家畜と一緒に高山の草地に連れていかれて、ホェイをたくさん食べて太っていたアルプスの豚と違って、イタリア半島では一年を通じて豚は谷間にとどまっていた(Potter 1976)。カトーが言うように、十一月と十二月に子ヤギが生まれて、動物たちがアペニンの高地に移る夏に入るまでにチーズ作りがほとんど終了していたとすれば納得がいく。

エトルリアの変貌

紀元前一〇〇〇年代の後半に起きたもう一つの大きな変化は、イタリア半島で新しい文化が混じり合ってきたことで、特にエトルリアではさらなる文化変容にまで至った。この時期は火葬骨壺墓地文化と呼ばれる文化が到来した。これは死者を火葬にして灰を壺に入れて葬るという埋葬儀式から名づけられたものである。

埋葬の習慣の変化とともに、中央ヨーロッパの火葬骨壺墓地文化に由来する、新しい形の金属加工術と製陶術が到来した。火葬骨壺墓地文化の人々は、アルプスの北方のフランス東部からハンガリーにわたる広範な地域に住んでおり、まもなくケルト人の起源となる(Cunliffe 1997)。

実際に民族移動があって中央ヨーロッパからアルプスを横切り、この時期にイタリアに入ったとする説は研究者の間ではほぼ否定されていると言ってよい。しかし北方の文化が流入したことははっきりしている。これは紀元前一四〇〇年ごろの北部イタリアで確認されており、その後南方へと進み、シチリア島に達したのは紀元前一〇〇〇年代のことだった(Potter 1979)。

ちょうど同じころ、今度は東方から南部のイタリアへ別の新しい文化が流入し、北方へと半島を進んだ。

冒険心に富んだミケーネ人たちがギリシャからやって来て、紀元前一五〇〇年ごろ南部イタリアと交易を結び、貿易の基地、さらには植民市を建設した（Barker 1981; Potter 1979）。貿易を通じたギリシャとの接触はミケーネ文明が紀元前十二世紀に崩壊するまで続いた。その結果、ギリシャから高価な品物が輸入され、地位を象徴するものへの飽くなき追求を続けていた、エトルリアのエリートたちの手に渡るようになった。また、エーゲ海地方にいた海の民が、青銅器時代の終わりごろイタリアやシチリアに定住するようになり、エーゲ海文化の流入はさらに強まったのだろう（Le Glay et al. 2009）。

ミケーネ文化と火葬骨壺墓地文化は混じり合って、エトルリアの社会や文化の変化を引き起こした。そしてエトルリアは村から都市国家へと急速に変貌を遂げたのである。鉱物資源が開発され、青銅の冶金術もこの時期に発展した。

キリスト生誕までの最後の千年の間に、居住地の面積は拡大し、少数の貴族階級によって支配される都市国家が台頭してきた。農耕地も急激に増加し、ミルクやチーズのような二次生産物のための畜農業も盛んになった。

紀元前九〇〇年ごろに中央イタリアに製鉄の技術が伝わるまでには、エトルリアではこれまでと明らかに異なる新しい文化が発展していた。

紀元前八世紀までにエトルリアの田舎は、城壁と城門で要塞化した都市の支配を受けていた。そしてこうした都市を十二の都市国家の連合が、ゆるやかに統合していた（Le Glay et al. 2009）。エトルリアの都市文化はさらに洗練されて、完成されていった。鉱山業と冶金術は技術進歩を遂げ、土木工学が盛んになり、道路の建設や都市計画、排水法と灌漑法、また建築にも目をみはる優れた能力を発揮した。

巨大な建築や神殿の建設とともに洗練された美術的、宗教的表現も花開いた。

活力を取り戻したギリシャが暗黒時代を抜け出して、イタリア南部やシチリア島に植民市を建設し、エトルリアの鉄や銅の豊富な地方との間に商業上の利益を求め始めたのもまた、紀元前八世紀のことだった（Cunliffe 1997）。

エトルリア人はギリシャ文化を貪欲に手に入れようとしたので、ギリシャ人を通して強烈に「東方化」の影響力を受けることになった。紀元前八世紀の終わりまでに、エトルリア人たちはギリシャ文字を借用し（当時、ギリシャ人はフェニキア人から借用したばかりだった）、自分たちの言葉に利用した。

上流階級の間で輸入贅沢品の需要がますます高まっていたことにあおられて、紀元前七世紀にはエトルリア人の商人階級が生まれ、彼らはギリシャやカルタゴとの間に海上交易網を築き、取引関係を広げていった。こうしてエトルリア人の経済力が増し、エトルリア文化が開花したのである。

チーズの下ろし金と熟成ペコリーノ

ギリシャ人によってイタリア南部の植民地化が進行し、マグナグラエキア（大ギリシャ）が建設され、洗練されたエトルリア文明が結晶化しつつあったころ、ティレニア海沿岸各地や東方のアペニン山地ではチーズ製造法上に様々な変化が起こっていた。

特に、紀元前最後の千年の間にミルク沸かしの使用がイタリア半島全域で急速に廃れた（Frayn 1984; Trump 1965）。酸と加熱による（リコッタタイプ）チーズ作りの減少と、紀元前七世紀に登場した青銅の（銀の場合もあった）チーズの下ろし金が、南部のカンパニアから北はエトルリアまでの広範囲の貴族の墓から発見されるようになることは、ほぼ同時に起こっている（Ridgway 1997）。貴族の威厳ある墓には、貴金属で作られた洗練された宴会用の道具類や贅沢な輸入陶器と一緒に、チーズの下ろし金が埋葬されていた。このことから、当時固い摩り下ろしチーズが高い評価を得るようになっていたこと、またそれがギリシャ人から受け継いだ文化的な行為である貴族の宴会で使用されていたことをはっきりとうかがうことができるのである（Ridgway 1997; Sherratt 2004; 図五―一）。

こうして、紀元を迎えるまでの千年の間にチーズ作りは、摩り下ろして使用する、レンネット凝固による熟成型のペコリーノやカプリーノチーズのタイプへとはっきり転換していく。こうしたチーズはまもなくローマの特産品となって、青銅製の下ろし金はローマ人の台所の基本的な道具となるのだ。しかし、全乳によるフレッシュなリコッタタイプから熟成したペコリーノタイプへの移行を実現させたのは、貴族たちの需要が市場で膨らんだことが原因のように思われる。市場取引はこの時代以降、様々な場所で様々なチーズを発展させることに大きな役割を果たしている。

ローマとケルトの台頭

紀元前六世紀は、ヨーロッパを根本から変革し西欧文明を形成する一連の発展に、弾みがつく重大な分岐点だった。

エトルリアは人口の爆発的増加の重圧から領土を南方へと拡大し、ラティウムに入る過程でローマの村を占領した。ローマには二、三世紀前から人々が住みついていたが、あまり大きな居住地ではなかった（Le Glay et al. 2009）。

図5―2
紀元前440年から420年ごろの墓所群、イタリア、カンパニア地方。この墓からは、（右から）青銅製の下ろし金、飲み物のための道具類（ボウル、ワイン漉し器、ワインを掬うひしゃく、アテネ地方の赤いベル型のクラテール）。（Ridgway 1997; 写真は大英博物館提供。著作権者は大英博物館）

エトルリア人はローマをおよそ一世紀にわたって占領し、その間に、原始的な居住地を都会的な文明へと変化させた。彼らはローマの周辺の湿地の水を抜いて、共有の広場を石畳で舗装し、城壁のある要塞を建設するという、大きな土木工事に乗り出した。これにより、最先端の鉱山業、青銅や鉄の技術、新しい建設技術をローマにもたらした。エトルリア人たちは神殿やその他の巨大な建物を建設し、最新の統治方法や、政治的軍事的な組織、信仰の形式、宗教的表現を持ち込んで、都市を一つにまとめ、強い帰属意識を生みだした。

その間ずっとローマ人たちは忍耐強く、その様子を注視していた。そして、エトルリア文明の最も良いところと、南方の隣人マグナグラエキアを通じてギリシャ文明の重要な要素を融合したのである。

紀元前六世紀、エトルリアの領主たちを追放するに十分な金や武器を手にした時には、ローマ人たちはそれから先の強大化に必要な道具類もすでに手に入れていた。

エトルリア人たちは紀元前六世紀、南へ向かって拡大している間も、北方へも広がり続けており、同じ世紀の半ばにはポー川の渓谷へと達した。そこではアルプスの山岳地帯を抜ける山道を越えて、その向こう側のケルト人たちとの貿易が増えているのを目の当たりにした。

ケルト人の起源は火葬骨壺墓地文化にまで遡ることができる。これはエトルリア文化の早い時期の発展には不可欠だった文化である（Cunliffe 1997）。地中海地方の青銅器時代が終わりを告げ、混乱期を迎えるころ、黒海の北方、ポントスの草原地帯にいた遊牧の騎馬民族はドナウ川の低地からハンガリー大平原へと通り抜けると、そこにいた火葬骨壺墓地文化の人々に文化的な影響を及ぼし、その地に新しいインドヨーロッパ語を浸透させた。これがのちにケルト系の言語へと進化していくのである。彼らは馬を持ち込んでおり、西方にいたオーストリアの火葬骨壺墓地文化の人々はじきに馬を利用するようになり、兵士の装備の向上と貿易に大いに役だった。

二度目の民族移動は先のものより長く続き、遊牧の騎馬民族は東方からハンガリー大平原へと向かった。これは紀元前一〇〇〇年ごろから八〇〇年ごろまで続いたらしい。彼らはオーストリアの東、火葬骨壺墓地文化の人々との境界あたりで、優良馬や品種改良した家畜を即時供給していた（Cunliffe 1997）。オーストリアの上流階級は、優良馬用の軍事装置と乗馬術を東の隣人から手に入れて武力を強化すると、貿易上で一定の優先権を彼らに与えた。

オーストリアのハルシュタットあたりの地域は紀元前八世紀にケルト人の戦士文明が花開いた地で、塩の取引で栄えた。塩はこのあたりでは豊富に掘り出されていたが、当時、食物の保存や動物の毛皮の処理に使用するため、塩は貴重で価値のある品だった。

紀元前七〜六世紀、ハルシュタットの文化は西に向かって南ドイツとスイス、フランスの東部へと進んで、さらにはピレネー山脈を越えてスペインにまで及んだ（Ó hÓgáin 2002）。

このころ、ケルト人は南方の他民族と交易する機会を窺っていた（Maier 2003）。紀元前六〇〇年ごろ、ギリシャ人がローヌ川の河口付近に築いたマッサリア（現代のマルセイユ）の植民市は、ケルト人と熱心な交易を始めていた。ケルト人は紀元前六世紀には、ローヌ川から北へ向かってジュネーブ湖の方まで活動を広げていたのである。

エトルリア人もまた、北部イタリアのポー川渓谷へと移動し、アルプスの山道を越えてケルト人と接触を始めていた。

ギリシャ人とエトルリア人の貿易品は、地位の高さを示すものを欲しがっていたケルト人のエリート戦士階級にすぐさま大人気を博した。繊細な青銅製や鉄製の武器類、異国的な食卓用の入れ物、優美な陶器、ワイン（ケルト人の戦士階級にとっては新しい飲料だった）、ギリシャ人エリート階級の饗宴や宴会といった文化などである（Cunliffe 1997）。

これに対してケルト人の交易品がどんなものだったかは立証されていないが、金属、毛皮、きめの粗い羊毛、塩漬け肉、時には奴隷、琥珀などの他に、おそらくチーズが含まれていたと考えられる（Echols 1949; Sauter 1976）。ケルト人は進んだ農業技術を持った民族で、特に乳牛を中心とした酪農を重視しており、中央ヨーロッパで、このころまでにすでに何世紀にもわたるチーズ作りの経験を有していた。ローマ時代、ケルト人はチーズで有名で、チーズはマッサリア経由でローマに輸入されていた。しかし、マッサリア経由のチーズ貿易はおそらくずっと早くから始まっていたと思われる。ケルト人は、ギリシャ文化と暖かい地中海気候に強く憧れていたうえ、中央ヨーロッパで人口が爆発的な増加をみたことから、南方へと動き始め、強大化するローマの都市国家とは衝突必至の状態となった。

こうして、ローマ人とケルト人の間に五百年にわたる苦闘が始まるのである。そして、結果としては、ヨーロッパ大陸の西のはずれの一部を除いて、ほとんどのケルト人たちはローマ化することになる。

ローマによる支配

紀元前五世紀の初めにエトルリア人の領主から自由になったばかりのローマは、その次の三世紀の間ゆっくりと膨張を続けた。その間、北方はエトルリア、南にはラティウム、その他にもイタリア半島のライバルたちとの間に紛争が起きる（Le Glay et al. 2009）。何度か後退することはあったものの、ローマは果敢に、そして冷酷に拡大を続けた。戦いで勝利を収めるごとに、征服した土地の一定割合（一般的に三分の一）を没収し、ローマ人植民者に与え、植民市を建設した。植民市はローマのミニチュア版、コピー版として設計された（Barker and Rasmussen 1998）。こうして一戦、また一戦と勝利するたびに、ローマの存在は安定し、強大なものとなっていった。輝かしい政治・統治上のモデルを掲げ、人口増加と故郷に土地を持たない貧しい民の苦境にも応えながら、占領地をローマ人の支配の下に置き続けたのである。紀元前三世紀の半ばには事実上イタリア半島全体がローマに併合されているか、またはローマの支配が確立していったが、大きな脅威も迫っていた。

北方ではケルト族が人口も支配面積も拡大しつつあった。ケルト文明の中心地はスイス北西部に移動し、そこに、以前にもまして団結し、「国家」の意識の高い、強大な戦力を持ったケルト族の勢力が現れ、紀元前四世紀にはイタリアに三回にわたって大きな侵略を行った（Le Glay et al. 2009）。一回目は紀元前三九〇年から三八〇年ごろで、三八一年ごろローマを占領し略奪を行っている。結局はローマはジュリアス・シーザーの下で「ケルト人脅威」に断固たる態度で臨み、その過程で、今度はヨーロッパ大陸の大部分をローマ化してしまうのである。

エトルリア人のその後はあまりはかばかしくなかった。ローマの進出ですでに弱体化しており、ケルト族の侵略によって痛めつけられると、エトルリアはすっかり勢力を失い、間もなくローマに併合される。

南方はギリシャの植民市マグナグラエキアの目と鼻の先まで進出するにつれ、ローマは新しい脅威に直面する。この時まで、利益の多い西地中海地方の交易網はギリシャとカルタゴ、エトルリアの間で分け合ってきた。しかし、北方のエトルリアをローマが併合してしまうと、南方では、ギリシャの植民市マグナグラエキアに対するローマの直接の圧力によって勢力の均衡が崩れることになった。もともとカルタゴ市はマグナグラエキアに対して特別な利益があった。したがって紀元前三世紀の前半にローマがギリシャの植民市を次々に征服すると、ローマはカルタゴの交易上の利害と真っ向からぶつかるようになった。

北アフリカ海岸沿いのカルタゴとイタリア半島の間に位置しているのが、西部地中海の富の象徴、シチリア島である。この島は西岸にはカルタゴの、東岸にはギリシャの植民市が作られていた。ローマが恐れていたのは、カルタゴがシチリア島全体の支配権を奪って、そこから直接イタリア半島へ脅威を及ぼすのではないかということだった。カルタゴの方はローマがシチリア島を侵略すれば、この地の貿易の利益をさらに侵食するのではないかと恐れていた。

こうして、ローマとカルタゴの間の三度にわたる戦いの幕が上がった。ポエニ戦争である。これによってローマはだれもが認める地中海西部の覇者となるのである。ポエニ戦争によってローマの農業は様々な面で劇的な変貌を遂げる。そしてこの後何世紀にもわたって、チーズ製造に影響を及ぼすことになるのだ。

第一回目のポエニ戦争はシチリア島で戦われ、二十三年間続いた。ローマの勝利で戦争は終結し、紀元前二四一年に和平条約が締結され、シチリア島はローマの属州となった。

カルタゴとローマは再び衝突するのを避けることはできなかったが、両者ともにスペインの沿岸部に沿って貿易利益を拡大して行った。

紀元前二一八年、イタリアを舞台にした第二回ポエニ戦争が勃発し、カルタゴはハンニバルの統率の下フランス南部に進軍し、アルプスへと入り、危険な山道を登って、北イタリアへと抜けていった。ハンニバルの軍隊は十五年間にわたってイタリアの農村部で略奪を繰り返して食物を調達しながら、イタリア半島を端から端まで戦場とした。結局カルタゴは紀元前二〇一年圧倒的な敗北を喫してローマに降伏した。その半世紀後、第三回ポエニ戦争でローマはカルタゴを滅亡させる。カルタゴの町は破壊され、人々は国外へ追放されて、多くは生涯奴隷の宣告を受けた（Le Glay et al. 2009）。

農業の移り変わり

ポエニ戦争、特に第二回目の戦いはイタリア農業を荒廃させ、その結果大規模な農業再構築が行われることとなる。

しかし、イタリアの西海岸では戦争の前から農業の変革は始まっていた。紀元後に入るまでの千年の間の人口急増に応えるため、低地では小麦の生産が飛躍的に伸びた。このため、穀類の農地は毎年集中的に耕されて、おそらく地方によっては土地が痩せてきたのだと思われる。その結果、小麦の生産量は減少し、病気に対しても弱くなっていたのだろう（Bowen 1928; Olson 1945）。

その間にも人口は増大し、農民たちは周辺の樹木の生えた傾斜地を開墾し始めた。やがてさらに内陸へと入り、より急斜面の樹木も伐採していった。それによって丘陵地は表面の土が下方の谷間へと大量に運ばれる空前の浸食を受けるようになった。堆積物はすぐに川の流れを鈍らせて、かつては肥沃だった土地に排水の悪い湿地帯を生みだした（Yeo 1948）。

こうしてローマの都市国家とその植民市の根幹だった小規模農家は、小麦の生産に主力を置きつつ、羊やヤギを育てるという、従来の伝統農法を続けることに困難を感じるようになった。

加えてポエニ戦争が農村部にとって重圧となった。戦時中は軍隊に入ることがローマ市民の義務だったため、成人男子は何年間も農業を家族の手にゆだねたまま、従軍しなければならなかった。さらにハンニバル軍はイタリア半島の端から端まで、多くの農村で略奪を繰り返したので、軍隊から帰ってみると自分たちの村は荒れ放題になっていた（Steiner 1955）。

さらに状況を悪くしたのはポエニ戦争の戦中戦後、新しいローマ海軍の軍備増強として大規模な造船が行われたために、山の斜面の伐採が大きく進んで、さらなる浸食が起き、小規模農家に大打撃を与えたのである。

小麦を育てるだけで十分利益が出せるような、耕作に適した肥沃な土地は入手がどんどん困難になってきて、農民たちは森林破壊の進んだ山の斜面でも育つ羊やヤギの飼育へと重点を移していくしかなかった（Yoe 1948）。

イタリア半島での小麦生産は次第に縮小し、第一回ポエニ戦争終結後、ローマがシチリア島を併合したことによってさらに加速した。豊かな農業地帯と小麦の大きな生産力によって、ローマの新しい属州、シチリア島はローマの穀倉地帯となった。すぐにローマは属州が収める税として、シチリアに対して穀物の生産量の十％か、または年間で百万ブッシェル前後を課税した（Bowen 1928; Yeo 1948）。さらに、シチリア島からイタリア半島への穀物の海上輸送は、国内生産の小麦を市場に運ぶ陸上輸送にかかる費用より、はるかに安かったため（Yeo 1946）、大量のシチリア産小麦がローマにも運ばれて、公開市場で取引されるようになった。こうして安価な輸入穀物の流入に直面して、イタリアの小麦の国内生産は崩壊したのである。

ローマの農業は、主力が小麦から家畜へと移っただけでなく、基本的な生産単位の性質と規模も急速に変化しつつあった。第三回ポエニ戦争で五万人のカルタゴ市民が奴隷となり、奴隷労働力が常にローマの非都市部に流入するようになったのはこの時が最初である。ローマが海を渡って次々に軍事行動に乗り出すようになると、帝国は膨張し続け、外国からの奴隷の流入もますます増大した。さらに、ポエニ戦争がローマの勝利で終結すると、莫大な富がローマ人上流階級の手に集中するようになった。彼らはこの新しい富を土地につぎ込んで、地方に地所を手に入れ、ローマに居ながらにして管理するようになる。

土地は豊富にあり、また小農家はどこもたくさんの負債を抱えていたので、安価で土地を手に入れることができた。奴隷にされた「お客様労働者」が労働市場にあふれていたので、労働力も豊富で安かった。ローマと地方都市は富を蓄え、上流階級にとって利益の大きい市場を築いていた。そこでは上等なオリーブオイル、ワイン、肉、チーズなど付加価値のついた農産物が取引された。これらはどれもイタリアの浸食の進行した傾斜地で穀類を生産するよりも、ずっと多くの利益を上げることができたのである。こうした要因が相互に関連しあって、ローマの農業は急速に変貌を遂げた。

小規模混合農業からラティフンディウム、すなわちオリーブオイルやワイン、酪農品などに特化した大農園制へと変化したのである。

このような農業の変化に応じて、紀元前一七〇年のカトーを皮きりに一世紀のコルメラに至るローマ人著述家は、次々に大規模利潤追求型大農場を組織化・最適化する意図で詳細な農業手引書を書いている。時代が下るにつれて農場の規模は拡大し、カトーによると、たとえばある農場はオリーブだけを栽培しており、面積六十五ヘクタール、百頭の羊を飼うことができる広さがあった。一世紀以上あとには、ウァロがそれよりもさらに広いオリーブの農場について書いており、千頭もの羊が飼育されていたという（Storr-Best 1912）。

ラティフンディウムの広がりによる二次的な影響として著しかったのは、無数の小農民とその家族が農地を離れて、生活の糧を持たないままローマに集中し、都市の貧困層がますます膨れ上がったことであった（Le Glay et al. 2009）。

人々に上質な食べ物を　カトー

ローマのチーズとその製造について今日知られていることは、農業に関する著作に負うところが大きい。著者たちは皆、ポエニ戦争以前にイタリア半島全域に広がっていた伝統的な小農民についてではなく、大土地農場について関心を示している。そしてこうした背景の中でローマ人の生活における当時のチーズ作りがどういうものだったのか、またどこにどのようなチーズの産地があったのか、多くの情報が盛り込まれている。

マルコス・ポルキウス・カトー（紀元前二三四〜一四九年）は最初に登場する偉大な農学者の一人で、ローマの南東にあった家族経営の農場で育ち、のちにはローマ元老院の高い地位にまで登り、富も名声も手に入れた人物だが、農場とは常に緊密な関係を保っていた。カトーは第二回ポエニ戦争中、農業の変貌を目の当たりにして愕然とした。小規模な家族経営農場にかわって登場した、地主不在の新しい大農場の経営手腕のまずさと不注意な環境管理に不安を抱いたのである（Olson 1945）。そこで、紀元前一七〇年ごろカトーは中規模に再編成した農場のための農業手引書として『農業論』を書いた。その中でカトーは主な換金作物としてオリーブオイルとワインの生産と、二次生産物として家畜（羊とヤギ）に注目した。彼は戦略的経営方針として奴隷の使用を想定していた。当時奴隷は最上の農業労働力となっていたのである（Brehaut 1933; Olson 1945）。

カトーはチーズ作りに関しては本論として取り上げたわけではなかった。

彼は六十五ヘクタールのオリーブ農園に百頭の羊を飼うことを推奨する。そこには羊飼いが一人、十頭の豚を飼って、チーズ製造時に出るホェイを処理させるというものだ。出産の時期は十一月の終わりから十二月、したがってチーズ作りはほとんど冬から早春にかけて行う。大農場で羊を飼っていないところに、カトーは「冬場の牧場」を貸し出して、九月から三月の間羊を預かり、牧場貸出の条件として、雌羊一頭につき〇・七kgのチーズを賃料に含めることを提案している。すると、百頭の乳を出している雌羊一群れにつき六十八kgのチーズが期間の終わりには賃貸収入となるのだ。

カトーはさらに、次の取り決めをする。チーズの半分は「乾燥品」、これは季節の早いうちに作って乾燥させ、三月の終わりに羊たちが農場を去っていく前までに二〜三カ月熟成させるもの（伝統的な小型のペコリーノチーズと同様の製法）とし、その時点で地主に支払いが行われる。借主のチーズ製造者は熟成用の設備を使うことができ、ローマ人著述家コルメラがこの二世紀後に書いているように、それはおそらく粗末な物置で木製の棚が設置されていたと推測される（Forster and Heffner 1954）。

カセウス・アリドゥス（乾燥チーズ）とカセウス・モリス（ソフトチーズ）はローマ帝国の標準的なチーズのカテゴリーとなった。前者は熟成または保存性のあるタイプで、後者はフレッシュチーズの仲間である（Frayn 1984）。乾燥チーズの方が高く評価されており、ローマではその需要が大きく、大農場にかなりの収入をもたらした（Yeo 1946, 1948）。

面白いことに、カトーは『農業論』の中でケーキの作り方に相当のページ数を割いており、そのどのケーキにも材料としてチーズが使われている。農業書にそうした料理の作り方が盛り込まれるのは奇妙に思われるかもしれないが、ケーキはギリシャと同様、ローマでも人々の暮らしに欠かせない重要な食品だったのである。

ギリシャの宗教的な儀式ではチーズで作られたケーキが血を流さない捧げ物として使用されることがよくあったが、ローマでもこれを消化吸収し、自分たちの宗教儀式の中に盛り込んでいた。カトーが最初に取り上げたのは捧げ物用のチーズケーキで、農事暦上特別な時期に行われる宗教儀式の時に神々に捧げられていた。同時代の別の記録によると、カトーは社会的には大変な保守主義者で、過去の宗教的伝統を維持することに深く傾倒していたという。『農業論』の中でカトーは、チーズケーキをジュピターやヤヌス、マルスの神々に捧げる儀式についての記述を残している。宗教儀式は農事暦の中の重要な要素で、収穫のために神々からの愛顧を確かなものにするのには欠かせないとカトーは考えていたのである。一世紀の初めごろのローマ人詩人オウディウスもカトーの感傷のこもった意見に同調しつつ、牧夫たちの守り神、パレスに捧げる祈りの中で、人間と家畜の群れの保護と、水、食べ物、チーズ、羊毛がたっぷりと収穫できることを神に懇願している（Burriss 1930）。

儀式のために特別に使用された捧げ物のケーキの他に、カトーは八種類のケーキの作り方を記載している。うちの六種は巨大な焼き菓子、プラセンタの変種で、幅がおよそ〇・三メートル、長さ〇・六メートル、高さ五センチで、材料の中には六・四kgのチーズと二kgの蜂蜜が使われていた（Leon 1943）。

チーズはプラセンタの材料として使用されるのに先立って、まず繰り返し水に浸された。カトーはチーズスフレとプリンの作り方も書いている。これらの項目はどれも珍味とか贅沢な食べ物で、農業書には場違いのように思える。農業法にも関連のある優れた指導とともに、贅沢なチーズケーキの作り方を強調しておくことをカトーは重要だと考えたのである。この背後にある理論的根拠は不明だが、カトーの農業書が想定していた読者が、前の時代の自給自足の農夫たちでなく、大農園の所有者か支配人であったことを思い出していただきたい。

土地を所有していた貴族たちは、たとえば美食を楽しむといったギリシャの文化を進んで自分たちのものにしたがっていて、ケーキは中でも評価の高い食品だったのである。さらに言えば、シチリアは地中海の美食文化の中心地で、いまやローマの属州でもあり、ローマ人のますます洗練されていく料理の嗜好をあおる働きをしたことは想像に難くない。

カトーは長年にわたってローマの高官を務めており、そこで食文化の花開くのを目の当たりにしたことだろう。上質の食べ物を食べることで、労働者のモラルや忠誠心が高まったり、農業の周期的な労働に倦怠感や苦痛を感じている人々でも、基本的な生活の質が向上していくことを実感したこともあったのではないか。

チーズ製造の詳細を記したウァロ

カトーが『農業論』を書いてからおよそ百三十年ののち、マルクス・テレンティウス・ウァロ（紀元前一一六〜二八年）が彼の傑作『農業論』をまとめた。これはカトーの著作と同様、農場の経営の手引書であったが、さらに詳細かつ体系的なもので、非常に実用的な内容のものだった。ウァロは大農園に生まれ、一生を農業体験を積み重ねて過ごし、晩年に『農業論』を書いた。カトーと異なり、ウァロは夏の間に家畜の群れをアペニン山地の高地牧草地に移動させることを盛んに主張している。この時代には大農園は羊の群れを複数所有しているのが普通で、それぞれの群れは八十〜百頭、牧夫は一人、その上に牧夫のグループを統制する上席がいた。

ウァロ自身の農園には七百頭の羊がいて、また他の農園には千頭いたと書いている。ウァロは家畜の群れをまとめ、牧夫たちの間に命令系統を確立し、牧夫の必要品を調達するといった、細部にわたる農園経営を作り上げた（Storr-Best 1912）。牧夫の必要品とはウァロの言葉を借りれば「人間の繁殖」となるのだが、たくましくて、「健康で、かつ器量もよい」しかも「家畜の群れを追うことができ、牧夫たちの食事を用意し、男たちに浮気をさせない」女性が必要であるという（Storr-Best 1912）。

このように大きな群れであれば、相当量のチーズ製造が担えたに違いない。カトーとは対照的に、ウァロはチーズ製造に関してかなり詳しく記述している。ウァロはチーズ製造のために集めるミルクの量と、雌羊から刈り取る羊毛の量が相反することに注意を向けた。農園によっては子羊が生まれてから離乳するまでの四カ月はミルクを搾らないところや、また、より良い羊毛の生産のために全く搾らないところもあるという。おそらくこのことを念頭に、ウァロはチーズ製造の季節が五月に始まって夏にかけて続くと書いたのだろう。チーズ製造は晩春から夏の間、家畜たちが高地の牧草地に移動している季節に行うとウァロは強調している。このことから、チーズ製造が冬から早春にかけて農場内で行われていたカトーの時代とは、はっきりと変化していることがわかる。

ウァロはレンネット凝固について具体的な数量を用いて記述している。五・七リットルのミルクに対してオリーブ大のレンネット、子ヤギから採ったもの、あるいは面白いことに、子羊よりは野兎が望ましいとウァロは述べている。また、イチジクの樹液を酢と一緒に使うとミルクが凝固することにもウァロは気づいていた（酢を加えることで酸味が増し、凝固の過程を促進する）。

ウァロは凝固の後のチーズ作りの過程については詳しく書いていないが、最終段階でチーズに塩を振りかける点には言及している。その際は海の塩より岩塩の方が望ましいという。これは全く理にかなった助言で、塩の粗さが関係している。すなわち岩塩は結晶がより粗く、チーズの表面上でよりゆっくりと融ける。それによって、ホェイはよりゆっくりとした速度で排出されて、塩の吸収も良くなり、チーズの皮の形成が促進されるのである。

ウァロは「ソフトで新しいチーズと古くて乾燥したチーズ」とを区別していたが、どちらも同じレンネット凝固を利用して作るチーズで、前者を熟成させると後者ができる。

ウァロはミルク沸かしにも、酸と加熱によるチーズ（リコッタのタイプ）に関しても、全く言及していないのはどうしてなのだろうか。イタリア半島でのリコッタの長い歴史からいうとあり得ないと思うが、彼がリコッタのことを知らなかったか、あるいはまた、リコッタチーズがローマや他の市の市場で次第に売れなくなっていたため、リコッタチーズの製法を自分の農業書の中に取り上げないことにしたか、どちらかであろう。

リコッタはその性質として壊れやすいこと、また保存期間が非常に短いことから、ごく近隣の地域までしか流通しなかった。この時代のリコッタは、ほとんどがレンネット凝固によるチーズを作った後の残りのホェイから製造されて、ほとんどは農場の牧夫たちの間で消費されたと思われる。

とはいえ、ローマ人の絵画や文学の中にはリコッタが確かに知られていて、貴族たちの間でも食されていたことを示す記録もあるにはある（D' Arms 2004）。

チーズ作りに関してウァロが残した発言で理解できないのは、古代の羊飼いの女神、ルミナの神殿のそばに植えられたローマの有名なイチジクの木「ルミナのイチジク」に関連するものである。ローマの伝説によると、ローマを創建したロムルスとレムスはルミナのイチジクの下で雌狼に乳を与えられたという。こうしてイチジクの木とそばの神殿は聖地となった。女神ルミナは乳飲み子の母の守り神になった。しかし、ルミナが羊飼いの女神であった記憶はウァロの時代には薄れており、ローマの神殿も忘れられていたはずなのだ（Hadzsits 1936）。

しかし、ウァロは忘れていなかった。ルミナへの捧げ物はワインやまだ乳を飲んでいる豚のような、ごく普通の供え物ではなく、ミルクであることを書き留めており、大昔、神殿のそばにイチジクの木を植えたのは羊飼いたちで、イチジクの樹液を用いてミルクを凝固させていたのではないかと述べている。ウァロの主張の中心がどこにあるのかははっきりしないが、神殿に聖なるミルクを持ってきた羊飼いたちがチーズをこっそりと作っていたのか、あるいはルミナのイチジクの木から樹液を採って、神殿で行われていた捧げ物の儀式の中で聖なるミルクを凝固させていたのか、どちらかだろう。後者の可能性はミルクの凝固が癒しの儀式として行われていたと考えられる、ギリシャのアスクレピエイオンを彷彿とさせる。

チーズの品質管理が重要だ　コルメラ

ローマ期三人目の注目すべき農業関連の著述家は、ルチウス・ユニス・モデラトゥス・コルメラである。その著作は広範囲にわたっており、かつ系統的で、多くの人に感銘を与えた農学者と言えるだろう。

コルメラは一世紀初めごろ南スペインで生まれ、六〇年ごろ『農事論』を書いた（Forster and Heffner

1954)。驚くほど詳細に書かれたこの農業手引書は十二巻から成り、第七巻はその第八節のすべてをチーズ製造に当てている。

コルメラはチーズ製造のプロセスを初めから終わりまで、品質管理に重点を置いて記述した最初の学者である。チーズ作りに使用されるミルクは「混じり物のない」ミルクで、また「可能な限り新鮮なもの」でなければならないと、コルメラはその注意を書き留めた。ウァロ同様にレンネット凝固について、その使用料を具体的な数値を用いて記述し、バケツ一杯のミルクを凝固させるのに、必要なレンネットの最低量はデナリウス銀貨（ローマの一般的な硬貨）一枚の重さと同じであると述べている。コルメラは子羊でも子ヤギでもどちらのレンネットでもよいが、凝固に必要な最低量を超えないようにと注意している。

これは今日の研究からみても合理的な結論である。昔から使用されていた動物性のレンネットは使用量が多すぎると、熟成の過程でタンパク質と脂質が破壊され、苦みと腐臭を生むからだ。コルメラは凝固時の室温管理の重要性をよく理解しており、作業時にいかにして適温を維持するか助言している。また、レンネットを何から採るかについて三通りの方法（野アザミの花、ベニバナの種、イチジクの樹液）をあげた。必要最低量を守れば、これらはどれも良質のチーズを製造することができるという。

コルメラはチーズ製造の技術について深い見識を示している。熟成中の水分の蒸発を調整すると同時にホェイの排出を促進することが重要であると彼は強調している。凝乳から水分を切ることが決定的に重要であること、圧力をかけたり、塩を使ったりしてホェイを排出させること、また、熟成時の環境管理の重要性（特に温度と湿度）を彼は熟知していた。

最高品質の「乾燥した」すなわち熟成したチーズは、水分バランスの良さの結果であることをコルメラは正確に理解している。チーズに水分が多すぎると望ましくない発酵が起きる（ガスの発生、風味の劣化）し、水分が少なすぎると、乾燥しすぎて生気のないチーズになるというのだ。

カードの排水の手順、圧力をかけることと塩を使用すること、それと熟成段階での環境管理に重点を置いて記述している。目標とするのは保存期間の長い皮のあるチーズで、望ましくない発酵が起こらない程度に水分は少なく、しかし熟成中に望ましい特徴を引き出せる程度には十分な水分を含むチーズである。「この種類のチーズであれば海を渡っての輸出にも耐える」（Forster and Heffner 1954）と述べて、コルメラは遠方の市場向けのチーズ製造にもはっきりとした関心を示した。

先人ウァロと同様、コルメラもミルク沸かしとリコッタチーズの製造には触れていない。しかし、彼は地元の市場にも入っていくことを視野に入れて、「新鮮なところを数日以内に食べ切るべきチーズ」を製造するために、チーズの製法に修正を加えている（Forster and Heffner 1954）。フレッシュチーズについてコルメラは「好みの調味料を加えて風味付けできる」と述べて（Forster and Heffner 1954）、例として松の実やタイムで風味をつけたチーズをあげた。また、風味を高めるためにリンゴの木でスモークすることも推奨している。

今日ではこうした方法を製品の差別化と呼んだり市場細分化と呼んだりしている。同一のチーズをベースにして様々な風味の製品を作りだし、より幅広い消費者にアピールして売り上げを伸ばすのである。

コルメラの、非加熱で軽い圧力をかけて表面に塩をつけたチーズは、何世紀も前にホメロスが記していた小型のロマーノタイプのチーズとほとんど変わらないものだった。しかし、コルメラはまた別のタイプのチーズについても書いており、「手でプレスした」チーズと呼んで、「これが最もよく知られている」とも言っている。「手でプレスした」チーズの製造過程では、カードが凝固したばかりのところに熱湯が加えられた（Forster and Heffner 1954）。熱湯は、後には今日のペコリーノ・シチリアーノやゴーダチーズのような加熱工程に代わる作業に当たるのだろうか。あるいはモッツェレラのようなパスタ・フィラータ製法のようにカードを柔軟にするために使われたのかもしれない。どちらにしても、熱湯を加えた点は注目すべきである。ローマ人のチーズ職人がチーズ製造の過程で加熱することを実験的に行っていたことを示しているからだ。したがって、加熱チーズとパスタ・フィラータ製法が発見され、完成されるのももう間もなくである。

コルメラの時代のイタリアでは、特別なチーズを作ることで評判を得ていた地域が何か所かあった。詩人マルクス・ヴァレリウス・マルチアリスは、一世紀に書いたシリーズ本『キセニア』の第十三巻の中に、好みのチーズのリストを盛り込んだ。「キセニア」はギリシャ語でもてなしを意味する言葉で、第十三巻は十二月の冬至の頃に行われるローマ人の農神祭の期間中、祭に必須の贈り物をするための実用的な手引書であった（Leary 2001）。

農神祭は一年のうち、ローマ人にとって主要な祭で、数日間続く。プライベートな食事会がこの祭の特徴で、そこでは贈り物をする習わしがあった。食事会の主人が客たちに適切な食品の贈り物をするのである。農神祭のために最適の贈り物を見つけることはローマの人々にとって骨の折れる仕事で、今の時代、アメリカ人が家族や友人に最適のクリスマスプレゼントを選ぶようなものである。

おそらく上流階級のローマ人たちは食事会の開催を熱望しており、贈り物は彼らの特権的な地位を明確に反映するものであった。マルチアリスの『キセニア』は農神祭準備に理想的な情報源であり、受け取る人に必ず気に入ってもらえる高級食品の贈り物のカタログだったのである。

マルチアリスはヴェスティネ、トレブラ、スモーク・ヴェラブルムとルナの四種類の国内産チーズを紹介している。ヴェスティネチーズはイタリア中部の産で、朝食のチーズとして人気が高かった。大プリニウスもマルチアリスと同時代の人物で、自らの著作『博物誌』の中でこのチーズの人気ぶりに言及した（Bostock and Riley 1855）。トレブラチーズはヴェスティヌムの南、サビニ地方で製造された。トレブラの良さは液体に浸かっていて加熱される時に現れるとマルチアリスは言っており、プラセンタ（ケーキ）などのような料理に特によく合うということのようである。スモークチーズはローマでは非常に人気があった。マルチアリスによると、ローマのヴェラブルムでスモークされたチーズはこの階級では最も良いと言う。大プリニウスもまたローマのスモークチーズの人気に関して書いている。ヤギ乳のチーズの風味ほどスモークによって強くなるものは他にないという。

エトルリア北部で作られるルナチーズは、その並外れた大きさのゆえ、マルチアリスは『キセニア』の中で上位四位に推薦している。マルチアリスによれば、ルナチーズはエトルリアの月のイメージで、非常に大きく、「奴隷に千食出せるほど」だという。大プリニウスもルナチーズがローマで最も評価の高いチーズの一つであると述べており、四百五十四kgからあるという。同じく大プリニウスによれば、ルナチーズはエトルリア国境辺り、北と西に接しているリグリアで作られているということだ。

マルチアリスも大プリニウスもルナチーズの大きさを強調していた。誇張法は古代ではごく普通に行われていたが、これらのチーズが人々の注意を引いたのは、ローマ人の生活を優雅に飾ったやや小さい乾燥したペコリーノチーズやカプリーノチーズよりも、明らかに大きかったからだ。非加熱で軽く圧搾し、表面に塩をするというチーズ製法をコルメラは記述しているが、これは小型の熟成チーズとフレッシュチーズの製造には最適だが、これでは大型の熟成チーズを作ることは全く不可能なのである。こうなると「いかにして大型のルナチーズが作られたか」という論点に戻って堂々巡りになってしまう。

大型チーズの出現

技術面で問題の中心となるのはチーズの水分含有量である。非加熱で、軽く圧搾され、表面に塩をしたチーズ（コルメラが書いていたようなチーズ）は、特徴としては元来非常に多くの水分を含んでいる。したがって新鮮なところを消費するか、あるいは腐敗が始まる前に乾燥する程度の小さいサイズでなければならない。小型のチーズは体積に対する表面積の比率が大きいため、表面からの蒸発で水分が急速に失われる。小型のチーズなら全体が急速に乾燥していくので腐敗を避けることができるのだ。

表面に塩を擦り込むことで、乾燥速度を速めることになり、同時に密度の高い不浸透性の皮が形成されていく。その皮が次の熟成の過程では蒸発の速度を遅くするのである。こうして皮は熟成の間に過度の乾燥を防ぎ、これによって望ましい風味と質感ができる。また小型のチーズは塩の溶解についても有利である。

表面に擦り込まれた塩は保存性を高め、良い風味と質感を醸成するためにチーズ全体に融け込まなければならない。この過程は小型チーズでは急速に行われる。塩が内部に向かって融けていく距離が小さいからである。以上の理由で、コルメラが詳細に記述した技術（非加熱、軽い圧搾、表面に塩をする）

は「海を渡っての輸出にも耐える」チーズを作ることができるのである。

これとは対照的に、大型のチーズでは小型のものよりも全体の体積に比して表面積が狭い。別の言い方をすれば、体積に対する表面積の割合はチーズのサイズが大きくなるに従って、小さくなるということだ。したがって、もともと水分含有率の高い大型のチーズは表面からの蒸発で効率よく水分を蒸発させることができない上、皮が形成されると、それ以上の水分が失われなくなる。加えて、表面に擦り込まれた塩は大きな体積のチーズの内部にまで融けていかず、中心部に塩分の少ない状態が何週間も続くということになる。チーズの内部に水分が多く、しかも塩分は少ないという状態が続くと、特に地中海地方の暖かい気候では発酵異常と腐敗が内部から進行することになるのだ。

最も大切なことは、大型のチーズは水分含有量が小型のチーズよりずっと少ない状態で仕上がっていなければならないという点だ。そうでなければ熟成段階に入る時に水分が多すぎることになる。チーズのサイズが大きくなればなるほど、より少ない水分量にして内部の腐敗を防がなければならない。もともとの水分を減少させるには、カードを作った後に、高温で茹でるか、高圧で圧搾するか、あるいはその両者の組み合わせでより多くのホェイを絞り取るしか方法はない。

高温加熱法と圧搾法の技術の発達はチーズの歴史の中で重要な出来事だった。これらの技術によって、それまでよりずっと大きな、乾燥したチーズ、あるいは熟成チーズの製造への扉が開くことになったからである。

では、北エトルリアやリグリアのチーズ作りはこのような大型チーズを作ることができたのだろうか。どうやらすでに加熱調理の方法と高圧の圧搾法を開発していて、それらの方法を組み合わせて大型の桶で大量のミルクからカードを作っていたようである。たとえば、大型の青銅製の容器がローマのオリーブ農園やワイン畑でごく普通に使用されていたが、これをチーズ用の桶として大型のチーズに必要な大量のカードを作っていたのかもしれない。

また、これと矛盾しない発見がある。チーズ用の桶だと考えられる大型の青銅製の容器がカンパニアのある邸宅で発見されたが、伝えられるところによればそこはワイン醸造所とともに「チーズ工場」を運営していたというのだ（Carrington 1931）。この邸は七九年のベスビオ火山の噴火によって破壊されている。

コルメラの著作からわかるように、ローマ人のチーズ作りたちは熱湯を加えることで加熱の実験を行っていたし、青銅製のチーズ桶はかまどの穴にちょうどはまるサイズで、直火にかけてチーズを作っていたということも十分考えられる。さらに、オリーブ農園で使用されていた精巧な大型プレス機が、車輪型のチーズを圧搾するために改造されていたことも同様に想像できる。

ケルト人の奮闘

直接の証明ではないが、北部のケルト人のチーズ作り職人たちがローマ時代に加熱と圧搾の技術を使っていた可能性を示す資料がある。ケルト人は金属加工に熟達しており、鉄と青銅の大釜をローマ時代以前から使用していた。古代の著述家が何人も指摘しているが、ローマはケルト人のチーズの主な取引相手となっていた。チーズの多くはかつてのギリシャの植民市マッサリアを通ってローマに輸入されていた（Charlesworth 1970; West 1935）。

この相当規模の大きなチーズ貿易に、厳しい輸送環境に耐える皮の固いタイプのチーズが含まれていたことはほぼ確実で、中世になるとアルプス地方で良く作られるようになるサイズの大きな加熱タイプの、ごく初期のものが含まれていたのではないかと思われる。実際、ローマ人の地理学者ストラボン（一世紀）は、アルプスの北側斜面に沿ってチーズが広く製造されていたと書いている（Jones and Sterrett 1917）。ストラボンによれば、こうした山岳チーズはケルト人が集中して居住している谷間や平地に運ばれたという。このようなチーズは固くて保存性の高いもので、ローマに輸出されたものは特別に優れた品質のものだったに違いない。

大プリニウスによると、チェントロニアン・アルプス（今日のボフォールチーズやルブロションが作られている現代フランスのサボワ地方）はチーズの産地としてローマでも非常に有名だった。大プリニウスはこのチーズをワトゥシカン（ワトゥシクムとかワトゥシクスとも）と呼んだが、残念なことにその特徴について何も書いていない。ランス（Rance 1989）が言うように、ワトゥシカンチーズは高い温度で加熱した比較的大型の、今日のボーフォールチーズに類似したものだった可能性があるが、大雑把な情報しか手に入らない以上、確実なことは何も言えない。

古代医学における影響力ではヒポクラテスに並ぶことはできなかったが、二世紀の多作な医学者ガレンもワトゥシカンチーズはローマで最もすばらしく、最も人気の高いチーズだと書いている（Grant 2000）。消化が良いかという観点からガレンはチーズを三種類に分類した。非常に熟成期間の長い、固いタイプのチーズ（固いペコリーノ・ロマーノタイプを想像していただきたい）は最も消化が悪く、健康には最も問題が多いという。問題が少ないのは、熟成期間がやや短いもの、より乾燥していないもの

（中程度の乾燥）のチーズで、最も良いのは水分量の多い新鮮なチーズだとガレンは述べている。ガレンが推奨するのはトルコのエーゲ海沿いの自らの故郷ペルガモンで作られているオクシガラクティノスで、消化は最も理想的だという。

大プリニウスと同様、ガレンもまたワトゥシカンチーズについては特に何も説明していないが、オクシガラクティノスの解説のすぐ後でワトゥシカンに言及している。この並列の仕方からすると、ドルビー（Dalby 2009）が指摘したように、ワトゥシカンチーズはフレッシュチーズのオクシガラクティノスに類似するところがあり、非加熱で、手で押して圧搾した比較的水分含有量の多い、ルブロションのさきがけのチーズだったと結論付けたくもなる。

しかしそうではないだろう。というのも、ローマ時代にルブロションのように比較的形が崩れやすいチーズを長距離輸送することは、非常に困難だったと思われるからである。ワトゥシカンチーズがルブロションの前身であると考えるより、加熱し圧搾したボーフォールチーズに似たものであるとするランスの見方（ガレンの分類では水分含有量が中程度、熟成期間のやや短い、多少乾燥したタイプ）のほうが納得できる。

要約すれば、ローマ時代のワトゥシカンチーズやその他のケルト人の山岳チーズが、中世の記録に残された大型の加熱チーズの前身だった可能性はある。もしそうなら、ケルト人がイタリアを侵略したあと、リグリアやさらに北部のエトルリアに定住した巨大なケルト人集団が、高温加熱するチーズの技術を北方から持ち込んだとも考えられる。それによって著しく巨大なルナチーズを作り上げたのだ。

またもう一つ別の可能性もある。ルナチーズの職人たちが加熱工程を採らなかったという可能性である。加熱調理をしなくても水分の少ない大型のチーズを製造する方法があるのだ。一度「プリプレス」して、そのあと細かい粒子に砕くか、挽くかしたカードに大量の塩を混ぜ込む方法である。塩を加えたカードをもう一度圧搾し、最終的に形成する。

こうすることによって、塩はカードの塊全体の中に均一に融け込み、その過程でむらなく大量のホエイがカードの粒から排出される。その結果、比較的水分含有量が少なく、塩分の高いカードの粒子の塊ができあがる。これをプレスして大型チーズに形成すれば、同様の大きさの非加熱のチーズで、表面に塩をまぶしたり、塩水漬けにしたものよりもチーズの内部は、水分がずっと少なく、塩分が高いものになる。

イギリスではこの方法が採用されて、加熱のいらない大型の圧搾チーズが製造された。なかでもチェシャーチーズが最もよく知られている。

しかし、圧搾する前に細かく砕いたカードに塩をする技術は、おそらく何世紀も前からフランスにあった。資料を示して証明できるところまでは至っていないが、この技術はガリアのマシフサントラルにいたケルト人チーズ職人のものだったのではないか。この地ではラギオールやカンタル、サレールなどの前の世代のものが（これらはすべて加熱していない大型のチーズで、一度圧搾し、砕いたものに塩をしてから再度圧搾して作るチーズ）、ローマ時代から作られていたのではないか。

大プリニウスの有名な『博物誌』はローマでも大変人気の高かった、フランスのジェヴォーダン地方（マシフサントラルのカンタルやサレールの産地にも程近い）のチーズに言及している。南フランスのローマの道路は大変良く整備されていて、塩などのチーズにどうしても欠かせない材料の輸送を行っていた。地中海沿岸の塩をジェヴォーダンの山地の草地まで運び、帰りは完成したチーズをローマへの船が出るニームへと運ぶのも可能だったはずである（Whittaker and Goody 2001）。

しかし、大プリニウスがこのチーズについて書いている内容――すなわち「その素晴らしさはごく短い間だけの命で、新鮮なうちに食すべし」（Bostock and Riley, 1855）――によると、このチーズがラギオールやカンタル、サレールなどの前世代のものだという主張は奇妙ではないだろうか。ドルビー（Dalby 2009）は大プリニウスのチーズが初歩的なカンタルと同じ技術（カードを砕いて塩を加えて圧搾する）で作られているという仮説を取りつつも、低塩で長持ちのしない前世代のチーズだと中間的な意見を述べている。

以上の様々な意見はどれも実際のところは推論に過ぎないが、リグリアにいたケルト人がガリア人からプリプレス、カードを砕いて塩を加える技法を借用して自分たちの独特のルナチーズを作り上げたということは大いにあり得る。

ルナチーズの完成の裏にどんな詳細な事情があるとしても、チーズ作りたちが大型で熟成したチーズを作るには二つの選択肢しかないことは事実なのである。

高温の加熱と圧搾、さらに塩をまぶすか塩水に漬けこむかという方法か、あるいは非加熱のカードをプリプレスし、それを砕いて加塩の上、さらにもう一度圧搾する方法（または、チェダーチーズのようにこの二つの方法を組み合わせる手法）である。チーズ作りたちは今や新しい技術を使ってチーズの種類をそれまでなかった方向へと推し進めていく。ここから今日知られているような主要なグループのチーズが始まっていったのである。

大型のチーズ作りを最初に行ったのがケルト人だったということは驚くには当たらない（ほぼ同時だったグループが他にもあったかもしれないが）。ケルト人は酪農の民で、移住する先々に乳牛を伴って行った。ローマ時代には、何世紀にもわたる選択的な品種改良による利益があがりはじめていて、彼らの乳牛はミルクの生産量の多さで、古代にも広く知られていた（Churchill Sempel 1922）。

もともとケルト人は中央ヨーロッパの各地で季節移動式酪農業を行い、長年にわたるチーズ作りの経験を蓄積していた。アルプス地方での季節移動の酪農では、谷間で個別に飼われていた乳牛は高地の牧草地へと連れていくために、一つに集められて大きな群れにする必要があった。このように、中央ヨーロッパの山岳地帯に住んでいたケルト人のチーズ作りは、大きな群れの乳牛から採った大量のミルクでチーズを作るという難しい仕事に日ごろから直面していたのである。

チーズに加工できるミルクの生産量が増加するにつれて、大型チーズを少数製造する方が、小型チーズを多数製造するよりも実際利点は大きい。このことが動機づけとなって、山岳地方にいたケルト人が中央ヨーロッパの長い冬に備えて保存できる、大型チーズの新技術を探求するようになったと考えてもよいだろう。高温で加熱された大型のチーズ（たとえばボフォール）や、プリプレスされたカードを砕いて塩を加えた大型チーズ（カンタルチーズの類）は、ケルト人の酪農法と生活スタイルに適応するものだった。

これとは対照的に、イタリアでは大土地所有が起こり、家畜の数も多くなったウァロの時代になって初めて、大量の羊の乳がチーズ製造に使えるようになり、この段階になってやっと、より大型のペコリーノチーズを作る動機が生まれるのである。イタリア半島とシチリア島で大型のチーズが作られるようになるのは、おそらくコルメラの時代、イタリアのチーズの作り手たちが加熱手法の試みを始めたすぐ後のことだと思われる。

ケルト人は日持ちのするチーズの製造技術を携えて、ヨーロッパ各地へ植民していったようである。これが、フランスのはるか南部のトゥールーズ、ベルギーのメナピイ地方、北西フランス、フランス東部の山岳地帯とマシフサントラル、スイス、オーストリア、バルカン半島のダルマチアなど非常に広範囲にわたる地域から、ケルト人のチーズがローマへと輸送されていたことの説明にもなろう（Charlesworth 1970; Jones and Strerrett 1917）。したがって、ローマ人がケルト人の土地へと侵攻して大陸を植民地としたときには、牛乳からチーズを作るケルト人の手法がヨーロッパの広い範囲にすでに根付いていたと思われる。ローマ人がほとんど手をつけなかったヨーロッパの最西端（スコットランド、アイルランド、ウェールズ）を別にすれば、西ヨーロッパにいたケルト人は急速にローマ化し、ケルト—ローマ融合によってそれまでとは異なる新しい文化が生まれたが、チーズ作りとチーズへの愛好は引き継がれていったのである。

帝国の融合

ローマがその広大な帝国各地の「未開人たち」をローマ化している間に、もう一つの帝国が夜明けを迎えていた。

イエス・キリストの使徒たちは、ローマ帝国内隅々まで、またさらには国境を越えてキリスト教への改宗を盛んに推し進めていた。もともとはエルサレムを中心としていたが、ローマが紀元七〇年にエルサレムを破壊した後、まだ成立したばかりのキリスト教会の勢力は西方のローマへ向かって移動して行った。キリスト教が、広大な地域へ爆発的に広がり、様々な文化の中に浸透していく当初から、教会は信仰とその儀礼、公式の経典を打ち立て統一性を維持して行くという困難な課題に直面することになる。

ギリシャ・ローマ世界では、異なった宗教的伝統を融合し、新しい形の信仰を形成するシンクレティズムが深く根をおろしており、これが急速にキリスト教内部にも入り込み始めた。新約聖書の使徒行伝には、ユダヤ教の儀礼をキリスト教の教えに接ぎ木する努力が記述されている。

しかし、これはじきに拡大してギリシャや近東地方由来のグノーシス主義哲学をも包摂するようになる。グノーシス主義哲学の核としては、物質世界を超越した真理は、内面の神秘主義的信仰によって獲得され、人から人へと秘密の教義と経典を通じて伝達されていくとの認識があった。したがって、グノーシス派のキリスト教では歴史上に実在した人物としてのイエスを必要とせず、超越的な真理だけが信仰されたのである（Johnson 1976）。

二世紀の前半、キリスト教会内にはドケティズムとして知られている強力なグノーシス派の一派がはびこっていた。ドケティズム派はイエスの受肉、すなわちイエスが完全なる神であり、また人間でもあったという教義を拒絶し、イエスが人間として存在したことを否定した。この一派の教えはキリスト教をユダヤ教由来の旧約聖書から巧みに切り離したのだった。

未開人のように不快で、理解不能とみなされていたヘブライ人とその経典に、精神的に束縛を受けていることに強い反発のあったギリシャ世界にとって、これは非常に魅力的な神学上の外科手術だったといえる（Johnson 1976）。クインツス・セプティミウス・フローレンス・テルトゥリアヌスが教義の偉大な守り手の一人として現れたのは、教会内でこうしたアイデンティティ喪失の危機が発生しているさなかのことだった。

テルトゥリアヌスは二世紀半ばごろにカルタゴで生まれ、十分な教育を受け、ローマ市民となった。いつの段階でか、キリスト教に改宗した。まだ結婚していなかったので、おそらくかなり若いころだったのだろう。彼はラテン語で著述した最初のキリスト教神学者で（このころまではギリシャ語がキリスト教会の主たる書記言語だった）、西方のローマ人に非常に強い影響力を及ぼした（Hill 2003）。使徒パウロのようにテルトゥリアヌスはイエス自身からあるいは聖書から弟子たちが直接受け取った、純粋な教えを保存し、伝えることに没頭した。倦み疲れることなく教会の教義を成文化し、誤った教えと混じり合うことを徹底的に防いだ。

二〇〇年ごろ、テルトゥリアヌスは教会の教義の核を純化して、今日のキリスト教会でも広く認められている使徒信条に類似した「信仰の掟」にまとめ上げた（Rist 1942）。

テルトゥリアヌスは、日常的なイメージを用いて当時（今日もなお）理解が難しい概念を説明し、深い精神的な神秘に光を当てた。たとえば三位一体（唯一の神と、その三位である父と子と聖霊）などの最も重要なキリスト教の教義を正当化していったのである。日常言語で意思を伝えることのできる能力は、イエスの受肉をあざ笑うグノーシス主義者のドケティズム信者に対抗するために必須のものとなった。テルトゥリアヌスはキリスト教の核としてイエスの受肉があり、その中心が処女懐胎であったことを正確に理解していた。しかし、処女懐胎は（今日でも）理解しがたく、合理的精神のギリシャ人には大きな躓きの石となっていた。したがって、テルトゥリアヌスが古代西洋世界の合理主義者アリストテレスの教えを先導役にして処女懐胎を正当化したのは単なる偶然ではなかったと思われる。

アリストテレスの『動物発生論』にある胚の発生の記述は、ルネサンスの時代まで受胎と胚の発生に関する科学的理解として確立していた。アリストテレスによれば、受胎と妊娠はチーズを作る時のミルクにレンネットを加えた際の反応に似ており、精液が月経時の血液に入ると（レンネットがミルクに入って反応するように）、血液が凝固反応を引き起こし胎児になるというのである。そして、チーズができる時にカードがホェイから分離するように、胎児は羊水から分離するのである（Needham and Hughes 1959）。

論文『キリストの肉体について』の中でテルトゥリアヌスは、アリストテレスの胚の発生の理論と、使徒ヨハネの福音書の第一章の解釈にレンネット凝固のイメージを使って、キリストの誕生が性交渉によらなくても、奇跡的にマリアの子宮内で妊娠が起こり、分娩も通常のやり方で起こったのだと主張した。表現を変えると、イエスの受肉に似たものとして、神がミルクを凝固させ、レンネットを加えることなしにごく普通のチーズ桶の中に完璧なレンネット凝固のチーズを生みだす奇跡を考えたのである。旧約聖書（ヨブ記十：八〜十一）の中でヨブも凝固のイメージを用いて子宮の中で胚が発生することを説明しており、テルトゥリアヌスがアリストテレスのイメージを借用したことは、聖書の立場から正当化されていると言える。

イエスの受肉と処女懐胎についてのテルトゥリアヌスの弁明は、人々の支持を得て、ドケティズムの信奉者たちは異端とされ、教会の教義の核は正統と認められた。教会の統一性は異端の宗派を追放することによって保持されたのである。ローマの指導力は教会の中央統治機構となって、いまや三つの大陸にまたがり、様々な文化や言語を包摂する巨大な組織の隅々まで信仰を伝え守るという難しい任務を担うことになった。なぜ初期キリスト教会が教義と儀式に決定的な正統性を求め、それを保持することにこうまで夢中になったのか、その理由はよく理解できる。

ところがモンタヌス派との論議を含め様々な問題をめぐって、厳格さを増すこの正統性こそが、皮肉にものちにテルトゥリアヌスを教会から決別させることになるのである。

モンタヌスは小アジア（今日のトルコ）の自称キリスト教預言者で、二世紀半ばごろ、預言活動を始めると「新しい預言」として知られるようになり、急速に小アジアとその周辺に広がった（Tabbernee 2007）。預言と聖霊による奇跡の技は、初期の十二使徒教会では中心的な要素だったので、似非預言者があらわれる危険性や、聖霊の働きといわれるものが真実のものかどうかを見分ける必要もあって、当初から緊張を孕んでいた。モンタヌスはマクシミリアとプリシラとともに預言者として活動していたが、彼らの預言の仕方をめぐって小アジア地方の教会指導者たちの間に懸念が広がった。

批判されたのはトランス状態と異言、グロッソラリアと呼ばれる理解不能な発言、または支離滅裂な発声のように聞こえる発話だった（Butler 2006）。これは預言者の体内で動いている聖霊の働きであり、神から伝えられた新しい預言の知恵の声であるとモンタヌスは主張した。教会指導者たちはこれに不安を募らせた。モンタヌスやその支持者たちの熱狂的な発話が神からの預言の真の現れで、「様々な言葉で話す」という新約聖書のパウロのコリント人への第一の手紙、第十四章で用いられた表現であるとは到底納得できなかったのである。

チーズと異端

時が過ぎるにつれて、モンタヌス派は小アジアからはるか遠くにまで広がり、分派したグループや亜派が次々に現れて、伝えられているところでは、それぞれに新しい信仰の儀式を取り入れていたという。教会の指導者たちは、増殖を続けるモンタヌス派と分派の信者たちに対してますます敵意を抱くようになり、「新しい預言」という口実の下に誤った儀式と教義を導こうとしていると確信するに至る。アルトティリテスと呼ばれている、聖餐式でパンの代わりにチーズを用いることは、最後の晩餐の時に弟子たちに示されたキリストの指導に対する直接的な挑戦であるとして非難された（Tabbernee 2007）。

この行為の起源がどこにあるかは研究者の間でも議論が尽きないところだが、これは異端の神キュベレに対して血を流さない捧げ物としてチーズを供えていた習慣が、キリスト教の聖餐式に浸透したものだろうという説もある（Tabbernee 2007）。神々の母キュベレはモンタヌス派発祥の地、小アジア地域で広く信仰されていた。「女チーズ」と呼ばれた特別なチーズがキュベレに供えられたことを思い出していただきたい。アルトティリテス派の聖餐式の中に浸透したのはこの「女チーズ」だったのではないか。

モンタヌス派と教会の対立は、モンタヌス派に偏向していたと思われる二人のキリスト教女性信者、ペルペトゥアとフェリチタスの殉教の後、北アフリカで起きた新しい情勢のために最悪の危険に直面することになる。

ペルペトゥアとフェリチタスの二人は三世紀の初め、ローマ皇帝セプチモ・セヴェロの迫害に遭いカルタゴで殉教した（Butler 2006）。セヴェロは帝国中の異端の魔術師や占星術師、預言者たちを容赦なく攻撃し、特に政治的不安定さを刺激する可能性のある、ケルト族のドルイド僧に対しては情け容赦なかった。ケルト族の異端の風習とも似たところのある、モンタヌス派の信者が陶酔状態を見せたり、この世の終わりが迫っているという預言を広めたりすると、それを理由に、セヴェロは一層組織的な、そしてさらに残虐な迫害を断行したのである（Wypustek 1997）。ペルペトゥアとフェリチタスが他の三人の男性信者たちとともに、野生動物にばらばらに引き裂かれる様が、カルタゴの円形闘技場で派手な見世物として披露された。ローマの脅威をカルタゴのキリスト教コミュニティに見せつけるためであった。

ペルペトゥアは、カルタゴのローマ人社会の特権階級の出で、高等教育を受けた女性だった。彼女は殉教までの間、牢獄で自分の若い奴隷のフェリチタスとともに経験したことを日記に書いていた。この日記は目撃証言の書『ペルペトゥアとフェリチタスの受難』として匿名の編集者によってまとめられ、保存されている。ペルペトゥアの日記には自分自身や牢獄に入っていた他の人物たちの幻覚体験の記述がいくつかある。初めて見た幻覚の中で、ペルペトゥアは青銅の梯子を天国まで上り、そこで羊の乳を搾っている一人の羊飼いと出会う。ペルペトゥアが口いっぱいにフレッシュチーズをほおばると、まばゆく輝く白い服を着た群衆が彼女の周りで「アーメン」を詠唱する。そこで彼女は目を覚ますのである（Shaw 1993）。

ペルペトゥアは殉教者として尊敬を受け、聖人として美化された。しかし、彼女が見たというキリストの幻影が羊飼いであったことは、教会にとっては問題を含んでいた。天国の聖餐でチーズが与えられているると解釈される可能性があったからである。これはアルトティリテス派のキリスト教が行っている儀式に酷似しており、教会としては心おだやかではいられない。教会はその後、『ペルペトゥアとフェリチタスの受難』を短く編集し直し、『ペルペトゥアとフェリチタスの行伝』とした。原本のモンタヌス派の教えの要素が最小限となるように数々の改変を施したのである。中でも、ペルペトゥアの幻影の中に出てきた「チーズ」という言葉は「ミルクの果実」という、より無害な表現に置き換えられている(Butler 2006)。

モンタヌス派の信仰は異端であると宣告され、キリスト教の儀式に浸透してきていたチーズは根こそぎにされて、二度と戻ってくることはなかった。しかしカリスマ派の預言者の活動は何世紀にもわたって、今日まで周期的に教会内に出現し続けている。実際、カリスマ派の活動は二十一世紀のキリスト教会内部に、急スピードで成長する一派を作っている。新しい預言と異言グロッソラリア（多言語で話す）の正統性については今日なお教会内部に緊張が続いているのである。

セヴェロの後も、キリスト教徒への迫害はますます熾烈になった。三世紀には歴代皇帝の治世の下、キリスト教に圧力をかける国家規模の強圧的で残酷な政策が採られ、この世紀末、ディオクレティアヌスと四分統治制の時には最高潮に達した。

ディオクレティアヌス帝といえば、帝国全土で金融と経済の改革を推し進めたことで有名である。特に三〇一年の勅令「最高価格令」では日用品の価格と賃金に上限を設定した（Le Glay et al. 2009)。勅令により七百五十九もの日用品と賃金のカテゴリーが規制された。この中にチーズに関して二つのカテゴリーがある。柔らかいチーズと乾燥したチーズである。乾燥チーズは魚にあてられたカテゴリーに分類されているが、おそらく摩り下ろしチーズを魚のソースに使用するのが一般的だったからか、どちらも付け合わせとしてパンとともに食べることが多かったからであろう。柔らかいチーズ、あるいはフレッシュチーズはこれとは別の新鮮な農場産物の区分に入れられた（Frayn 1984）。

ディオクレティアヌスの勅令は実用性には乏しいものだったが、定額を超えた場合に買い手にも売り手にも死罪を含む厳罰があったことから、彼の治世の間は有効だった（Lacour-Gayet and Lacour-Gayet 1951）。しかし、三〇五年ディオクレティアヌスが退位すると、価格の規制は放棄され、自由市場方式が回復した。これよりも重要なのは、ディオクレティアヌスの治世で厳しく弾圧を受けていたキリスト教会が、コンスタンティヌス帝のミラノの勅令（三一三年）によって、ローマとの抗争にようやく勝利したことだった。

コンスタンティヌス帝の勅令は、ローマ帝国のキリスト教会に対する敵対政策を百八十度転回し、教会に法的保護を与えるものであった。コンスタンティヌス帝はキリスト教に恩恵を与える友好的な政策を行って、キリスト教会はこれによって経済的富を蓄えるようになった。キリスト教は拡大するにつれて、ローマ帝国を一つに統合する役割も果たすようになる。このころになると帝国は北方から侵攻してきたゲルマン民族の脅威にさらされるようになっていたのである。

四世紀の終わりには、ローマ帝国各地のギリシャ・ローマの多神教は禁止され、キリスト教が国教とされた。ゲルマン民族流入の圧力の下で帝国が内部から破綻をきたし、各地の属州で統治の下部構造が崩壊した時、帝国社会の記憶や統治と道徳の権威を教会が肩代わりすることになるのである。こうして教会と国家は混沌としたまま融け合って、西欧文明を千年にわたって支配し、ヨーロッパ中に新しいチーズの発展を引き起こすことになる。

第6章 荘園と修道院 チーズ多様化の時代

怠惰は魂の敵である。なぜなら我々同胞はある時間は労働に従事し、そして残りの決まった時間は聖なる書物を読むのであるから。

（聖ベネディクト〈Gasquet 1966, p.84〉）

西ローマ帝国崩壊のさなかの四八〇年ごろ、ヌルシアのベネディクトは生まれた。ベネディクトは信仰深く、若いころは東部のキリスト教修道院の伝統である非常に厳格な禁欲主義を実行していた。彼は結局日中の厳しい修行に幻滅を感じて、ローマとナポリの間にあるモンテカッシーノの人里離れた山頂に隠遁する。そこで彼は穏やかな、常識に則った禁欲の考え方に基づいて新しい修道院を設立した。

ベネディクト修道会に従うものは共同体の中で生活し、外の世界とは離れて、可能な限り自給自足で暮らすことが求められた。また、公共の仕事にも熱心に取り組んだ。彼らは「神の御技を行う道具」であるとして、神の召命に従って社会的な使命にその身を捧げた。ベネディクト修道会は基本的な読み書きができることと、聖なる書物の読書（必要によっては写本）を神聖な奉仕であると認め、ベネディクト会の標語「祈りかつ働け」に表されるように、日常の労働を権威あるものとした（Gasquet 1966）。

ベネディクト修道会は当時の時代に適合した組織を生みだした。教育機関も統治基盤も失った帝国の廃虚の真ん中に、読み書きの基本能力と学習の中心地をうち立て、混乱と危機の時代に社会保障とコミユニティーの安定性、道徳的精神力の源となった。また、中世の荘園のモデルとなる、よく統制された新しい経済的実体を示した。

荘園は経済的社会的な単位としてこの後何世紀にもわたってヨーロッパ各地に広がっていくことになる。ベネディクト派修道院は広大な荘園を獲得して、何世紀もの間ヨーロッパ経済をけん引する強大な力を持った。その過程において修道院と荘園は様々な種類のチーズを生むことになるのである。

ローマによる植民と荘園の誕生

第二回ポエニ戦争でカルタゴに決定的な勝利を収めたローマは、領土拡大のために情け容赦のない戦いを開始した。

ローマはブリテンから南方へ、ライン川とドナウ川の西岸から地中海沿岸までを含む広大な帝国となる。一世紀にはローマ帝国の国境線は一万六千キロに及び、果てしなく押し寄せる「野蛮な」民族たちに取り囲まれて、常に帝国は脅威にさらされていた。ローマ人たちは自分たちの帝国を防衛するという途方もない任務に直面して、五十万人という兵士を国境に沿って常時駐屯させていた。

この常駐の大軍に食糧や衣料を供給することは非常に困難な問題だった。したがって、ローマ軍は各地の属州に農業基盤を建設することを急いだ。ローマの各砦は食糧を生産する軍用地を持っており、それは砦周辺からはかなり離れていた。この土地は時に兵士たちが耕し、また市民が借りて農作業を行うこともあった（Davies 1971）。アルプスの北の軍用地は家畜の群れを飼う牧草地であることも多く、特に羊の飼育をして衣料品のための羊毛を供給したり、ミルクを搾ってチーズを製造することもあった。

基本的な兵士の食事は穀類とベーコン（豚肉）、チーズ、それにおそらく野菜だったのだろう（Bezeczky 1996; Davies 1971）。行軍を計画する者は、チーズ製造用の道具と技術をイタリアから運んできていた。カードを圧搾するための陶製の型で、ローマのデザイン（円筒型、穴の開いたタイプ）のものが、ヨーロッパ各地のローマ軍の遺跡から発掘されている（Davies 1971; Niblett et al. 2006）。このことから、チーズ作りはローマの軍隊機構の重要な一部を担っていたと言える。また平和時には、兵士たちはチーズ職人としての役目もこなしていたのではないだろうか。チーズはローマ人兵士の生活に新しく加わったものではなく、すでにウェルギリウス（紀元前一世紀）の時代に、ローマ人兵士の一日分の標準的配給量には二十八グラムのペコリーノチーズ（羊乳のチーズ）が含まれていたという。

大農場ヴィラから荘園へ

軍事用の農地で自分たちが消費する分の作物を栽培する以外に、軍隊ではヴィラと呼ばれる、ローマ人がヨーロッパ各地に作った農業植民地から供給される食糧にも依存していた。ヴィラは、イタリアのラティフンディウムをモデルとして作られた大農場である。イタリアと同様に、アルプスの北側の占領地に貴族の家令階級が入って運営していた。

ローマ皇帝もその一族も広大な土地を所有しており、ヴィラはローマの町や都市と同様ローマ文明のどこにでもみられるものだった。ヴィラが極めて重要な食糧生産力を備えていたのに対して、町や都市は統治のための中心地で、各地の属州に対して、政治的、イデオロギー的、経済的な支配を確立し、さらに強化していた（Koebner 1966）。

図６―１
ローマの支配下にあったころ（43年から410年）のブリテン島で使用されていたローマ風デザインのチーズの圧搾型。ホェイの排出用に穴が開けられている。（写真提供：大英博物館。著作権はすべて大英博物館評議会）

軍事用の農場と同様、属州のヴィラでもローマのチーズ製造技術や道具類はコルメラが書いていたような道筋で採用されていったのだろう。羊乳のチーズは多くの属州で普通になっていた（図六―一）。たとえばローマ帝国による支配の時代、北西フランスやフランドル地方、ブリテン島の牧畜業では羊毛生産や織物のための羊の飼育が中心だった（Trow-Smith 1957; Wild 2002）。ローマの貴族たちは、カトーの時代からイタリアのラティフンディウムで行われていたように、羊毛産業とミルクの生産およびチーズ製造の間には相乗作用があることをよく知っていた。

ローマの属州のヴィラでは労働力のほとんどが奴隷だった。イタリアのラティフンディウムと類似していたことは既に述べた。しかし、ローマの領土拡大のスピードがしだいに鈍ってきて、最後には止まってしまうと、新しい奴隷の供給もストップしてしまった。そのため一世紀の終わりにはヴィラでは労働力不足が深刻化し、新しい別の供給源が必要になってきた。

この問題を解決したのが農場の土地を細分化して、地元の自由民に永久賃貸しにするという方法だった。こうして、ローマ帝国の広大な所有地はしだいに小さな土地に分割されて、自由民の小作人によって耕作されるようになった。また北方の属州では、征服された異邦人（主にケルト族）が連れてこられるのが普通だった。奴隷たちも引き続き新しい労働者と一緒に働いていたが、ヴィラの奴隷労働者の人口は減少し、自由民の小作人人口は時代とともに増加していった（Doehaerd 1978; Gras 1940）。

属州は土着の被征服民の小規模農場を支え続けていたが、小規模農場とローマの貴族による大規模農園の比率は後者の方がはるかに大きくなっていった。また時間が経つにつれて、帝政ローマは小規模な農場にも次第に重い土地税をかけるようになった。多くの農場が破産し、没収された土地は貴族のものとなったので、貴族の所有するヴィラはますます拡大していった。自由民の小作人も小作地に重税をかけられて帝国からの搾取にあえぎ苦しんだ。

四世紀の初めになると、ローマの農業制度は帝国自身と同様困難な問題に直面する。重税が小規模の農場を荒廃させ、ヴィラの自由民の小作人は税金を払うのに悪戦苦闘していた。加えて北方からのゲルマン民族の侵入による暴力と破壊に常に悩まされていた。複雑な情勢の変化に対応できず、属州の町の中心も田舎のヴィラも活力を失っていった。この時期の様々な問題の中でも特に注目すべきは、かつて耕されていた広大な農地と労働者の住宅が放棄されたことである。農業労働力の流出を止めるため、ローマ皇帝ディオクレティアヌスとコンスタンティヌスは相次いで改革を打ち出して、自由民の小作人とその子孫たちをヴィラに法的に永久に縛り付け、世襲される農奴階級を巧みに誕生させた（Pounds 1994）。

四世紀末にはローマ帝国の西側はゲルマン民族からの執拗な襲撃に常にさらされていた。暴力が横行し混乱が増して、属州の町や都市では人口の流出が続いた。土地を所有する貴族たちは帝国内でより安全な地方に逃げるか、目につきやすく攻撃されやすい中心都市を引き払って、より安全で防御しやすい自分たちの領地のヴィラへと移っていった。要塞化したヴィラはこの時代には田舎のごく一般的な風景となっていた（Koebner 1966）。

皇帝の統治と治安の基盤が機能しなくなるにつれて、ヴィラでは自給自足が当たり前になり、一層自治的になっていった。貴族の領主は自分の家計を支えるために土地の一部（通常は相当な広さ）を個人の農場、あるいは領有地として分離することがますます必要になった。このような私有地を維持するにはたくさんの労働力が必要で、領主たちは食品で徴収する賃料だけでなく、領主の農場での労働を含む小作人の義務を拡大するようになった。

同じころ、ヴィラの労働力の大きな部分を占めていた奴隷の地位に変化が現われはじめた。領主たちは奴隷に小さな土地の権利を認めるようになり、非自由民小作人という地位を与えた。これは奴隷としての人生からは一歩上昇したものの、自由民小作人よりは一段下であった。

こうして、ローマ帝国西部が五世紀末に終わりを迎えた時、自由民小作人と非自由民の労働を中心に編成された中世の荘園の構造は、次第にその形をとりはじめたのである（Gras 1940）。

五世紀の終わりごろなると、ゲルマン民族の侵略によってローマ支配の痕跡はすっかり無くなった。しかし、ローマ人が作った大土地所有のシステム、広大な土地と労働力が貴族たちの手に集まる制度は、移住してきた未開の国の王たちに受け継がれた。ゲルマン民族の貴族の指導者たちは、富と階級に非常に関心があり、ローマが作り上げた各地のヴィラで富も階級も永続させる非常に魅力的な基盤を手に入れたのである。中世荘園制のある部分は、ゲルマン人の支配と社会構造に、ローマのヴィラの基盤が融合して成立したといえる（Pounds 1994; Wood 1986）。

荘園は次第に二つの構成要素を持つにいたる。小作農と荘園である。小作農は自由民と非自由民の農奴から成っており、大農園の中の村社会をともに構成し、領主の土地からわずかな一部を相続する権利を有していた。所有地は小さいものでは〇・四ヘクタールから、大きい場合は十六ヘクタールあったが、平均するとイングランドでは四から八ヘクタールほど、北西フランスではこれよりやや大きかったようである（Duby 1968; Pounds 1994）。

小作農の典型として、農奴は共有地で牛に草を食べさせる権利を共有していた。その土地にどの家畜が適しているかによって違うが、一、二頭の牛か、または羊かヤギを数頭育てることができた。一方で、農奴たちは農産物の一部を領主に納める義務があった。また、労働の義務もあった。たとえば領主の直営地で週に三日、収穫時にはそれよりも多い日数、またこの他にも労働が課せられた。

直営地とは領主個人の農場で、領地全体の面積の四分の一から多い場合には二分の一を占めていた（Ganshof and Verhulst 1966）。その土地の性質にもよるが、直営地には森や草地があり、荷物を引かせるための家畜、牛と羊（両方、またはどちらか一方）の群れ、その他の農業用の家畜が飼育されていた。

マナー（manor）とは荘園領主の住まいで、納屋や家畜小屋といった建物を含む大邸宅であった。そこには領主一族と、職員、召使いが住んでおり、領地全体の統治の中心地として機能していた。時代が下るにつれて、貴族の領主は複数の荘園を手に入れることが多くなった。そのような場合、離れたところの荘園は時折訪問するだけで、日ごろの監督は部下が代理で行っていた。

またその他に、直営地を持たない荘園もあった。村や小規模な小作農のグループから成り、荘園の領主から小さいながらも所有地を相続する権利を与えられ、その見返りに自分たちの農産物の一部分を領主に納めていた。直営地を持たない荘園は多くの場合、ローマの支配が失われた後の混乱の時代が生み出したものである。

ローマ化されたケルト人自由民の村は、帝国時代の後半になってからローマの属州に定住を始めたゲルマン人の自由民の村と同様に、ローマの支配力が安定していた間はどうにか影響を受けないでいたが、新しくゲルマン民族の貴族領主が入ってくると、進んで自分たちの領土を差し出してその権威の下に入ることで、代わりに領主からの保護を受けるようになった。

中央ヨーロッパの遠隔地や人口のまばらな地方では、このような取引をすることはごく一般的だったが、フランスの西部やイングランドでは直営地を持った荘園の方がむしろ多かった。

本来、荘園は貴族だけの手にゆだねられていたが、七世紀の初めには、修道院が貴族たちから贈られて荘園を手に入れるようになった。荘園と修道院の肥沃な土地は新種のチーズの発展には欠かせないものので、荘園の土地を修道院が支配することが広く行われるようになると、荘園と修道院の役割は中世のチーズ作りの中で切り離すことのできないものとなっていった。

修道院の繁栄

ローマ帝国の崩壊後、キリスト教会は西側では急速に、その勢力を失った。西側教会はローマにまだ中心があったが、ゲルマン民族の征服者たちの信仰心と理性をつかむという差し迫った課題に直面した。彼らは多神教信者かキリスト教の異端、アリウス主義の信奉者たちだった。大きな突破口は五世紀が終わりに近づいたころに開いた。

ガリア地方に定住したフランク族がクロービス一世のもとで統一を果たして、今日のフランスに当たる一帯にフランク王国が成立した。このフランク王国クロービスが、五世紀の終わりにキリスト教に改宗したのである。これによってローマのキリスト教会は息を吹き返し、アルプスの北側に大きな足掛かりを得て、そこから再び影響力を拡大し始めた。

しかし、六世紀にはローマ教会にとって新しい脅威が現れた。それは、キリスト教内部から起こった。ローマ帝国の広大な支配もアイルランドまでは及ばず、この地のキリスト教会はローマ教会からの影響を受けることなく発展し、活気に満ちた才能ある独自のケルト人教会文化をゆっくりと育てていた。

五七五年、アイルランドの修道院の宣教者たちはコルンバヌスの指揮のもと、ヨーロッパ大陸への宣教活動を開始した。大陸ではキリスト教徒と言っても名ばかりで、地方によってはほとんどまだ多神教を信仰していた。コルンバヌスの宣教活動は北方ヨーロッパで広く受け入れられ、六一五年に彼が死ぬまでに、フランス、イタリア北部、中央ヨーロッパにおよそ四十か所の修道院が設立された（Johnson

1976)。

ローマでは、教皇グレゴリー一世がアイルランドの宣教熱の報告を受けて不安を抱いていた。アイルランド教会のしきたりに、ローマ教会のものと異なるものが含まれていたからだ。さらに問題なのは、コルンバヌスがローマ教会のヒエラルキー的な構造と、教会が世俗の政治ともつれた状態にあることに異を唱え、ローマ教会と聖職者たちの権威を認めようとしないことだった。そこでグレゴリーはアイルランド宣教団の熱意をローマ教皇と教会の権威への脅威と受け取り、反撃を加えてローマと調和させる必要があると考えた。

六世紀の終わりごろ、偶然にもグレゴリーはベネディクト修道会の写本に出会い、ベネディクト会の修道生活の方法が実用的であることに感銘を受けた。ベネディクト修道会はアイルランドの脅威に対する完璧な答だったのである。

ベネディクト修道会は教育と学習、奉仕と社会的責任に身を捧げる制度をとっており、ローマ（カトリック）教会の権威を認めるものだったからである。グレゴリーは七世紀になるとベネディクト派の修道院を支持し、各地の支配者たちに勧めてヨーロッパ各地で盛んに修道院を建設させ、新しい修道院に荘園の形で土地の権利を寄進させた。

グレゴリー一世とその後継者たちの努力によって驚くほどの成果が上がり、ベネディクト派修道院制度は七世紀、八世紀とヨーロッパ中で爆発的な広がりを見せた。広大な土地を所有していたゲルマン民族の王たちや貴族たちは新しい修道院に盛んに寄進して、何百という修道院が設立された。初めはアイルランド風の修道院とベネディクト戒律を守る新しい修道院との間に相当の緊張関係があったが、ベネディクト修道活動は次第にアイルランド教会からの影響を圧倒し、九世紀には神聖ローマ帝国の公認となった。

ベネディクト派修道院は数が増えたばかりでなく、財力も持つようになっていった。十世紀には多数の修道院が広大な荘園を所有して、信じられないほどの富を蓄えていた。余剰の富は巨大な修道院の聖堂や華美な儀式につぎ込まれ、日々の生活は奢侈《しゃし》になった。

これが引き金となって、聖ベネディクトが創始した戒律の元来の素朴さを取り戻そうとする急激な改革の動きが始まった。改革の最も重要な動きは一〇九八年にフランス、ブルゴーニュ地方でのシトー派改革派修道会の創設で、十二世紀に聖ベルナールが指揮した。創始のころのベネディクト修道会と同様、シトー派修道会もまた爆発的な発展をみて、十三世紀の初めにはヨーロッパ中に五百か所ほどの修道院を作り上げた。

ベネディクト修道会の本来の意図に従って、シトー修道会も自給自足を目指し、利害のもつれた世俗の世界から距離を置いた。彼らは荘園や農奴の寄進を断り、荒れ地の寄贈のみを受け入れた。荒れ地を耕作し、修道院を維持する労働力を得るために、シトー修道会は修道院の肉体労働を担う平修道士の階級を設けた。

修道院がさらに土地を手に入れるようになると、多くの平修道士を補充して、耕作や家畜の世話をさせた。平修道士の制度を作ったことで、シトー修道会はあらゆる職業の人々に門戸を開放したことになり、ベネディクト会の「祈りかつ働け」という理想はさらに広範囲の人々に広げられた（Butler and Given-Wilson 1979）。

こうしてシトー修道会は強力な労働倫理を構築し、多くのシトー修道院は広大な土地を手に入れて、農業者として大成功を収め、莫大な資産を蓄えた。鋭いビジネスセンスと高いマネジメント能力によって、ベネディクト派もシトー派も中世ヨーロッパの経済発展とヨーロッパチーズ史の道筋に大きな足跡を残したのである。

荘園と修道院のチーズ作り

資料の再現が困難で、不明な部分が多いものの、様々な形態の荘園と修道院は中世のチーズ作りに中心的な役割を果たしていた。現存している中世の資料の断片からは、新しいチーズが生まれていたことが読み取れる。荘園の農夫が作りだしたもの、領主の直営地から生まれたもの、他にも直営地のない荘園や修道院内部で作られたものなどである。

北西ヨーロッパの典型的な荘園――穏やかで湿潤な気候の地方で、小作人と領主直営地、共有地から成る村――ではチーズ作りの独特の環境があった。これが小作農民の作るチーズ群を発展させ、後には今日知られている、万人に愛される柔らかい熟成型のチーズになるのである。

中世荘園資料によると、こうした農夫が作ったチーズは荘園領主に支払う小作料に含まれており、農民たちの重要な食糧でもあったことがわかる（Pearson 1997）。余剰が出た時には荘園の中の村で物々交換してその他の必需品を手に入れていたのだろう。残念だが、これらの中世初期のチーズやその製造技法についてはほとんど何も記録が残っていない。

中世後半に入って初めて柔らかいタイプの熟成型、農民が牛のミルクから作るフランス特有のチーズが現れてくる。これらは今日、リヴァロ、ポン・レヴェック、ブリー、ヌーシャテルとして知られているものや、クロタンやサント・モールなどヤギのミルクから作られるチーズであった。今日の柔らかいタイプの熟成チーズは荘園の崩壊後に現れてきた小規模な農場の直接の遺産だが、その起源は中世初期の暗黒の時代にまで遡るものと思われる。

中世の荘園という環境が、小作人であるチーズの作り手たちに与えていた条件や圧力を考えれば、荘園が柔らかい熟成タイプのチーズの前身を生んだと予測することは可能である。しかしこれもまた想像の域を出ない。

ヨーロッパ北西部で荘園労働を支えていた小作人の世帯で、一頭か二頭の牛を飼って牛乳を搾っていたというあたりが出発点になるだろう。小作人たちは作物が生育する時期には共有地で牛に草を食べさせ、収穫の後には切り株畑に牛を放すことができた。しかし、共有地を他の小作人たちと共同利用することや、冬の間の備蓄飼料が不足することから、各世帯で飼育できる牛の数は多くの場合一頭か二頭だったのである。このことから、小作人が製造できるチーズの量は非常に少なかった。中世初期、一日にとれるミルクの量は三・八リットルで（Trow-Smith 1957）、これはソフトチーズ四百五十四グラム分であるから、一頭分のミルクからできる量は二百二十七グラムということになる。

牛の乳を搾ってチーズを作る仕事は一家の主婦が担っていたが、女性たちには他にもたくさんの仕事が割り当てられていた。鶏や豚を育て、卵を集め、穀物を粉屋に運んで、挽いた粉を持ちかえりパンを焼く。ビールを作り、ハーブ畑の世話をする。子供たちに食事を与え、服を着せて面倒をみる。食事の支度をし、羊毛を取って糸を紡ぎ、毛織物やリンネルを織って衣料品や毛布などを作る。また、家事全般に必要な様々な物を作ることなど、非常に多くの仕事を抱えていた（Williams 1967）。主婦の立場からすれば、一頭分の搾乳で得たわずかのミルクからチーズを作る仕事は、全く労力に見合っていなかっただろう。

ミルクが急速に酸化し凝固してしまう温暖な地中海地方と違って、幸いヨーロッパ北西部の寒冷な気候では、搾ったミルクは一晩かあるいはそれ以上長く保存することができた。フランス北部の農家のチーズ作りは二軒分かそれ以上のミルクが集まってはじめて、長時間のチーズ製造過程に入るというものだった。このような方法は相当魅力的だったはずだ。農家の女性たちはチーズ作りを専門としていたわけではなかったので、数多くの仕事を抱える中、日々の家事の合間に滑り込ませることのできる、最も単純な作業で作れるチーズが歓迎されたのだと考えられる。

最も簡単に作れるチーズは、何世紀も前にコルメラが書いていたフレッシュチーズである。コルメラの方法を思い出してみよう。搾りたての温かいミルクにレンネットを加え、凝固を進め、凝固したカードを玉杓子でゆっくりと掬って水抜き用の小さい型に移す。コルメラは編んだ容器またはかごと書いていた。次にカードから水を抜いて固める。場合によっては小さい石か重しを載せて排水を早めることもある。小型で水分が多いので、すぐに表面に乾燥した塩をこすりつけるか、濃度の高い塩水に漬けるかする。凝固時間とか、水を抜く容器に掬って取り出す前にカードを小さくするとか（ある程度は自然にそうなるが）、水を抜いて固める際に定期的にカードをひっくり返すとかの微調整はあるものの、この基本工程はソフトで熟成したフランスの農夫チーズを作る伝統製法に酷似している。

フランス北部の農家の主婦たちは、コルメラが書いていたフレッシュチーズの製法とよく似た素朴な方法を選んでチーズを作った。しかし、出来上がったのはコルメラが想像もしなかったような多彩なチーズだった。コルメラが生きていた世界、地中海の温暖な気候では水分量の多いチーズは数日以内に消費する必要があった。細菌による腐敗が進んで食べられなくなるからである。これに対してヨーロッパ北西部の寒冷で湿潤な地域では、正しい条件が満たされれば、全く異なるチーズを生みだすことが可能だったのである。

コルメラのフレッシュチーズの製法でできるのは小型チーズで、どうしても水分の含有量が多いものになってしまう。酸味やチーズの構造上の特徴と同様、正確な水分量はそれぞれに異なるが、フランスの農夫チーズの作り手たちは三つの要点を押さえていた。

第一の要点はミルクがチーズ製造に取り掛かるまでに、どのくらいの間保存されていたかという点である。冷蔵手段がなかった時代、搾りたての（新鮮で、まだ温かい）ミルクで作る場合と、二回か、あるいは三回搾った後貯蔵したものをまとめて用いる場合とでは、出来上がったチーズの酸味の程度は、劇的に異なる。

新鮮なミルクの場合、乳酸菌の含有量は特に低く、チーズの製造過程でゆっくりと酸味を生みだしていく。その結果、酸味の少ないチーズになるというわけだ。これとは対照的に、搾乳と搾乳の間の時間、冷蔵しないまま貯蔵していたミルクでは、乳酸菌が多くなり、チーズ製造の過程で急速に酸化し、出来上がったチーズも酸味が強い。

残りの二つの要点は凝固に使うレンネットの分量と、凝固の時のミルクの温度である。両者はミルクの凝固までの時間に影響する。非常に活性のあるレンネットの場合、温度が高い（華氏八十五度から九十五度、摂氏二十九度から三十五度）ところでは三十分から一時間で凝固する。これと正反対にレンネットの活性が低く、ミルクの温度が低い場合（華氏約七十度、摂氏二十一度）、凝固に必要な時間は二十四時間になる。凝固時間が長いと、酸味の強いチーズになり、短時間で凝固させたものとは構造的に（したがって質感も）異なったものができる。

またこうしたチーズは、酸によって凝固させるタイプとは構造も質感も違っている。カードが水分を出しやすい性質を持っているため、出来上がったチーズも酸による凝固で作るチーズよりも水分含有量が少ないものになる。

フレッシュチーズから熟成チーズへ

コルメラのフレッシュチーズを作る素朴な方法は、チーズ作りの重要な変数を変えると、様々な方向へと分岐していく潜在的な力を持っていた。ここにチーズ作りの本質がある。こうした変更を加えることで、化学的にも様々に異なったチーズが、酸味も水分量も、また構造や質感も相当違ったチーズが生まれたのである。このようなチーズが最適な環境（温度、湿度、換気状態、ひっくり返したり、擦ったりするような物理的な操作を含む）で保存された場合、微生物学的な変化が選択的に促進されて、驚くような結果が出たりする。試行錯誤の経験からフランス北西部の農民のチーズ作りたちは重要な変数、保存の際の環境条件、物理的な操作を調整することを学習し、これによって、柔らかくて熟成したタイプのチーズの三つの大きなグループを発展させてきた。白カビチーズ、酸またはレンネットによって出る乳漿を利用するチーズ、もう一つはウォッシュチーズである。

白カビチーズ

牛を一頭か二頭しか飼っていない農家では、チーズ作りに入るまでに、二回か三回の搾乳で採れたミルクを混ぜて使うのが実用的だろう。

涼しいところで貯蔵していたミルクをおよそ八十五度（摂氏二十九度）に温め直して、活性レンネットで急速に（約一時間以内）凝固させる方法で、農家のチーズの作り手は水分量の多い比較的酸味の強いチーズを作りだしていた。

このチーズを涼しくて湿度の高い環境、たとえば根菜類の貯蔵用地下室のような場所で保存すると、その環境の影響を受けてチーズの表面に酵母やカビの生育が促進される。チーズの水分量と地下室の湿度が高すぎない状態なら、黒カビや青カビでなく灰色と白いカビがよく生育する。オレンジ色の色素を持ったコリネバクテリア菌状のバクテリアが後からチーズの表面にコロニーを作ることもあり、これは酸度を減少させるイーストやカビの作用による。農家の作るこのタイプのチーズは、たとえばブリー・ド・モーのような伝統的白カビチーズにいくらか類似するものだったと思われる。

今日知られている白カビチーズが当時の荘園で作られたのかどうか、また、もっとずっと後の時代、荘園が崩壊した後に農家で作られたものかははっきりしない。どちらにしても、のちに白カビチーズの技法となっていく方法を、農家の主婦が導入するきっかけとなったのが荘園の環境であったことは想像に難くない。

酸またはレンネットによる凝固（乳漿）で作られるチーズ

コルメラが書いていたフレッシュチーズの製造方法で、荘園農民のチーズ作りが手を加えて生みだした、全く新しいタイプのチーズの第二のものは、貯蔵してあった複数回の搾乳で採れたミルクを混ぜて使い、少なめのレンネットを用いて、室温（華氏約七十度、摂氏二十一度）におくことで非常にゆっくりと凝固させる（二十四時間以上）。この方法では酸凝固によるチーズに似た非常に酸味のきつい、しかし排水しやすいという特性から水分は酸凝固のものよりも少ないチーズができる。

このチーズを涼しくて湿度の高い場所で保存すると、カビの生える様など、白カビチーズと見た目はほとんど変わらない。このチーズは白カビチーズに似ているが、その構造や質感は大きく異なっている。このタイプの製造法は特にフランス西部、ロワール川以南に普及していた。農民たちが伝統的に牛よりもヤギを飼育していた地域である。この技術がクロタンやサント・モールのようなヤギ乳から作る、小型の酸凝固によるチーズを生みだしたのである。

ウォッシュタイプのチーズ

数頭の牛を飼うことのできた農家では、搾乳後すぐにチーズ作りを始められるだけのミルクが採れたのだろう。荘園の農家の女性がコルメラのフレッシュチーズの手法（まだ温かい新鮮なミルク

を、非常に強いレンネットで急速に凝固させる方法）をそのまま修正しないで使ったとしたら、出来上がったチーズは水分量の多い、しかし酸味の少ない特徴のものになっただろう。

このチーズを、根菜用の地下室のような涼しくて湿度の高い環境で保存すると、チーズの表面には酵母が発生しやすくなり、そこにオレンジ色の色素を持った、コリネバクテリア菌が増えていく。初めは偶然の産物だったが、のちには計画的に、チーズの表面に付着した、ピンの先ほどのオレンジ色のコリネバクテリア菌のコロニーを擦って、チーズの表皮全体に手で塗り広げ、濃度の低い塩水で湿らせることで、赤みがかったオレンジ色のバクテリアの層がチーズの表皮全体に広がるようにしたのではないだろうか。

この基本技術は塗抹熟成とかウォッシュと呼ばれる一つのグループを生みだした。フランス北西部のチーズの作り手はこの方法を用いて、ポン・レヴェックなどのコリネバクテリア菌が優勢なタイプのチーズを作りだした。ウォッシュタイプのチーズは、ヨーロッパ北部の修道院でのチーズ作りと長年にわたって関係があったことから「修道院のチーズ」と呼ばれることも多い。

ウォッシュタイプのうち、マルワールやマンステールなどは中世初期の修道院にその起源を求めることができると言われている（Rance 1989）。実際、修道院のチーズ作りはウォッシュタイプのチーズを作るのには大変良い条件がそろっていた。修道院の牛や羊から搾乳したばかりのミルクが大量に手に入るうえ、修道院の建物の中には石造りの地下室があって、チーズを熟成させるのに必要な、室温が低く湿度が均一な環境が備わっていたのである。

また、素朴なウォッシュチーズの製造工程は午前中に四時間、午後に四時間を労働に当てる修道院の厳格な生活規則に非常によく適合していた。自給自足で暮らす修道院で、もろいウォッシュチーズを作るのは、市場まで運ぶ途中で破損したり、紛失したりするリスクがなく、作ったその場所で消費するため理想的であった（Kindstedt 2005）。

ポン・レヴェックのようなウォッシュチーズはその作り手が独自に技術を発達させたのか、近隣の修道院のチーズ作りから学んだものだったか、はっきりしたことはわからない。しかし、知識の交流が行われていた可能性は確かにある。ランス（Rance 1989）によれば、中世の修道院の中には所有地内の平信徒のチーズの作り手にチーズ作りの秘訣を教えているところもあったという。

要約すれば、フランス北西部の農家で行われたチーズ作りでは、簡単な作業や貯蔵条件を微調整することで、しだいに予測可能で望ましい結果が出せるようになっていた。「腐敗をコントロールする」と表現するのが最も適切な彼らのやり方が、今日のソフトで熟成したチーズの前身となるものを誕生させたのだった。それが、いつ、どのようにして起きたのかは正確にはわかっていないが、中世に書かれた資料によれば、ソフトで熟成したチーズがすでに中世初期には作られていたことを示す、いくつかのヒントがみつかる。

カール大帝も愛した熟成チーズ

たとえば、八二二年以降の管理者の命令を詳細に編纂した、「コルビーの慣習」として知られている資料からは、中世の修道院と荘園のチーズ作りの様子を垣間見ることができる。「慣習」によれば、フランス北西部にあったコルビーの修道院では夏の間、十群れの羊から「ハウス」チーズを作っていたという。修道院はこの他にも二十七か所の荘園かまたは村を所有しており、そこから十分の一税（全生産量の十分の一）の形で食糧が供給されていた。各荘園の運営は修道院が指名した修道僧か、「行政長官」が行っていた。

羊を飼っている荘園もあればヤギを飼っているところもあり、修道院に近い荘園からは新鮮なミルクが、遠い所からはチーズが十分の一税として納められた。税としてのチーズは腐敗による損失を防ぐために、毎月修道院まで届けなければならない決まりになっていたことは興味深い。

十分の一税を納めるには、ヤギの場合にも、羊について書いたと同じことが細部にわたって行われなければならない。雌ヤギのミルクを修道院に運ぶなら、十分の一税はそこで納めることになる。もしそうしないなら、ヤギを飼っている各村の代理人か行政長官が細部にわたって監督にあたり、チーズの形で徴収を行う責任を負う。その場合、十分の一税が毎月いくらになろうとも、門まで運んでこなければならない。熟成しすぎで腐らせてはならない。

（Horn and Born, Vol.3, 1979, p.115）

これらのチーズが数日以内に消費しなければならないフレッシュチーズでなかったこと、それと、何カ月も保存がきく乾燥した熟成チーズでもなかったことははっきりしている。これらのチーズは中程度の保存期間しかなく、これは北西ヨーロッパのこのあたりの地域でできる数多《あまた》の柔らかいタイプで熟成させたチーズの特徴なのである。したがって、コルビーの荘園チーズの取り扱い方からみて、チーズ作りは九世紀にはソフトで熟成型のチーズが多様化し始めていたのではないだろうか。

九世紀の神聖ローマ帝国初代皇帝、シャルルマーニュ（カール大帝）の伝記から、柔らかい熟成タイプのチーズが、新時代を切り開いている様子を知ることができる。スイスにあるサンガルの修道院の修道僧だった、シャルルマーニュの伝記執筆者ノートカーは、シャルルマーニュが旅の途中で珍しいチーズと出会ったという話を書き留めている。

カール帝は、この旅のちょうど通り道に当たる場所に住んでおられる司教様のところをご訪問になった。週の第六日のその日、獣の肉も鳥の肉も召し上がる気分になれなかったが、司教様もまた土地柄、不意のことで魚を調達することができないからという理由で、豊かな風味のクリームのような素晴らしいチーズをお持ちするように命じられて、帝の前に置かれた。非常に自制心の強いカール帝は平生と同様に快い態度で、司教様に恥をかかせないようにそれ以上の食物を所望されなかった。しかし、まずいだろうと思われてナイフを取って皮を切って取り除かれると、チーズの白い部分に取り掛かられた。司教様は召使いのようにそばに立っていらっしゃったが、近づいてきて、おっしゃった。「なぜそのようなことをなさるのですか、皇帝陛下。そこは最も素晴らしい部分でございますよ」。カール帝は誰に対しても誠実で、したがって、周りの人間も信頼なさる方であるから、司教様のお勧めに従って、皮の部分を口に入れ、ゆっくりと噛んでバターのように飲み込まれた。それから司教様のおっしゃる通りだと同意なさり、「実にそのとおり。素晴らしいもてなしである」

と言われた。そして「毎年私のところに馬車二台分、このようなチーズを届けるように」と付け加えられた。この任務は不可能なので司教様は地位も職責も解かれるのではないかと恐れながら、次のように言い返された。「皇帝陛下、チーズを調達することはできますが、どれがこれと同じ品質で、どれがそうでないかを申し上げることはできません。お叱りを受けるのではと心配です」。カール帝のその洞察力と優れた能力はどんなに新奇なことに対しても発現される。子供のころからこのチーズのことはよく知っていても、中身の味の検査をすることのできない司教様に、帝は次のようにおっしゃった。「チーズを二つに切って、正しい品質であるとわかったチーズを串で刺して接着させ、自分の地下貯蔵室で保存して、それから私のところに届けさせるように」。

（Grant 1966; pp. 79, 80）

もしノートカーの話が真実なら、シャルルマーニュ帝は表面が熟成した柔らかいタイプのチーズに感動したのだと思われる。おそらく、白カビチーズか、ウォッシュタイプのチーズで内部がクリーム状のものだろう。この原文からブリー・チーズの古典型が確認できると主張されてきたが（Rance 1989）、そうした主張はノートカーの原文に基づいてはいない。この出来事があった場所も特定できないし、細部の説明も十分でないので、どのチーズなのかは推測の域を出ないのである。

シャルルマーニュが取り分けたチーズの部分の翻訳について、「皮を切って取り除く」という部分が「カビを取り除く」と置き換えられることから、ドルビー（Dalby 2009）は問題のチーズはブルーチーズではないかと主張している。しかし、この語の翻訳をめぐっては過去一世紀の間に出版された少なくとも三通りの英語訳が競合しており、「皮を切り取った」（Ganz 2008; Grant 1966）や「皮を捨てた」（Thorpe 1969）などの訳がある。

プーラ（Pourrat 1956）はさらに進んで、問題のチーズはロックフォールだと明言した。このような推量は原文から読み取れるものを超えて奇跡を信じるようなものだが、チーズに関するよく知られた著作にも、神話としか言えないような信用できない話が横行している。そのような根拠のない作り話は確かに面白いけれども、市場での取引や販売促進、あるいは、たとえば、ＥＵの原産地名称保護ＰＤＯなど、特殊な法的ステータスをどこかの決まったチーズメーカーに与えるなどという場合に、それを正当化することに利用される危険性も高い。この話は第九章でまた取り上げる。

ソフトで熟成した農家のチーズの起源が何であれ、今日まで生き残ってきたことは奇跡に近い。

北フランスでは十世紀ごろになって荘園の崩壊が始まったことが一つの転機となった。この地域の大荘園の領主たちは、いつの間にかクモの巣のように広がった封建的な義務に繋がれていた。領主たちは武装した家臣や騎士に安全と貴族的権威の確保、強化を頼むようになっていた。家臣たちの軍事的な奉仕への見返りとして、土地を与えることが多かった。

ヴァイキングの侵略が繰り返された十世紀の混乱の中で、荘園領主たちが武装を強化するにつれて、荘園制から封建的土地制度への変化は速度を増したのだった。

地域の市場経済が未発達の時期に、荘園は封建領主の領土へと再配分され、さらにかつて農奴として働いていた荘園の小作人たちや、新たに加えられた封建領土の小作人たちに再分割された（Bloch 1966;

Doehaerd 1978）。荘園が消滅するのと同時に、小作人としての奉仕と労働の義務も消えたのである。そのあとにはかつて農奴の持っていた土地より広い、小規模の小作農園が出来上がってきた。それと同時にかつて大規模荘園の中にあった農奴の村は、地元の農民たちの村になった。

このような小さな農場と村、村の市場という風景はフランス北部では驚くほど変化しなかった。そして、柔らかい熟成農夫チーズのできる場所となったのである。他方、フランス北部では荘園が早い時期に解体したため、荘園でのチーズ作りには終止符がうたれた。荘園のチーズはすっかり消滅してしまったか、あるいはそのチーズ製造の秘訣は農民に伝えられ、自分たちが食べる分だけ作られていたかのどちらかだろう。

これとは対照的に、イングランドでは中世の終わりまで、大規模な貴族的荘園制の崩壊はなかった。イングランドはそのころまでには強い市場経済を立ち上げており、農民による小規模農業は衰え、市場原理に従った自由農民ヨーマンの農業の時代となった。急激に小規模農業が衰えたため、イングランドの農民チーズは同時に失われ、そのチーズを作っていたという記憶も薄れていった。これに対して、荘園で行われていたチーズ作りは荘園が崩壊したのちにも長く続けられ、イングランドの固く締まった圧搾チーズの前身を生みだしていったのである。

イングランドの荘園チーズ

雌牛か数頭のヤギを中心にして行われる農夫チーズ作りとは異なり、フランス北西部とイングランドの荘園チーズ作りは主に、大きな群れの羊乳を用いて行われ、中世初期にはそれが地域の牧畜経済の中心を担っていた。羊毛生産と織物製造のための羊の飼育は、ローマに占領されていた時代に集中して、牧草が豊かに生育した広大な塩水性湿地帯のある海岸沿いの地域で発展した（Trow-Smith 1957）。この青々と牧草の茂った海岸沿いの湿地帯は塩分含有量が高く、湿地の草地を利用する羊に起こりやすい悪性の足の感染症を防いだ。

こうして羊の飼育が盛んになり、フランス北西部とフランドル地方はローマ時代に織物で有名になった。北方の前線でわびしく寒い冬を迎えている軍隊に、暖かい衣料品や毛布を供給して喜ばれた（Nicholas 1991）。ローマに占領されていた時代にはイングランドもまた盛んに羊毛の織物を生産していた（Wild 2002）。

西ローマ帝国が崩壊し、ゲルマン民族の侵入による混乱した時代が過ぎ去ると、新しいフランク族（フランス）とアングロサクソン族（イングランド）の封建領主たちが、羊毛生産を基礎にした牧畜経済を復活させた（Nicholas 1991; Wild 2002）。九世紀、羊の大放牧場では羊毛を生産し、フランス北部やフランドル地方の織物製造の中心地に再び供給を始めていた。またイングランドでも羊毛が生産され、フランスやスカンディナビア地方へと織物を輸出していた（Trow-Smith 1957）。羊毛貿易が拡大する中、羊のミルクによるチーズ作りが羊の飼育に携わる大荘園直営地の、もう一つのビジネスになることは当然の成り行きだったと言える。

荘園直営地のチーズ作りに関してわかっていることのほとんどは、イングランドのものである。ここでは荘園が中世の終わりまでずっと継続しており、はるかに早い時期に荘園が（荘園のチーズ作りも同時に）終焉を迎えたフランス北部とは対照的であった。

アングロサクソン時代、イングランドにおける荘園のチーズは、牛乳ではなくほとんどが羊乳から作られていた。雌牛は主として繁殖用の家畜で、並んで鋤を引かせる雄牛を確保する必要から飼育され、搾乳が目的ではなかった（Trow-Smith 1957）。他方、羊は羊毛（第一）とミルク（第二）という二つの目的を持って飼育されていた。

こうした初期のアングロサクソンの荘園チーズはどのようなものだったのだろうか。最も可能性が高いのはコルメラが書いていた、熟成したペコリーノ・ロマーノのタイプのチーズである。ローマ人地理学者ストラボンによれば、ローマ人の侵入の時代、大陸にいたケルト人たちはチーズ技術を見事に発展させたが、ケルト族のブリトン人たちはそれほどにはチーズ作りに熱心でなかったという。

体格はケルト人よりも頑強ではないが、ブリトン人たちはケルト人よりも背が高く、髪の毛はそれほど黄色くない……。習慣はケルト人とよく似ているところもあるが、より質素で粗野である――未熟なために非常に粗野なのだ。ミルクは十分にあるのに、チーズを作らない……。

（Jones and Sterrett 1917, Vol. 2; p.255）

ローマの支配下で、羊毛とチーズの製造は、半永久的に駐屯しているおよそ四万五千人のローマの兵士たちに衣料と食糧を供給するため、最優先事項となった。こうしてローマのチーズ作りはイングランドの田舎にしっかりと根を下ろした。ローマの後を継いだアングロサクソン人たちは羊乳チーズの製造の専門知識を、ローマ化していた村の奴隷やチーズの作り手として仕えていたブリトン人から吸収し、ローマ人が残した農業経済の基盤を継承した。イングランドにチーズ作りを導入したのはローマ人が最初ではなかったのだが（イングランドでのチーズが新石器時代にまで遡ることを思い出していただきたい）、ローマ人の技術とその道具を借用して小型（〇・九〜二・七kg）で円筒形、非加熱の軽く圧搾して表面に塩をした、羊乳のチーズが大きく発展した。このことは、その後の何世紀にもわたってイングランドのチーズ作りに大きな影響を及ぼしている。

新たに入植したアングロサクソンの王たちは、家臣たちに荘園の形で土地を与えることで褒賞とし、これによって荘園領主という貴族的階級が生まれた。荘園領主たちは見返りに、荘園からの収益のうち、食物を年貢として王に納める義務があった。チーズは毎年王に納める食品のリストに載っていることが多かった。

たとえば、ウェセックスのイネ王が七世紀に発布したアングロサクソンの法律には十ハイド（大まかに計算して四百五ヘクタール）の土地ごとに荘園領主は毎年他の食品とともに十個のチーズを差し出さなければならないと明記されている（Hodges 1982）。また年貢については特許状に書かれ、王から貴族に与えられた土地の法的な契約書となった。一例をあげると、八世紀の半ば、ウェセックスのエゼルバルド王はエアンウルフという名の貴族に、グロスターシャーの六十ハイドの土地を荘園として与え、後にそれがエアンウルフの孫のマーシア国の王オッファに相続された。荘園の特許状によるとこの場合の年貢は、イネ王が定めた六十個でなく四十個のチーズが相当したという（Whitelock 1955）。

荘園から上がってくるチーズの年貢で王の収入は、九世紀には地域によっては相当な量になっていた。たとえば、八五八年ごろ、ケントの海岸沿いの湿地の領地では四十ウェイ（四トン近く）のチーズが、年貢としてエセルバルト王に納められたという（Trow-Smith 1957）。

ケントの北、エセックス、サフォーク、ノーフォーク（まとめてイーストアングリアと呼ばれる）では、羊の飼育とチーズの製造はさらに大きな発展を遂げた。イーストアングリアの羊乳のチーズは十一世紀にはよく知られており、特に海岸に近いエセックスとブラックウォーターと、テムズ川の河口で生産されるチーズが有名になっていた（Faith 1994）。

イギリス海峡の大陸側、フランス北部とフランドル地方の海岸沿いの湿地でも、同様の大規模な荘園チーズ製造が同じ時代に始まっていた。八世紀の終わりに行われた調査によると二千八百ヘクタールあるアナープの王のヴィラでは、四十三荷（一・二トン）のチーズが貯蔵庫に納められていたという（Duby 1968; Pearson 1997）。

イギリス海峡の両岸、多数の羊を飼育している地域の荘園でチーズ作りが特に発展したことは明らかである。

一方、大陸側では目立って大きなサイズのチーズが製造された。例をあげれば、セーヌ川下流のフォンテネラの修道院では、フランス北部やフランドル地方の何か所かの荘園から小作料として特別大きなチーズを受け取っていた。特に、九世紀初めごろの修道院の記録によれば、ブーローニュとテウアンヌ、コリアリスにあるフォンテネラの修道院が所有する土地では修道院に一個が三十四kgのチーズを、それぞれ年間二十一個、十五個、三十個供給しなければならなかったという（Horn and Born 1979）。小型の円柱形のチーズを作っていた古代ローマの技術では、これほど大型のチーズは製造できなかっただろう。

同じころの中央ヨーロッパの修道院の記録によると、古代におけるケルト人のチーズ作りは中央ヨーロッパの山岳地帯だけで続けられていたということだが、このことがフォンテネラの荘園の大型のチーズの起源を探るカギになるかもしれない。

たとえば、九世紀、スイス東部のサンガルの修道院では、大型の車輪型のチーズを荘園から受け取っていた。ビケル（Bikel 1914）は、これらのチーズは彼の時代（二十世紀初め）のスイスの大型山岳チーズと同様の大きさだという。

山岳チーズを製造した九世紀の技術が、ローマによる占領の時代に中央ヨーロッパにいたケルト人のチーズ作りの方法に基づいていたことは、ほぼ明らかである。その方法はメナピ族などのケルト人の入植によってフランス北西海岸地方やフランドル地方に運ばれたのではないだろうか。ローマ占領時代、彼らは長く保存できるケルト人のチーズをローマへと輸出していたのである。ケルト人のチーズ製造方法はフランス北西部とフランドル地方に定着し、中世初期にはこの地域の荘園でのチーズ製造に影響を及ぼし続けたのである。

しかし残念なことに、フォンテネラ荘園の大型チーズはその後姿を消し、どのようにして作られていたのか、どのような姿のものだったのか手掛かりとなる記録は何も残っていない。

時代が過ぎるにつれて、上流の貴族たちは（また修道院も）あちらこちらに荘園を手に入れるようになった。イングランドでは、遠くに散らばった荘園をフィルマリ（firmarii）と呼ばれる永久小作農民に貸し出すことがアングロサクソン人たちの間で行われていた。フィルマリウス（firmarius）は見返りに荘園所有者に納めることが義務付けられていた年貢のことで、チーズを含む食物だった。荘園のチーズは「現物給付の」通貨として、王への年貢だけでなく上流貴族の荘園領主に支払うべき小作料としても使用されていたのである。荘園内部でチーズは食糧となり、荘園の職員や労働者への報酬として使われた（Hagan 2006）。また年貢や小作料、給料などを払った後に、何がしかでも余分にチーズが残れば、一般の市場で売ることができた。

“乳搾り女”たちが担うチーズ作り

アングロサクソン時代の荘園チーズ製造に関する数少ない残存資料の中に、〈階層別慣行規定書〉すなわち「様々な民族の権利と階級」という、ノルマンの征服（一〇六六年）よりおそらく半世紀ほど遡る時代に書かれた資料がある（Douglas and Greenaway 1953）。この資料の中にアングロサクソン人の荘園組織に関して様々な記述が残っている。それによれば、荘園内で働く者のうち、専門的な職務に就いている者、羊飼い、牛飼い、ヤギ飼い、チーズ職人には、「給付外給付」といった特別手当が支払われていた。チーズ職人には特典としてチーズの製造期間中、一シーズンにつき百個のチーズが与えられていたという（Douglas and Greenaway 1953）。

〈規定書〉の中のチーズ職人たちが女性である点に注目しておこう。職業的なチーズの作り手として女性たちはアングロサクソンの荘園で働き、また同時に農民の側でもチーズを作った。乳搾り女《デアリーウーマン》またはその下の担当者《デアリーメイド》としての地位は、すでに中世初期において荘園経済の中に根付いていた。“乳搾り女”は何世紀にもわたって伝えられてきた荘園のチーズ製造上の「秘密の知恵」の開発者であり、保管人だった。中世末、荘園が崩壊した時、その知恵は独立自営農民、ヨーマンの〝乳搾り女〟の手に渡され、イングランドの素晴らしい圧搾チーズのグループの中に実を結んでいったのである。

中世、羊の搾乳時期は四月の下旬から八月の下旬ごろまで、約百日間だった（Trow-Smith 1957）。とすると、〈規定書〉によれば、チーズ職人の女性にはこの時期の間一日に一個のチーズが報酬として与えられたことになる。チーズのサイズは不明だが、イギリス海峡の反対側の岸の荘園で作られていたような三十四kgのチーズでなかったことは明らかだ。

もしもまだ古代ローマの技術が使われて、非加熱で軽く圧搾し、表面に塩をまぶした円筒形の〇・九から二・七kgのチーズを製造していたとしたら（その可能性は高い）、チーズ職人は毎日百頭の羊乳からできる四から八個の円筒形チーズのうちの一個を手に入れたのだろう。このチーズの産量見積もりは中世のころの羊の一日当たりのおよその搾乳量を、羊乳の成分の濃い部分も計算に入れて算出している。したがって、典型的な一個分のチーズを作るのに、二十頭から二十五頭の羊の一日分のミルクを混ぜて（すなわち二回の搾乳分）使用する必要があった。

チーズ職人は荘園領主のためにバターを作ることも要求された。しかし、バターはチーズを作る際に出るホエイから作られるのであって、ミルクから集めたクリームからではないという点が重要である（Douglas and Greeaway 1953）。牛乳と違って羊乳は簡単にはクリームの層を分離しない。牛乳の中に含まれているクライオグロブリンというタンパク質が欠けているからである。このタンパク質は油脂の小滴を集めて固まらせ、急速に表面に浮かびあがらせる。

クリームを生じさせることができないので羊乳から直接バターを作ることはできなかった。しかし、チーズを作る過程では羊乳の中にある油脂の約十％がホェイの中に排出される。このホェイの油脂の多くは表面からすくい取ることができ、こうして再び集められた「ホェイクリーム」を攪拌するとバターとバターミルクになる。この方法で作られたバターは荘園領主に、バターミルクは羊飼いとチーズ職人で分けられた。ホェイクリームを取り除いた後のホェイは、羊飼いと荘園の女奴隷（召使い）とで分配され、一切捨てるところがなかった。

ホェイから採れるバターの量は比較的少なく、四十五kgのチーズに対して、およそ〇・九kgだった（Trow-Smith 1957）。したがって、バターはアングロサクソンの時代では贅沢品で、中世後期、酪農が羊乳から牛乳（クリームの分離が速い）に比重を移して初めて、バターは広く手に入るようになったのである。

一〇六六年のノルマン征服によって、アングロサクソン人のイングランド支配は終わりを告げ、市場原理に則った荘園チーズ製造の新しい時代が始まった。大陸との貿易は新たなノルマン人支配者の下で飛躍的に成長し、まもなくチーズもイギリス海峡を渡ってノルマンディーへと輸送されるようになった。トロアルンの修道院など、ノルマンディーの修道院はノルマン人貴族からイングランドの荘園を寄進されると、同時にその地からチーズを含む農産物の輸入をする権利も手に入れて、チーズの輸出のさきがけとなった。イングランドのチーズはすぐに大陸でも高い評価を受けるようになった（Farmer 1991; Gulley 1963）。

ノルマンディーの北では、フランドルとイングランドの間の羊毛貿易が急速に成長し、それと連結して、イングランドのチーズの輸入が進んでいった。北海に面した港で、ライン川河口に位置している立地条件が、繊維製品を中央ヨーロッパ、イングランド、スカンディナビア、フランス沿岸部へ輸出する際、フランドルの海上貿易の商人たちに有利となっていた。

十一世紀には、フランドルはアルプスとピレネーの北、繊維製造の抜きん出た存在として現れる。フランドル地方の繊維工業の繁栄によって、急速に都市化が進み、人口が増加して、この地域の食糧生産能力を超えてしまった。

フランドル地方の貴族たちは広範囲の土地の改良をすることで問題の解決にあたった。海岸地方の沼地の水を抜いて埋め立て、耕作に適した土地に改良しようとしたのである。この一帯はかつて、ある季節だけ羊を放牧するための草地としてしか利用価値のない土地だった（Nicholas 1991）。しかし、新しい農地の干拓は増え続ける人口に追いつくことができず、食糧の輸入がますます必要になった。

フランドルはイングランドからの輸入穀物とチーズへの依存を高め、これまでの羊牧場が耕作地に転換されると、以前より一層羊毛をイングランドからの輸入に頼ることになったのである。時代が下がるにつれて、フランドルの食糧輸入は増加の一途をたどり、上流貴族や増大化する商人階級は、織物を増産し、布地の輸出を増加させることで増え続ける輸入食糧のための資金調達を行った（Miller and Hatcher 1978）。

羊毛価格はフランドルでの需要の増大に反応して高騰し、イングランドでは羊の飼育は以前にもまして利益があがるようになった。当然の帰結として、イングランド中の荘園、とくにエセックスなどのイーストアングリアでは、さらに多くの羊を飼育するようになって、十二〜十三世紀には羊毛生産がさらに増加した。また、羊毛をフランドルに輸出する商人が羊毛と一緒にチーズの委託買い取りを行って、フランドル地方の町で販売するようになると、羊乳チーズの製造もさらに飛躍的に増加した（Farmer 1991; Trow-Smith 1957）。

十二〜十三世紀、イングランドでは農業が市場経済に動かされる傾向が強くなっていた。フランス北部で大きな荘園が次々に崩壊して、その後、数世紀にわたって自立した農民の小さな農場や村に分化して行ったのに対して、イングランドでは荘園は運営を合理化して利益の最大化を図った。大陸との貿易が劇的な成長を遂げ、貴族の間で目新しい贅沢品や高級品への需要が高まり、次々に輸入されるようになると、イングランドは新たなインフレの圧力を受けるようになった。

旧来のアングロサクソンの領主が行ってきた、生涯にわたって土地を貸し出して賃料を一定量の食品でも受け取る遠隔地荘園の農業制度では到底持ちこたえられず、この時代の新しい市場経済に対して、素早く対応することができなかった。そこで、十三世紀には、荘園領主たちは一生涯土地を貸し与える制度から、職業的な管理人（監督官、荘官）をおいて直接土地を管理する方法へと切り替えた。領主が彼らを雇って、荘園業務の詳細な経理報告を出させるようにしたのである（Miller and Hatcher 1978）。

チーズ製造に合理化の流れ

荘園が効率と収益性を重要視するようになったことが最もよく表れているのが、十三世紀の終わりにイングランドで書かれた農場経営に関する三大農書、『Seneschaucy』、『ウォルター・オブ・ヘンレイ』、それと『畜産学』である。『Seneschaucy』では、荘園の管理と会計について細かく言及するとともに、専門的な職責を担っている様々な担当者の責任について強調している。また同書では〝乳搾り女〟の任務について、次のように書かれている。

〝乳搾り女〟は誠実で、評判がよく、清潔でなければならない。仕事や仕事に関係したことをよく知っていなければならない。〝乳搾り女〟見習いやその他の者がミルクやバター、クリームなどを持ち去ったりしないように気をつけなければならない。できあがるチーズが減り、乳製品が失われるからである。チーズの作り方、塩の加減、保存方法をよく理解していなければならない。毎年新しく買わなくても済むように、乳製品の容器の手入れを怠らない。チーズ作りを始める日、材料の重さ、二個のチーズを作りはじめる日、数や重さを変えるべき日を知っていなければならない。

荘官や監督官は何度もチーズやその他の乳製品をよく調べて、数がいつ増え、いつ減るか、その重量、損失や盗難がないかどうか、何度も調べること。何頭の牛がチーズ一個とバターを作るか調べ、何頭の雌羊がいると同じだけのチーズができるか知ること。そうすれば間違いのない計算ができる。

(Oschinsky (1971) Walter Of Henley And Other Treatises On Estate Management And Accounting. Pp. 287–289. By permission of Oxford University Press)

〝乳搾り女〟頭は、家畜の乳を搾り、チーズ作りを手伝う見習いたちを監督した。〝乳搾り女〟頭には、チーズとバターを最大量生産することと盗難を防ぐ責任があった。調査と監査を繰り返して、バターとチーズの生産の目標量が達成できているか調べる荘官と監督官の質問に、きちんと答えなければならなかった。荘園のチーズ作りがビジネスとして利益を上げることを目標にしていたことは言うまでもない。また、牛乳と羊乳のどちらもチーズ作りに使用していた点は重要である。

十三世紀にはチーズの生産は羊毛生産と切り離され始めた。牛はミルクの生産のため、羊は羊毛生産のためにそれぞれ飼育されるようになった（Farmer 1991）。こうして大荘園でのチーズ製造は羊乳から牛乳へと移行していった。その結果、イングランドの羊乳チーズは十五世紀の終わりまでにほとんど姿を消してしまったのである。

最後に、チーズのサイズの規制が経営管理の重要な問題であった点を記憶にとどめておきたい。各シーズンの初めには一個の大型チーズが製造されたが、ミルク量がピークを迎えるころには、一個のチーズにしては大型になりすぎるため、二個かそれ以上のチーズが製造された。修道院の荘園に残っている十三世紀、十四世紀の記録によれば、以前よりチーズの数が少なくなっている（多くの場合一個だけ）が、より大型のチーズになっている。平均でおそらく四～四・五kgで、時には八kgもあった（Finberg 1951; Page 1936）。

より大型のチーズは、残留水分量との関係で品質上に別の問題を生じるため、チーズのサイズの調節は優先事項になってきた。特に、小型（〇・九～二・七kg）で円柱型の非加熱、軽く圧搾して表面に塩をまぶしたチーズを製造するローマの技術を使って、大型（四・五～六・八kg）で円柱型のチーズを作ると、体積の割に表面積の小さいものとなり、熟成の際に過度に水分量が失われないことになっただろう（ルナチーズについての第五章での議論参照）。残留水分量が多すぎる場合、内部からの腐敗の危険性が高まるのである。

したがって、ある時点から、おそらくちょうどこの時代から、荘園チーズの職人は円柱型のプレス型をやめて、より薄い車輪の形の型に変えて、チーズの表面積を大きくして水分の蒸発量を増やしたのではないだろうか。車輪型のチーズは四～五センチの高さで、直径は三十八センチ、しかしまだ非加熱で軽度の圧搾、表面に加塩という旧来のローマの技術で製造されていた。これが十七世紀初期のころの基準だった。このころチーズの製法は細部にわたって記録され、はじめて歴史資料として手に取ることができるようになったのである（Foster 1998）。しかし、厚みの薄い車輪型のチーズへの移行はすでに何世紀も前、より大型のチーズが荘園で製造されるようになった時に始まっていたのだと思われる。

『ウォルター・オブ・ヘンレイ』は『Seneschaucy』の発刊後、『Seneschaucy』の特定の章の解説書として作られた。酪農製品の製造に関して、『ウォルター・オブ・ヘンレイ』は、季節的な牧草の質の変化に基づいて、チーズとバターの正確な目標生産量が公式化できるよう、監督官が繰り返し調査を行うように指導している。良質な牧草は中レベルの牧草と比較して五割増しの生産量が期待できるというのだ（Oschinsky 1971）。『ウォルター・オブ・ヘンレイ』は『Seneschaucy』からさらに一歩進んで、ミルク供給量（牧草の質で変わる）によって変化し続ける、チーズとバターの生産量のモデルを算出しようとした。それによって、〝乳搾り女〟が達成できる実際の生産量を理論上の最高値に一致させることが可能だったのである。

農場経営に関する第三の農書、『畜産学』もまた乳製品製造の産出量に焦点を当てているが、さらに新しい要素を加えて、牛乳からチーズを作る時のバターとチーズの割合を最適化して、利益を最大にすることを目指している。『畜産学』によれば、〝乳搾り女〟はチーズを七ストーン（約四十四kg）作るごとにバター一ストーン（六・四kg）を生産しなければならない。さらに五月一日から聖ミカエル祭（九月二十九日）までのチーズ生産期に、それぞれの牛は五と二分の一ストーンのチーズを作らなければならない。その場合、バターとチーズの比率は一：七の比率である（Oschinsky 1971）。

バターとチーズの比率が一：七というのは、ホェイからバターを作る場合は目標としては高すぎる数値である。明らかに、牛乳のクリームから少量の油脂を取って攪拌し、バターにする方法が、このころにはごく一般的に行われていたのが見て取れる。部分的に油脂を取り除いたミルクを使いながら、可能な限り多くのバターを産出することが、収益を最大化する鍵であった（市場ではチーズよりバターの方が価格が高いため）。かといって、大幅に油脂をカットしてチーズの品質を落としてはならない。『畜産学』はこの比率を一：七とし、ローファットチーズの大きな品質劣化を防ぐためにチーズミルクの中に十分なクリームを残した。しかしこれが常時行われていたとは思えない。地域によってはバターの方に比重が移って、それによってチーズの品質に深刻な影響が表れたケースもあっただろう。これについてはのちほど触れる。

大規模な修道院に残る記録からも『Seneschaucy』、『ウォルター・オブ・ヘンレイ』、『畜産学』に書かれている手法で十三～十四世紀には荘園の生産活動が実際に体系化され、合理化されたことがわかる。バター対チーズでバターの比率が高くなってきた荘園もあった（Page 1936）。

複雑な見積り計算をしてはじき出された生産目標を、荘園領地の生産能力向上に活かす荘園も現れてきた。一例をあげると、ウィンチェスターのセント・スウィザン修道院では、シーズン中のバターとチーズの生産量は、一頭一頭の牛や羊からの平均搾乳量の目標に見合うことが求められていたという。監査官や乳業警備員のチームが継続的に実際のチーズとバターの製造を監視し、目標値と比較していた。目標値に達しなかった監督者は不足額を現金で支払う責任があった（Drew 1947）。チーズとバターの生産にまつわる経済は、イングランドのチーズ製造の変化と革新の強力な原動力となった。

羊乳によるチーズ製造が終焉を迎え、牛乳によるチーズがそれに代わると、莫大な収益を誇った羊毛生産の潮流も十四世紀には変わっていった。一二七〇年ごろから繰り返し病気が発生して、イングランドの羊の群れを襲った。一三三七年から一四五三年まで続いたフランスとの百年戦争もまた、大陸への羊毛輸出を繰り返し中断させたり、経費をつりあげるなど、羊の産業に被害を与えた。また、資金繰りに困ったイングランド政府は、戦費を調達するために羊毛輸出の税金と関連経費を引き上げて、羊毛生産者の利潤を減らした。

同じころ（一三八六年ごろ）、イングランド軍はフランス北部のカレーの駐屯地に食糧を供給するために、イーストアングリアにチーズの調達を委託した（Trow-Smith 1957）。イーストアングリアはこの時にはすでにフランドル地方へのチーズ輸出の長い歴史があり、チーズ用のミルクはこれを機に羊乳から牛乳へと切り替えられた。これによってイーストアングリアは軍へのチーズ供給の主たる地位を占めるようになり、この役割はこの後に続く二世紀間に劇的に拡大する。

追い打ちをかけるように、一四三〇年代と一四四〇年代のそれぞれ十年間、極端に降水量の多い年が続き、羊の病気の波がイングランドのすべての州を襲った（Mate 1987）。これによって羊毛産業はさらに下火になり、羊乳のチーズは実質上の終わりを迎えた。

すでに牛乳への切り替えを行っていた地域のイーストアングリアだけでなく、サマセットやグロスターシャー、ウィルトシャー、それからチェシャーなどの西部地域でも市場に出すチーズを牛乳から作るようになり、羊乳チーズの製造を続けていたわずかな数の荘園をうち破り、市場から閉めだしてしまった。

こうした情勢の上に、さらに人口の劇的な変動が重なった。鼠蹊腺《そけいせん》ペストが一三四八年から一三五〇年にかけて爆発的に流行し、この期間にイングランドの人口の三十から四十五％の人が死亡したのである。労働力人口の減少で、多くの労働力を必要とする荘園農業は大打撃を受けた。その結果、荘園農業は衰退し、資本主義的な自作農階級、ヨーマンリーの台頭を迎えるのである。荘園が崩壊するにつれて、膨大な数の農民が田舎からロンドンやその他の人口集中地域へと、仕事を求めて流入してきた。イングランドに初めて巨大な都会と新しいチーズの市場が誕生した。このロンドンの市場がイングランドのチーズの歴史の次の章に深く影響する。これがヨーマンのチーズである。

山で作られるチーズ

中央ヨーロッパの山岳地帯では、チーズ製造はローマ人が占領するよりも前から十分に発達していた。ストラボン（一世紀）が、アルプスの北側の斜面に沿ってチーズ作りが広く行われていたと書いていたのを覚えているだろうか。ストラボンによると、この山岳チーズはケルト人が多く住んでいる谷間や平野の定住地へと運ばれたという。このチーズはごつごつと固く、日持ちの良いものだったはずで、ローマへ輸出されたものは品質も特別に優れていたに違いない。中世、中央ヨーロッパの修道院と荘園に残っている記録からは、こうした初期の山岳チーズはローマ帝国が崩壊した後も作られ続け、洗練されていったことがわかる。

スイスの東部サンガルと、スイス中央部のムリにあるサンマルタンのベネディクト修道院では、中世初期の山岳チーズの世界を垣間見ることができる。

サンガルの町は、コルンバヌスを伴ってヨーロッパ中を宣教して歩いていた、アイルランド人の修道士ガルスによって六一二年に作られた。ガルスは、コンスタンツ湖の岸辺から十三キロ離れた未開の山岳地帯に僧院を建てた。そこで、彼とおよそ十人ほどの弟子たちは聖コルンバヌスの戒律に従って厳しい修行を行った。ガルスの死後、僧院は七〇〇年ごろまでほとんど見捨てられたも同然の有様だったが、僧院を支援し拡大するために土地の譲渡証と農奴が、その地の貴族領主から贈られたのである。

サンガルの最初の総院長は七二〇年に指名され、僧院では聖ベネディクトの戒律が聖コルンバヌスの戒律に取って代わり、七四七年にベネディクト派の修道院となった（Clark 1926）。

八世紀の間に、サンガルの修道僧たちは農奴の手を借りて森の木を伐り、耕作地に変えた。そこでは穀物を育て、羊、ヤギ、牛の群れを飼育した（Clark 1926）。修道僧たちは季節移動の牧畜を行い、夏の間はアッペンツェル地方に隣接する高原の草地に羊やヤギ、牛の群れを連れて行き、そこでチーズを作っていた。しかし、その時の製造法やどんなタイプのチーズを作っていたのかなどはほとんど知られていない（Bikel 1914）。

サンガルの修道僧たちが、周辺の農民たちにチーズの作り方を教えていたのだという主張も時折出るが、その逆であったと考える方がずっと信憑性が高い。社会の複雑な決まり事や文化的な行動規範、共同社会全体の季節移動と、山岳チーズの製造を支えた洗練された技と道具類などは、ローマ以前から何世紀もかけてゆっくりと進化してきたと考えられる。

サンガルは岩だらけの荒れ地の端に切り開かれたが、コンスタンツ湖畔のアルボンはそこから十三キロしか離れていない。

アルボンは、古代のケルト人ヘルヴェティア族の定住地で、ローマ人が自分たちの貿易の主要ルートの上に作ってから、この地域の中心として栄えた。前述したように、このあたりではケルト人の農業がよく発達していて、ローマ占領以前からチーズ製造が行われていたので、サンガルの修道僧たちが修道院の荘園で働く小作農や農奴からチーズ製造に関する知識を得たと考えるのが自然である。

九世紀はサンガルの転換点となった。近隣から新しい荘園と農奴の大規模な寄進があったからである。すぐさまチーズなどの農産品の十分の一税が、新しい所領から修道院に潤沢に入るようになったのである。

九世紀の終わりには、修道僧たちは日々の農作業に直接かかわる必要がなくなった。荘園の管理者として、主として聖職者の仕事や、文化的で知的な探求に没頭していれば良くなったのである。サンガルはこのころから学問と文化の中心地として有名になった（Clark 1926）。

サンガルの修道院が荘園から受け取るチーズには二通りのサイズがあった。一つは山岳チーズで、ビケル（Bikel 1914）によると大型の円形チーズで直径が今日この地域で製造されているチーズとほぼ同じもの、もう一つはずっと小さくて掌サイズのものである。

後の時代になると、サンガルはさらに新しい所領を手に入れて、荘園チーズにかかる十分の一税による収入は相当な額に上った。

十世紀の間に修道院は隣接するアッペンツェルの広大な土地の寄進を受けた。ここはまだ荒れ地でやっと人が住み始めたばかりだった。山岳チーズの製造はサンガルから用心深く見守られ、じきにこの地で花開いた。十一世紀には、年間の十分の一税がチーズ二千個以上となって、この地は修道院の大きな収入源となる（Bikel 1914）。チーズの製造はアッペンツェルの景色の変わらぬ特色となり、車輪型のアッペンツェラーチーズはおよそ六・八kgで、今日もこの地で作られている。

同じころ、ルツェルン湖畔のムリのサンマルタンにある修道院では、周辺の未開発の土地に季節移動の酪農と山岳チーズの製造を導入しようとしていた。修道院は十一世紀にハプスブルグ家によって設立され、十分に所領地を与えられたが、土地は原野のままで、修道院の維持のためには、木々を伐採して入植できるようにする必要があった。そこで「初期投資付き」で入植者を募ったのである。その中身は「鋤一台、荷車一台、雄牛四頭、雌豚一頭、雄鶏一羽、雌鶏二羽、草刈りがま一丁、斧一丁、色々な種」（Simond 1822）であった。その代わりに入植者たちは農産品の中から十分の一税を支払い、二ヘクタールの修道院の農地を年二回耕し、その他の雑役をすることになっていた。

入植者たちは、人口が増加して耕作地が不足していたスイス各地からやって来たのだと思われる。ムリの新しい辺地で山の暮らしを取り戻したいと望んだのだろう。

ムリの作戦は功を奏して、修道院の原野にはじきに新しい入植者の村が次々に誕生していった。村では牛や羊の季節移動の牧畜を整備して、山岳チーズと羊毛生産を軌道に乗せた（Coolidge 1889; Simond 1822）。季節移動をしながらの搾乳、チーズ製造は十二世帯でそれぞれの牛を一緒にして一つの群れにして行われた。夏の間、家畜の群れは牛飼いのリーダーに連れられて山の牧草地にむかう。村人たちは山の中に、素朴な家、シャレーを建設して、そこでチーズを作るのである。毎年修道院の役人がシャレーを調査した。牛飼いの長は毎年シーズンの終わりには決まった重量のチーズを、農民のコミュニティーに渡さなければならなかった。農民が修道院に対してチーズで払う十分の一税は、毎年十一月三十日の聖アンドリューの祝祭日が納入の期日であった。

季節移動の牧畜と高地でのチーズ作りは、フランスとの境界にも近いスイス西部でも盛んになった。この地域は最もよく知られた山地のチーズ二種の発祥の地、グリュイエールとエメンタールである。

スイスのケルト人はローマ人が入る前にこの地域の低地に定住し、スイスのその他の地方と同様、季節移動しながら酪農に従事する農業コミュニティを形成して、周辺の高地の牧草地を利用していた。

ローマ帝国の崩壊後、この地にはゲルマン人の移民が入って来て、ローマ化したケルト人居住者たちに交じって定住した。九世紀になると新たな移民の流入で低地には人口が密集し、チーズ製造は増加したが、高地では夏の牧草をめぐって競争が起こるようになった（Birmingham 2000）。

山岳チーズの貿易が盛んになると、グリュイエールの重要性が注目を集めるようになった。グリュイエールは十一世紀に神聖ローマ帝国から、その地域の高地を利用する権限を与えられていた。そこで、高地の牧草地と、夏の間利用する高地への通路を支配することで、ますます成長するチーズ貿易を巧みに利用するようになった。人口は増加の一途をたどって、十二、十三世紀には新しい移民の流入もあり、高地の牧草地はさらに競争率が高まっていった。そこで、遠隔地に新しい牧草地が開かれるようになって、チーズ生産はさらに盛んになった。

十四世紀には、素晴らしいチーズを作るというグリュイエールの評判は遠く広範囲にまで広がって、この地の山岳チーズの製造は市場原理に強く左右されるようになった。グリュイエールチーズはその後何世紀にもわたって改良を続け、さらに大型化することで、陸路による各地の市場までの輸送が容易になった。最終的には、樽に詰めて船で輸送するのに便利なサイズに決められ、船でジュネーブ湖を渡り、ローヌ川へ地中海へと運ばれ、そこからさらに遠方の市場へと輸送された（Birmingham 2000）。トワムリー（Twamley 1816）によれば、グリュイエールチーズは十個が一樽に詰められて、個々のチーズは十八から二十七kgだったという。

グリュイエールのチーズ貿易は非常に収益が大きく、グリュイエールの北方に位置する強力な隣人、ベルン州の注意を引いた。ベルンは十五世紀には高地のチーズ貿易を支配しようと、グリュイエールの高地の権利を次第に取り上げていった。また、ベルンはグリュイエールから山岳チーズの職人を勧誘して、ベルンが支配していたエメ川の谷、エメンタールに定住させ、チーズの改良と酪農の生産性の向上を図らせた。グリュイエールから連れて来られた山岳チーズの職人たちは、この新天地で大型で固いチーズを発展させる手助けをし、このチーズがのちにエメンタール地方の顔となったのである（Birmingham 2000）。

山岳チーズの隆盛

ドイツとオーストリアの荘園領主も山岳チーズの市場価値を認めて、十三世紀にはババリア地方とチロル地方の高地でも、こうしたチーズの製造を奨励した（Duby 1968）。同様にフランスのアルプス地方でもボーフォールのような山岳チーズが隆盛期を迎えた。また、グリュイエールから分水嶺を越えたところの、ジュラ山脈西側斜面でもコンテチーズが認められるようになってきた。

こうして中世の終わりごろまでには、山岳チーズのグループのメンバーすべてが出そろった。穏やかな味わいで、大型の車輪型、固くごつごつした、日持ちのする、アルプス全域で生産されていたチーズである。

山岳チーズの仲間をひとまとめにする共通の特徴は、季節移動を伴う牧畜だった。これが、チーズ製造時の条件と制約の、特別な組み合わせを生じさせていたのである。

低地の谷や平地に住んで、二、三頭の牛を飼っていた小規模の小作農たちが、同じ村の中で自分たちの家畜を一緒にしてより大きな群れにした。これにより、夏の間、共同の群れは仲間から選ばれた何人かの牛飼いに連れられて、山の牧草地で飼育されるようになった。農地を耕すために低地の村に残った者は、牧草など冬の間の家畜の飼料を収穫、保存する仕事をし、また、小作農場の雑用を片付けた。牛飼いたちは動物の世話と搾乳、そしてチーズ作りの仕事を担当したのである。

チーズは山腹の質素な覆いのない小屋で作られていた。時代が下ると、もっと丈夫なチーズ小屋、あるいはシャレーで行われるようになる。共同の群れからは大量のミルクが搾れる上、保存場所が限られているため、時に一日に二回、搾乳の直後にチーズを作る必要があった。

また別のケースでは、夕方搾ったミルクは、次の朝まで冷たい山の空気の中で一晩冷やされ、クリームの一部が分離したものは取り除いて、翌朝のミルクと混ぜ合わせてチーズが作られた。どちらにしても、山のミルクは通常、乳酸菌が比較的少ないため、チーズを製造する際には酸性化が遅いという特徴があった。ミルクは毎日大量に生産されるので、山を下って運ぶ際に便利なように、チーズは大型にする必要があった。また日持ちがするものでなければならなかった。さらに、山の牧草地まで、ふもとから塩を運び上げなければならないことから、使用する塩の量を減らす必要にも迫られた。チーズにも牛の飼料にも混ぜられる塩を、必要量使用するのは高くつくし、必要量の計算も骨の折れるものだった(Birmingham 2000)。

こうした状況は山岳チーズの作り手にはジレンマであった。酸性化の速度が遅くサイズが大きいチーズで、塩を控えめにするとなると、日持ちを長くするために含有水分量を十分に少なくするのが、非常に難しくなるのである。酸性化のスピードが遅いとカードの減少量が少なくなり、チーズの製造時にホエイの排出量が減少する。大型のチーズでは保存中に表面からの水分の蒸発が少なく、塩を控えめにすると、ホエイからの排水も減少する。

結果として、山岳チーズは十分に乾燥するまで非常に長い時間がかかることになり、このことが数多くの技術革新のきっかけとなったのである。

たとえば、カードを切る優れたカッティングの技と道具(ナイフやハープ型)が発達し、非常に小さなカードの塊が作れるようになって、表面積が最大となり、ホエイが排出されやすくなった。また、直接かまどの火の上に銅製の湯沸かしを載せることで、加熱温度を華氏百二十から百三十度(摂氏四十九

〜五十四度）まで上げ、さらにカードを縮小し、ホェイを排出できるようにした。加熱後のカードは車輪型（従来の円柱型でなく）の型に入れて、完成時のチーズの体積に対する表面積の比率を増やし、保存期間中の水分蒸発を促す。プレス機も考案されて、ホェイを搾り出す際、目の詰まった表面を生みだし、中身を保護する弾力性のある表皮が形成されるようになった。

今述べた技術に関しては多くの応用形が生み出されたが、この基本的な技術は、オーストリア、スイス、イタリア、フランスのアルプス地方、さらに山岳羊乳チーズが盛んに作られていたピレネー山脈にまで至る、各地の山岳チーズの職人たちによって実践された。

その結果、日持ちのする表皮のついた、良くしまって弾力性のあるボディには、「目」と表現されることもある穴のあるものや、風味については「ナッツのような」と形容されることの多いチーズのグループが出来上がった。

酸味が少なくミネラル成分の多い、水分の少ないこれらのチーズの、がっしりとしていて、弾力のある構造では、二酸化炭素ガスの圧力によって内部に「目」と呼ばれる穴が形成された。また、酸度と塩分が低いと、これらに弱いバクテリア、ミルクとチーズの中に自然に存在しているプロピオニバクテリアの成長を促す。プロピオニバクテリアは、発酵時に副産物として二酸化炭素を発生し、保存の温度によって、たくさんの目を作る場合もあれば、全くできない場合もある。このバクテリアは非常に強い風味成分であるプロピオン酸を発生させ、山岳チーズのナッツのような風味の一因となっている。

酸度の低い山岳チーズは表面にコリネバクテリア菌が発生しやすい。保存期間中の温度と湿度の状態や、チーズ職人が物理的な力を加えることで（表面を擦ったり、洗ったりすることなど）、菌の生育は増長されたり抑制されたりする。こうして、山岳チーズの表皮はコリネバクテリア菌の生長がほとんどないもの（例、エメンタールチーズ）と密集しているもの（例、グリュイエールチーズ）とができた。

中世のフランス中南部のマシフサントラルでは、アルプスやピレネーの山岳チーズとかなり異なる山のチーズが花開いた。

オーベルニュの北部地域では谷からカンタル山地の牧草地への牛の季節移動は、おそらくローマ時代には始まっていたと思われる（Goldsmith 1973; Whittaker and Goody 2001）。第五章でも触れたが、カンタルチーズの初期のものはローマにも輸出されていた可能性が高い。中世では貴族の領主や修道院が支配していた荘園の高原のチーズ製造小屋で、小作農たちが大型の円筒型のカンタルチーズを作っていた（Goldsmith 1973）。カンタルの小作農は、十分に乾燥させることで日持ちを長くしたアルプスのチーズとは異なる製法を用いていた。

カンタルではカードもホェイも加熱しないが、完成品では非加熱のカードを数回にわたって圧搾するため、水分含有率は十分低くなっている。しかも最終の圧搾前には、カードを壊して小さなかけらにしてたっぷりと塩を振る。「カードを粉砕」して加塩する方法は後にイングランドのチェシャーやチェダーの職人たちに採用されるのだが、これにより、ホェイはさらに良く圧搾され、塩は均一にチーズの中に浸透していく。この方法で、より日持ちのする保存性の高いチーズができたのである。中世末期までにはオーベルニュはカンタルチーズを遠方の市場にまで輸出し、カンタルのチーズ製造はますます商業化されていった（Goldsmith 1973）。

カンタルチーズは典型的な山岳チーズよりも多くの塩を必要とした。オーベルニュのチーズ職人たちがこの製法を発展させることができた理由は、塩が十分に入手できたからである。塩はローマが建設した道路を使って、すでに一世紀から地中海沿岸の製塩所から、マシフサントラルへと輸送されていた（Whitaker and Goody 2001）。この極めて重要な塩の供給ラインは、カンタルチーズだけでなくロックフォールやその他の塩分の強い青カビチーズの発展を助けた。これらの青カビチーズはマシフサントラル南部に多い、天然の洞窟から生まれたものである。

洞窟で生まれたロックフォールチーズ

ロックフォール村の周辺は、周囲の崖にできた水平方向や垂直方向の断層から形成された天然の洞窟で蜂の巣状になっている。洞窟は常時一定温度（華氏四十三度から五十度、すなわち摂氏六～十度）、一定湿度（相対湿度で九十五から九十八％）の環境となっており、垂直方向の深い岩の裂け目による換気設備も備えている（Rance 1989）。結果的に洞窟内の環境は様々なカビの生育にとって理想的だったのである。その中には、青カビの仲間であるロックフォールの青カビ、ペニシリウム・ロックフォルティが含まれていた。

この地域のチーズ作りの痕跡は、遅くともローマ時代に遡ることができる（Dausse 1993）が、いつロックフォール村のコンバル洞窟や、この地域の他の洞窟がチーズの保存と熟成に使用されるようになったのか正確には知られていない。

レンネットを使用して羊のミルクをゆっくり凝固させ、非加熱で、海の塩をたっぷりとチーズの表面に擦り込む簡単なチーズ製造技術はこの地でも発展した。出来上がったチーズは酸度も塩分も高く、ペニシリウム・ロックフォルティの生育に適した化学的環境となった。このようなチーズが洞窟の涼しくて湿度の高い環境に置かれて、ペニシリウム・ロックフォルティの生育はさらに高まった。チーズの風味と食感に青カビの生長が与えた影響は望ましいものと評価されるようになり、職人たちは製造方法と熟成の仕方をさらに洗練し、青カビによるチーズ製造を盛んに推し進めていった。

ロックフォールチーズに関する確実な記録で最も早いものは一〇七〇年の、一人の貴族が「洞窟」と荘園をコンクのベネディクト修道院に寄進した時のものである。チーズの製造はこの地域ではすでに十分発達しており、修道僧たちは小作の農民たちとともにチーズ作りの技術を向上させるべく働いていた。この地に数多くある修道院が自分たちの「洞窟」をロックフォールに所有するようになり、チーズの生産を修道僧が管理運営するようになって、目に見えて発展した。

ロックフォール村の北東、ラルザック台地で草を食べる羊たちからミルクが供給され、チーズが作られる。塩はラバ追い人が定期的に高原の草地に運んできて、帰りには塩を擦り込んだチーズをコンバルの洞窟まで運んで帰って、熟成させた（Whittaker and Goody 2001）。

ますます高まっていくロックフォール産チーズの人気と市場での成功を、十一世紀に成立した二つの宗教団体が注視していた。テンプル騎士団とシトー修道会である。彼らはマシフサントラルへと勢力を拡大すると、じきにラルザック台地の牧草地を支配下において、羊乳とコンバルの洞窟で熟成されるチーズをほとんど独占に近い状態で支配した。テンプル騎士団は地中海沿岸の大きな製塩所の共有者となって、ロックフォールへと続く重要な塩の道の支配を手に入れた。

こうして、テンプル騎士団はベネディクト修道会やシトー修道会と並んで、しばらくの間、ロックフォールのチーズ製造に強大な勢力を持ったのである。確かに、ロックフォールチーズに対する修道院の影響力が、チーズの悪評を広めもし、重要性を高めたりもしたのだろう。一四一一年、ロックフォールの町は、初めて原産地名を名乗ること（原産地呼称）が許された。これはロックフォールの名称を冠したチーズを市場に出す権利を、この町だけに与えるものだった（Whittaker and Goody 2001）。このチーズはフランス中で有名になり、さらには今日まで続く世界的な名声を得るに至る。

中世の山岳チーズから先へ移る前に、もう一種類のチーズについて見ておきたい。本来低地のチーズだったが、見ておく値打ちのあるものである。硬質のグラナチーズはパルミジャーノ・レッジャーノ（パルメザン）やグラナ・パダーノなどが最も有名だが、中世、北部イタリアのポー川上流域にその起源がある。これらは谷のチーズだが、その起源は山岳チーズ製造の伝統を引いていると思われる。パルメザン、あるいはグラナチーズが歴史の記録に現れるのは十四世紀だが、その始まりはさらに前の時代で、修道院の活動が急速に活発になり、大規模な開墾やポー川流域の開発が始まったのとほぼ同時期に当たる。

ポー川の谷は、地元のベネディクト修道会が排水溝建設に着手して、湿地を耕作のできる土地に改良し始める十～十一世紀までは、沼地が多く排水の悪い低地だった。

シトー修道会は十二世紀にベネディクト修道会のポー川流域での活動に加わり、灌漑施設を建設することによって土地と水資源の管理を行った。それにより、「水の草原」とも呼ぶべき、新しい耕作地が生まれた（Jones 1966）。灌漑工事によってポー川の谷では一気に牧草や飼料の生産性が高まり、十二〜十三世紀には、乳製品を生産するための、乳牛の飼育の可能性が広がった。こうして、ポー川の谷での伝統的な羊の飼育はだんだんと乳牛に取って代わられ、じきに牛乳からのチーズ生産が盛んになっていった。

十四世紀以降の書記資料や文学作品には、摩り下ろしたパルメザンチーズについての言及が見られる。当時すでに外国など広範囲で、需要の高いチーズだったことがわかる。大型の円柱型の熟成チーズが十四世紀の挿絵に描かれており、中世のパルメザンは今日のパルミジャーノ・レッジャーノやグラナ・パダーノとは違っていたことがわかる。

大型のグラナチーズがどこでどのように始まったのか正確にはわかっていない。しかし、ほとんどは修道院にその起源があるようだ。既述のとおり、ベネディクト会とシトー会の修道院はポー川流域の湿地帯を開墾し、土地の改良をした際も大いに貢献をして、大規模な酪農が可能になるようにした。潤沢な資産を持ち、乳牛の大きな群れを育て、大型のグラナチーズを作るのに十分なミルクを得ることができたのは、当時、修道院しかなかっただろう。さらに、こうしたチーズを作る技術も道具もかなり洗練されたもので、山岳チーズのものと酷似していた。

グラナチーズはカードをごく小さな塊にカットし、カードとホェイを高温で長く加熱しなければならない。この技術はポー川の谷で独自に発展したものとは考えにくい。修道僧が山で行っていたチーズの製造法の主要な技術を借用したというのが妥当だろう。

十二〜十三世紀にはアルプスの北側の修道院、たとえばサンガルやムリなどは広大な荘園を所有して、山岳チーズに特化してチーズ製造に取り組んでいた。修道院間での移動や連絡は常時行われていたので、山岳チーズの製法技術がアルプスの北から（あるいはイタリア側のアルプスの高地から）、ポー川の谷間の修道院へ伝えられる機会は十分にあったと思われる。

ポー川の谷間のチーズ職人たちが山岳チーズの技術を借用したとしても、出来あがったチーズは新しいもので、山岳チーズとは異なっていた。それが可能だったのは、谷では塩がたっぷりと手に入ったからである。ポー川の河口にはヴェニスがあり、ここが塩の製造と流通の中心で、ポー川流域の塩の貿易を実質的に独占していた（Adshead 1992）。塩が潤沢に使えるおかげで、グラナチーズは同類の山岳チーズに比べて、より高い塩分量で、より低い水分量のチーズを作り上げた。このチーズは熟成時にはもうそれほど水分が蒸発しなくても、長期保存の際に必要な乾燥レベルに到達することができたのである。このため、薄くて車輪型の山のチーズとは反対に、厚みのある円柱型の大型チーズが作りやすくなった。円柱型のチーズの一番の利点は長い熟成期間に保管所の棚が少なくてすむことにあった。

塩分含有率の高いグラナチーズは塩分に弱いプロピオニバクテリアの生育を抑え、貯蔵中に生化学の熟成の型を変えて、山岳チーズとはかなり異なった風味を生みだした。

グラナチーズは商業的な成功を収めるべくして収めた。極端に大きなサイズ、ほとんど破壊不能、そして素晴らしく風味豊かで、パルメザンチーズ（グラナチーズ）はヴェニスへ簡単な船旅をするだけでよかった。ヴェニスは中世の海上貿易の拠点のひとつで、パルメザンチーズはそこから地中海地域のどこにでも、さらにはその先にまで船で運ばれていったのである。そしてじきにパルメザンチーズは外国の市場へも送られるようになり、遠くイングランドでも高い評価を受けた。

その他にも記載に値するチーズの多くが中世にその成熟期を迎えている。環境的、文化的、そして経済的な状況が中世ヨーロッパのそれぞれの地で大きく異なるため、チーズの製法も数多くの変化形を生じていたことはすでに述べたとおりである。その結果がその地特有の多種多様なチーズであった。

しかし、中世の末期にはヨーロッパ北部で生じた経済的な圧力と社会的な変化が、市場価値のある農産物に特化した、新しい農業の形を生じさせてきた。そしてそれが深いところでチーズ製造にも影響を与え、伝統的なチーズのまさにこの多様性を蝕んでいくのである。

第7章　イングランドとオランダの明暗　市場原理とチーズ

何をするにも、人に対してではなく、主に対してするように、心から行いなさい。あなたがたは、御国を受け継ぐという報いを主から受けることを知っています。あなたがたは主キリストに仕えているのです。

（コロサイの信徒への手紙　三：二十三～二十四）

「祈りかつ働け」というモットーにまとめられたベネディクト修道会の労働倫理は、中世初期、修道院をヨーロッパ経済の主力エンジンに変えた。中世の後半になると、シトー修道会はこのモットーを修道僧だけにとどめず、在家の信徒を通じてあらゆる職業の人々にまで広げた。この過程で、シトー修道会は経済発展に向かうさらに強力なエンジンを作りだすのである。修道院の所有地所を集め、農業生産物の余剰分（余剰のチーズも含む）が増えるにつれて、ベネディクト会とシトー会両者の影響下でチーズ製造は否応なく商業原理に則ったものとなった。そして、修道院は土地を所有している貴族領主たちの経済モデルとなっていくのである。領主たちは次第に修道院の戦略を採用して、自分たちの領地を治め、領地内のチーズ製造を商業的な事業として管理するようになる。

修道院の労働倫理観は、現世の日々の労働を神への精神的な奉仕に融合させて、プロテスタントの改革者ジョン・カルヴァンの教えの中で、新しくそしてさらに影響力のある労働管理の形を取るようになった。カルヴァンは新約聖書の教えを高め、世界の原理、主なる神のために働いているのだとして、労働を奨励した。カルヴァンはそれまで縛られていた職業上の意欲を開放し、どんな職業でも、貧しい人から裕福な人まで誰もが意欲を持つことが許されていると説いた。

イングランドとオランダで強い支持を集めたカルヴァンの宗教改革神学が現れたのは、ヨーロッパ各地で貿易と商業活動が急速に成長していた中世の終わりだった。カルヴァンの宗教改革運動は経済発展のスピードを速め、イングランドとオランダの文化、経済に空前の変化をもたらした（Granto et al. 1996）。その過程で、これらの国の農業は専門化し、市場原理主義になった。チーズ製造者たちは否応なしに強力な市場原理の影響を受けるようになり、時として伝統的な技術を効率化して新しいやり方に変えることが強要されることもあった。

新たな農民階級の台頭

十四世紀半ば、鼠蹊腺ペストの流行はイングランドの大荘園土地制が末期に入ったことを意味した。ペストで半分以上の労働力を失ったため、荘園領主たちは農耕地を牧草地に変えるという手段に打って出たものが多かった。その方が労働力が少なくて済むからである。

生き延びた小作農民のうち、周りの者よりも多くの収益を上げることができる者は、ペストで耕作人のいなくなった土地や、自分で耕作できなくなった領主の土地の借地権を得ていった。これによって、十五世紀には荘園内の自作農の中に、より広い土地を支配する者が現れてくる。以前より多くの余剰農産品ができるようになると、地元の市場で売ることができた。

時代が過ぎるにつれて、こうした自作農民は拡大した土地を塀で囲んで、より効率の良い土地利用を始め、荘園領主よりもよい労働条件を示して自分たちより貧しい農家から労働力を確保しようとした（Kulikoff 2000）。

こうして、十五世紀には荘園制全体が崩壊を始める。十六世紀になると領主たちが共有地を囲い込んで、このころヨーマンという新たな階級として現れてきた自作農民に貸し出すようになると、崩壊のスピードはさらに速くなった。ヨーマンたちは荘園領土のさらに広い部分を支配するようになる。これに対して、荘園の領主たちは市場の許す限り土地の使用料をあげて起業家ヨーマンたちから得る利益を最大化した。ヨーマンの側では、他の地域の農家よりも、より低コストで高品質な作物の生産に特化することで、資本主義の法則が働くようになってきた農業の経済的圧力に対抗しようとしたのである。共有地からの収益で生きてきた昔からの小作農たちにとって、囲い込みの動きは痛烈な痛手となる。こうして荘園での生活がもはや維持できなくなると、十六〜十七世紀には大規模な人口移動が発生し、田舎の農業地帯から都市へと、中でもロンドンへと貧しい民が仕事を求めて流れ込んだ。その結果、ロンドンの人口は爆発的に増加し、一五二〇年の五万五千人から一六〇〇年には二十万人に、さらに一七〇〇年には五十万人を超えた（Kulikoff 2000）。

十五世紀から十七世紀にかけて荘園領地が発展的解消を遂げたことは、領地内のチーズ作りが安定して引き継がれたことを意味していた。

ヘンリー八世が在位中の一五三六年、イングランドの修道院（五百七十八あった）の解散を始めると、修道院の荘園でのチーズ作りは突然終焉を迎える。財政難の政府が資金集めの目的で修道院の荘園を入札で売りに出したのである。しかし、荘園のチーズ作りの知識が消えてしまうことはなかった。貴族や修道院の荘園で働いていた多くのチーズ職人たち（乳搾り女）は、財産を蓄え土地や家畜を集めて、のし上がってきていたヨーマン階級にすぐに雇われた。ヨーマン階級は拡大するチーズとバターの都市市場に参入することを狙っていたのである。何世紀にもわたって荘園領地の〝乳搾り女〟たちは、ヨーマン階級を生みだしたのと同じ荘園の小作農コミュニティから選ばれていて、その専門的知識から尊敬を集めていた（Fussell 1966）。それもあって新しいヨーマンたちは熱心に〝乳搾り女〟の技を手に入れようとしたのだろう。こうして荘園領地のチーズ作りの知識は〝乳搾り女〟たちを通じて、ヨーマン農民の手にわたったのである（Valenze 1991）。

同じころ、イングランドではまた別の一派の商業主義農業が始まっていた。ロンドンの新興商人たちが田舎の土地所有に投資して、地方で成長著しいジェントリー階級に加わりはじめたのである。

この新しいジェントリー階級の中に、ロンドンの著名な商人で弁護士でもあるアダム・ウィンスロップがいた。彼は荘園の解体を機に、一五四四年、サフォークのグロトン荘園を買い取った。ここはもとはベリーの聖エドムンド修道院の所属だったところである。イーストアングリアの田舎では他にも同様のケースが多かったが、ウィンスロップ家は乳製品を作る家畜をそのまま手に入れて、グロトン荘園でチーズとバターを製造した。アダム・ウィンスロップの孫、ジョンはグロトン荘園を相続し、ジョンの妻のマーガレットは乳製品製造の監督をし、毎日、〝乳搾り女〟とその助手たちに指示を与えた。

ウィンスロップ家は商品としてのチーズとバターの製造に熱心に携わっていた一方で、急進的なカルヴァン派のピューリタン運動に、深くかかわっていた。この運動はイングランド全土に瞬く間に広がって、国土を内戦状態にする恐れもあった。そこでジョン・ウィンスロップはピューリタンの大規模な移民を率いて北米の大西洋岸に向かい、マサチューセッツ湾に新しい植民地を建設した（Bremer 2003）。

初代総督ジョン・ウィンスロップに率いられたマサチューセッツ湾植民地は、アメリカ史一般にも、また特にアメリカにおけるチーズの歴史にもその後の流れを強く方向づけていくことになるのである。これに関しては本書第八章まで待っていただくことにしよう。

さて、イングランドに話を戻すと、ヨーマンとジェントリーたちの商業主義農場は一時代前の荘園領地とは世界がまるで違っていた。じきに、チーズ職人たちは自分たちのチーズ作りの技術を、市場とりわけロンドン市場の要望に合わせるべく、見直すよう圧力がかけられていく。商業主義のチーズ作りはそうした難題にも応えて繁栄するが、これとは対照的に、それまで荘園で千年も作り続けられてきた農民のチーズ作りは、あまりうまくいかなかった。貧しい小作農たちが田舎を捨てて、ロンドンやその他の大都会へ向けて出て行った時に、農民のチーズはイングランドではほとんどが失われてしまったのである。

イーストアングリアのチーズ

急激に人口が増加したロンドンは、イングランド全土の農業に影響を及ぼす巨大市場になった。地域の特産品生産は中世末期にはすでに始まっていたが、十六世紀になるとそのスピードは一層速くなり、イーストアングリア地方がその先鋒となった。イーストアングリアはロンドンに非常に近いことから、競争力を持つことになる。チーズやバターは陸路または海岸沿いに海路を使って、どちらにしても簡単にロンドンに輸送された。この地域では長い間チーズとバターの製造に重点を置いてきたが、エセックス、特にサフォークを中心に高度に専門化された産業に発展していった（Fisher 1935; 図七—一）。イーストアングリアではピューリタン（カルヴァン主義）の運動が資本主義的な起業家精神に拍車をかけたのである。

イーストアングリアは十六世紀にはロンドンのチーズとバターの市場を文字通り独占し、その後も維持し続けた。また、大量のチーズとバターをフランドルとフランスにも輸出し、加えてイングランドの陸軍と軍事的な関心のもとに成長を続ける海軍による、サフォークチーズの買い上げが増加した。同様に、今や各地の海を行き来して貿易を行うイングランドの商船の食糧供給源として、イーストアングリアのチーズが信用を得るようになってきた（Everitt 1967; Thirsk 1967）。

チェシャーやサマセットでも十六世紀には酪農に特化していった。しかし、この地域の市場はまだその土地に限られたもので、チーズ製造の技術の多くも荘園時代からほとんど変わっていなかった。ファッセル（Fussell 1966）によれば、十六〜十七世紀、最も一般的な農場チーズの製法は、「新しいミルク」チーズとして知られていた。朝搾った新鮮な牛乳を清潔な木製の樽に入れ、多くの場合は前夜のミルクから採ったクリームを加え、熱湯を少し入れてミルクが濃厚になりすぎるのを防ぐ。生ぬるいミルクはレンネットを用いて急速に凝固させ、チーズは単純な非加熱の製法で作られる。その際、中程度の圧搾を行った後、表面に塩をまぶす。この過程（非加熱、中程度の圧搾、表面加塩）は、コルメラが千五百年前に書き残した乾燥（熟成）チーズの製法と大きな違いはない。おそらく過去何世紀にもわたって荘園領地で行われていた技術に酷似するものと思われる。

図7—1
19世紀のイングランドの地図。16世紀から19世紀のチーズ製造の三大地域（丸で囲んであるところ）を示す。イーストアングリア地方のチーズ（エセックス、サフォーク、ノーフォーク）、南部のチーズ（サマセットシャー、ウィルトシャー、グロスターシャー、バークシャー）、北部のチーズ（チェシャー、ランカシャー、スタッフォードシャー、ダービーシャー、レスターシャー）。（グレイによる。1824年ごろ。『グレイの新版道路地図』シャーウッド　ジョーンズ、ロンドン）

十六世紀から十七世紀の初めごろに作られていたチーズの最も一般的なサイズは、四・五～五・四kgの車輪型、直径が三十～四十五センチ、厚みが四～八センチだった（Foster 1998）。要するに、ヨーマンのチーズ作りは荘園領地での古くからの製法を守り続けていたということになる。

しかし、十七世紀の初めには市場からの圧力がイーストアングリアのチーズ製造に影響を及ぼすようになる。イングランドは富を蓄え、ロンドンでは贅沢品への需要が高まってきた。バターは古くから繁栄のシンボルと考えられており、ここにきてその需要が非常に高まり、チーズよりも高い値段がつくようになった。エセックスやサフォークはすでに高品質のバターで有名になり、チーズ職人たちはチーズを作る前により多くのクリームを掬い取れば、それだけ多くの利益があがることに気がついた。そうすれば同じミルクからより多くのバターが製造できるのである（Blundel and Tregear 2006）。

こうしたやり方はすでに何世紀にもわたって、荘園領地でも行われていたが、イーストアングリアのヨーマンたちはこの商売上の論理をさらに拡大し、クリームをできるだけ多く掬い取って、出来上がるチーズに対するバターの割合をつり上げた（Cheke 1959）。ところが、これによりチーズの品質が犠牲になり、チーズの脂質分が非常に低くなってしまった。長い目で見ると、これは決定的に戦略を誤っていたのである。

しかし、初めのうちはこの戦略は非常にうまくいっているように見えた。

ますます膨張を続けていたロンドンの貧しい労働者階級は、「フレット」と呼ばれる低品質で低価格のスキムミルクチーズの、手っ取り早い売り込み先となった。またフレットチーズは日持ちすることが評価され、成長を続ける海上部門で売れ筋となった。油脂成分の少ないローファットチーズは本来的に長持ちし、運搬にもよく耐える。チーズを作る際、油脂成分が少ないカードはホェイの排出がより早く、その結果、より乾燥したチーズになるからである。

フレットチーズは品質は低いものの、商業上からも軍事上からも船中の食糧に適していた（Fussell 1935）。しかし、イングランドの植民地帝国は拡大を続けて、ますます大きな繁栄期を迎え、じきにロンドン市場はバターばかりでなく、チーズも上質のものを求めるようになったのである。十七世紀になると、イタリアからパルメザン、オランダからはエダムなどが高い評価を得て輸入されるようになった（Fussell 1966）。

一三七七年に政府の正式な承認を受けたロンドンのチーズ商たちは、十七世紀にはチーズとバターのロンドン市場を独占支配していた（Stern 1979）。チーズ商は「代理商」と呼ばれる買い取り業者を雇って、酪農場に派遣した。彼らはチーズの品質と生産量を直接見て評価し、チーズとバターの売買契約を農場主との間で締結した。チーズ商はイーストアングリアの船とチーズの輸送契約を結び、地元の港から海岸沿いに二日という短い日程でロンドンに輸送させた。十七世紀の前半にはチーズとバターのほぼ全量をチーズ商がイーストアングリアから一手に調達していたのである。

しかし状況が変わるのは早かった。一六四〇年代の終わり、ロンドンへのチーズの最大の供給地であるサフォークで大きな洪水があり、乳牛に病気が発生しチーズの生産が激減したのである。このため、チーズ商はチーズの供給元を別に探す必要が生じた。

十六世紀にはイーストアングリアの他にも何か所か、チーズやその他の乳製品の製造を専門的に行うようになった地域があった。グロスター、ウィルトシャー、バークシャー、サマセット、チェシャーなどである（Thirsk 1967; 図七―一）。実際、チェシャーとサマセットはこの時代には上質のチーズで有名になっていたが、これらの地域のチーズはロンドンから遠すぎるため、その土地で消費されていた。ところが一六四〇年代の終わりになると、ロンドンでチーズの価格が急上昇したため、チーズの産地は互いに競争し合うようになり、チーズの需要を満たすために、チーズ商は次なるチーズの仕入れ先として、チェシャーに期待を寄せるようになった。

グルメ志向の高まり　チェシャーチーズ

十七世紀の前半にはチェシャーチーズが時折ロンドンへ運ばれたが、最初にロンドンへの定期便が始まったのは一六五〇年のことで、すぐさま大成功を収める。チェシャーチーズは輸送距離が長く（船でおよそ十四日、サフォークからは二日）、油脂を取り除かずに全乳で作っているためサフォークチーズよりも高価になるが、市場は熱狂的な反応を示した。富裕層が増加してきたロンドンでは、輸送費分が価格に上乗せされても、品質が優れたチェシャーチーズを求めるようになったのである（Foster 1998）。

一六六四年に約四百四十トンのチェシャーチーズがロンドンの港で荷揚げされていたのが、一六七〇年代半ばには千百トン、一六八〇年代には二千二百トン、一七二五年には六千三百トンと、増加を続けた。こうして、一世紀に満たない間にロンドン市場では、海岸沿いに運ばれてくるチーズの九十％以上がチェシャーチーズになり、事実上イーストアングリア地方のチーズに取って代わったのである。

これに対して、サフォークのチーズは五％であった（Stern 1973）。海軍でさえサフォークチーズをやめて、チェシャーチーズを購入するようになったのである（Foster 1998）。チーズ商たちがチーズの供給源をチェシャーに移すようになると、イーストアングリア地方のチーズ製造者にはさらなる悪影響が及ぶようになった。

チーズ商たちにとってみれば、バター生産者とチーズ生産者を分離すれば、経済的効果はますます大きくなる。つまり、イーストアングリア（サフォークやエセックス）にはバター生産に特化させ、高品質のチーズはチェシャーだけから買い取るのである。こうして、イーストアングリアのチーズ製造者たちはバター生産の割合を大きくするように圧力をかけられるようになった。バターの生産を増やさない限り、チーズ取引の契約を拒絶するというのである。こうしてフレットチーズは、脂肪率が下がるにつれて品質も下がるという悪循環に陥っていった。どうしようもなくなって、一六九〇年、とうとうサフォークのチーズ製造者たちはチーズ商の無法な商行為からの保護を求めて、議会に対して以下のような請願書を提出した。

ロンドンのチーズ商たちは近年農民たちにフレットチーズを作らせているが、このようなチーズと同時に売られるバターの量は一荷につき四ファーキンに増えた。しかし、それによってチーズは奴隷にしか適さないものとなった。こうして日用品が評判を落とすことになり、もしもこれを防げなければ、権利の侵害となるだろう。

（下院ニュース、第十巻、1688–1693（ロンドン、１８０２年）、475–6, Blundel and Tregear 2006からの引用を用いた）

請願書の中に見える「奴隷」とは、西インド諸島の砂糖農園の奴隷のことを指しているのだと考えられる。この時期までに、イングランドはこの地を集中的に開発していたのである。しかし、西インド諸島の市場でさえ、イーストアングリアのチーズ製造者には手が届かなかった。

十七世紀の終わり、六十年程前に祖父母の世代がイーストアングリアを後にしてニューイングランドの植民地に渡ったピューリタンのチーズ製造者たちは、その一世紀前にイーストアングリアがロンドン市場を席巻した時と同じ戦略を使って、西インドのチーズとバターの市場を押さえようとしていた。

一方、本国のイーストアングリアはチーズの生産地として返り咲くことはなかったのである。

チェシャーのチーズ製造者は農業資本主義の新しい体制下で繁栄したが、彼らもまた別の面からチーズ商たちの圧力にさらされていた。チェシャーからロンドンへの供給ラインは、イーストアングリアよりも長く複雑だったので、より大きなリスクをチーズ商が負うことになった。

チェシャーの農家はチーズ商の倉庫にチーズを納入した時点で、支払いを受け取る。それ以降はチーズ商と代理商がチーズの代金を融通し、チーズが売れるまでそのリスクを引き受ける。倉庫にあるチーズの在庫と輸送の船の空き具合に複雑な調整があり、チーズはロンドンで販売の前に長時間倉庫に留め置かれたり、輸送の途中で乗り継ぎが生じたりすることもあった。四カ月に及ぶこともあったのではないか。とすると年間で三、四回しかロンドン・チェシャー間を往復できなかっただろう（Foster 1998）。チーズの品質はこの期間に低下し、それによって、市場価値が下落する。そして、水分の蒸発によってチーズの重さも減る。したがって、ロンドンに入荷するチーズは農場での契約時より、また倉庫での支払い時より明らかに重量が減少し、さらにはすっかり乾燥してしまっている場合もあったと思われる（Stern 1979）。

その結果、チーズ商は大型チーズを取引することを好むようになった。大型チーズに対してはより高額の代金を支払うが、小型のチーズは買い取りを拒むようになったのである。大型チーズの方が体積に対して表面積が小さく、保存の間の水分の蒸発による重量の減少をより少なく抑えることができ、しっとりとした状態を保ち、内部の風味もよりまろやかになる。加えて、大型のチーズの方が出荷や貯蔵など流通行程のどの時点をみても効率がいい。また、期日を過ぎてもチーズの受け取りを引延ばす無節操なチーズ商も現れた。貯蔵中チーズの重量が減少する分のコストを製造者持ちにするのだ。倉庫や船積みの場所がないことを言い訳に、チーズ商たちは製造者にできるだけ長くチーズを手元に置かせた（Stern 1979）。製造側にとってみれば、自分たちの手元にある間に蒸発によって失われていくチーズの水分を最小限に抑えることは死活問題となった。

チーズ商とチーズ製造者の熱き戦い

チェシャーチーズの製造者たちは、同じ直径（三十八センチ）で厚みと重量を増やしたチーズを作ることで対抗した。最も一般的なチェシャーチーズでは一六〇〇年代の半ばに四・五〜五・四kgだったのが、十八世紀の初めごろには九〜十一kgに増加した。しかし、チーズの製造技術と品質の視点からみると、こうした商売には落とし穴があるものだ。より大きく重量のあるチーズは、余分な水分を保有しているので、内部からの腐敗を防ぐために圧搾を終えた時点での水分をより低くしなければならないからである（Foster 1998）。さらに、チーズが大きくなるほど、厚みが厚くなるほど、表面に擦り込まれた塩が内部に浸透して均一になるのに時間がかかるし、内部からの腐敗のリスクも高まるのだ。こうして新技術を駆使して水分量と塩の量をコントロールする長期戦が始まった。その後の百五十年間、チーズ製造者は夢中でこの課題に戦いを挑み続けることになるのだ。

最初の大規模な技術革新は十八世紀の初めごろに起こった。大きな石の重し（一・六トンまで）を使う、耐久性のあるチーズプレス機がチェシャーで開発されたのである。これによって、それまでの伝統的なプレス機によるよりもはるかに大きな圧力をかけることが可能になった。加えて、プレス用の木製の型には小さな穴があいていて、そこに木製の串が差し込まれており、プレスしてホェイを排出させる際にはチーズから引き抜かれるようになっていた。これによって、より大型のチーズでも、圧搾直後の水分含有率が、以前の方法によるよりも低いものが製造できるようになったのである。

第二の突破口は十八世紀の半ばに訪れた。乾燥した塩をカードの中に混ぜ込む方法が大成功を収めたのである（Fussell 1966）。フランスのマシフサントラルのチーズ職人たちが、カンタルチーズを作るために何世紀にもわたって行ってきた技法で、これによって、圧搾時に以前より多くのホェイを排出させることができるようになった。塩をチーズ全体にさらに均一に浸透させることで、効果的に内部の腐敗を食い止める大型チーズがチェシャーでも製造できるようになったのである。まだこの時点では圧搾後に皮を作るためにチーズの表面に塩を擦り込んでいたが、しかし――水分含有率がより低く、塩分もより均一に入っているので――内部の腐敗を避けるために、これ以上水分を蒸発させる必要はない。

実際、今度は水分の蒸発を制限することが問題であった。言い換えれば、水分を閉じ込めて、チーズが干からびてしまわないようにするのである。このことがきっかけとなって、第三の技術がチェシャーで具体化された。すなわち、出来上がったチーズの表面に繰り返しバターを擦り込んで、水分の蒸発のスピードを抑える薄い油膜を作るのである。

チェシャー地方のチーズは製造技術の革新をここまで先導してきたが、十八世紀になると、周辺の地域ではチェシャーに倣って、チェシャーとよく似た技術を持った「北方チーズ」のグループがランカシャー、レスターシャー、ダービーシャーで台頭してきた（Cheke 1959; 図七—一）。十八世紀の半ばにはチェシャーチーズは十四～二十七kgで、直径は依然三十八センチほどだったが、厚さは十三～二十センチが普通だった。チーズの体積が大きければそれだけより大量のミルクと乳牛の群れが必要となる。一個のチーズに二十～三十頭の乳牛が必要であった。初めは小規模農家が集まってそれぞれのミルクを足し合わせて「大型」チーズを作っていた。しかし、この時代の経済的な圧力はチーズ製造に合理化への道を選択させることになる。比較的大きな農場も、小規模農場が合併したものも、さらに大きな単位となる動きが本格化しはじめるのだ。

スコールディング製法の発明　イギリス南部

十八世紀の後半になると、イングランド経済はますます複雑化し、それを支える交通網の整備という大プロジェクトに取り掛かっていた。道路が新設され、既存のものは改善された。運河網も建設され、航行可能な河川が繋がれ、河川の改良工事も行われた。こうして新しい農業地帯のロンドン市場へのアクセスが可能になった。

サマセットや隣接するグロスターシャーの一部地域、バークシャー、ウィルトシャーのチーズが定期的にロンドンへと運ばれてきて、品質について極めて高い評判を得るようになった（Cheke 1959）。およそ四・五kgの伝統的な車輪型チーズがこの地域で作られていたが、それより大型のサマセット産「チェダー」チーズや「ダブル・グロスター」チーズ（約八〜十一kg）がよく知られるようになった。大型のチェシャーチーズの販路網をすでに構築していた、ロンドンのチーズ商からの要求にこたえるものであったことは間違いない。

南部地域のチーズ製造者たちはチェシャーとは異なる戦略で、内部からの腐敗に耐えうる水分の少ないチーズを製造していた。スコールディングとよばれる技術で、カードとホェイをわけて、ホェイを湯沸かしの中で加熱し、チーズ桶の中に残ったカードの塊の上からかけて、ホェイの排出を促進させるのである。湯や水で薄めたホェイを温めて使用することもあった。この工程はおそらくサマセットで初めて行われたものだろう。サマセットは、チェダー地方で十六世紀にすでに大型チーズを製造していたことで有名だったところだ。スコールディング製法は近隣地方一帯に広がり、ダブル・グロスターチーズの製造の際の標準製法となった（Marshall 1796）。その後まもなくさらに改良され、カードがまだ大きく固まっていないうちに加熱するようになる。すなわち、ホェイを取り除く前、カードもまだ大きな塊にならないうちに加熱するのである。これによってカードの小さい塊は完全に加熱され均一になり、したがって、カードの収縮とホェイの排出が高まるのである。

チェダー、グロスター、その他南部地方のチーズは、はじめは圧搾後に表面に塩を擦り込む方法を採用しており、圧搾前に塩をするチェシャーで行われていたような手法ではなかった（Fussell 1966）。しかし、十八世紀の終わりにはウィルトシャーのチーズ製造者たちが圧搾前に塩を使う技法をチェシャーから借用したようだ。それによって厚みのあるチーズを作って、ロンドンでダブル・グロスターの名称で販売したのである（Marshall 1796）。スコールディング技法とあらかじめ塩を加える製法とを混合させた製法は、イングランドの圧搾チーズ製造におけるランドマーク的な発展だった。この方法によると、大型チーズでも水分含有量が十分に低く、塩分は十分に高いため内部の腐敗を避けることができる。しかも熟成の過程ですばらしい風味と質感が醸成される。水分は十分にあり、塩分も高すぎないので、十九世紀の初めごろにはサマセットのチェダーチーズにこの混合製法を採用しており、アメリカでも同時期にこの技法を使っていた。アメリカではイングランドの技術革新を追いかけて進歩を続けており、アメリカでのチーズ製造はイングランドでのやりかたを忠実に反映するものだった（Deane 1790; Hough 1793; Johnson 1801）。

このテーマについては第八章で詳述する。チェダーチーズの名称は産地とは関係なくこの製法を用いたチーズのすべてに適用されるので、チェダーチーズは世界で最も多く生産されているチーズということになる。

十九世紀初めごろ、イングランドの主要なチーズのほぼすべては二つのカテゴリーに分類することができた。チェシャーに代表される北部地域のチーズは、非加熱で圧搾前に塩を加え、高い圧力で圧搾する技法で製造された。南部地域のチーズはチェダーを筆頭に、スコールディング（加熱）技法と、圧搾前に加塩してその後高圧で圧搾する方法を組み合わせて使用した（Cheke 1959）。北部のチーズはスコールディングのステップを踏まないので、南部のものよりも幾分か水分率が高いチーズになった。また酸味が強いのが特徴であった。

さらに酸味が強くて高い評価を得ていたスティルトン・チーズが、十八世紀の半ばに注目を集めるようになっていた（Hickman 1995）。スティルトンの製造者はチェシャーチーズと同様、カードを圧搾する前に加塩する技法を用いていた。おそらくチェシャーチーズからアイディアを借用したのだろう。しかしチェシャーのように高圧でプレスするのではなく、工程の間じゅうホェイの排出をむしろ制限する方法をとっていた。大型円筒型のスティルトンは、熟成の過程でも、そのサイズと形から、蒸発による水分の減少を制限するものだった。その結果、目が粗く、水分の多い、酸味の強いチーズになり、涼しくて湿度の高い環境で熟成させると、内側からも、外側からもカビが発生した。このチーズは非常に水分が多くて柔らかいため、熟成の間、円筒型がだれたりゆがんだりしないように、巻き布で締め固める必要があった。

熟成時に外側を保護するためのカバーとして巻き布を使用した最初のチーズは、おそらくスティルトンだったと思われる。

しかし、チェダーチーズの製造者は巻き布の応用で、初めて「包装用の薄紙」を利用して、「皮の少ない」長期熟成タイプのチーズを製造できるようにしたのである。この時点まで、チーズの表面に塩を擦り込む手法を使って、厚くて乾燥した皮を作り、熟成・保存中にチーズの表面を物理的に保護し、また、水分の蒸発を防いで過度に乾燥しすぎないようにしていた。しかし、スコールディング（加熱法）

に加えてあらかじめ塩を使うチェダーチーズの手順を使うことで、表面に塩を擦り込む必要がなくなった。技術的に言うと、「皮なし」のチェダーチーズを作ることが可能になっていたが、物理的なダメージや乾燥、ひび割れの対策は必要であった。

表面の保護の必要は特にアメリカのチーズで深刻だった。イングランドよりも夏の気温が高く、表面が適切に保護されていないものは、過度の乾燥やひび割れ、型崩れを起こしやすかったのである。表面のひび割れは特に問題で、チーズにウジが発生したり、腐敗の影響を受けやすくなったりした（Deane 1790）。十八世紀の終わり、あるいはそれよりも早い時期に、アメリカでは、溶かしたホエイバターで表面を繰り返し擦る、「仕上げ塗り」をすることで、こうした問題を少なくできることを発見した。バターを繰り返し使用することで、固まって薄い弾力のあるコーティングができる。これで水分の蒸発を抑え、ひび割れやウジの侵入から表面を保護するのである。また、完成したチーズの質量も増えた。以前は皮が生成される際に水分が失われていたが、その水分が内部に残るからである。薄い皮は食べる時には簡単にはがすことができ、無駄を最小限にできる（Johnson 1801）。

この方法をアメリカ人がチェシャーチーズから模倣したのか、それとは別に独自に発達させたのかは不明である。どちらにしても、この新しい処理方法が先触れとなって、圧搾後に布の包帯を巻き、その上から繰り返し溶かしバターを塗る方法が考案されたのは確かである。これが十九世紀の前半ごろのことだった。油脂を塗った巻き布は固まって、厚みのついた弾力性のあるコーティングとなり、大型の円柱型チーズを保護するのである。こうして油脂を塗った巻き布をした「皮の少ない」チーズは、伝統製法による皮のついたチーズよりも経済的な利点を備えており、イングランドでもアメリカでもこの技術が採用されることになった。

どちらが先だったのか、はっきりしたことは言えない。第八章でもう一度この問題を考えたいと思うが、巻き布に油脂を塗る方法はアメリカで先に考案されて、その後イングランドに広がったのではないだろうか。これ以前まではアメリカは常にイングランドから新しいチーズ製造技術を得られると期待していた。しかし、以後は大西洋を渡る新技術は反対の方向に流れるようになるのである。巻き布の技術はさらなる進化を重ねた。

安くてコーティング効果の高い脂質として、バターに替わってラードが使用されるようになったこと。出来上がったチーズを熱湯につけることで、表面をしっかりと締めて保存性をさらに高めたこと。チーズに巻き布をする技術は十九世紀末にワックスによるコーティングが可能になるまで、アメリカとイングランドでこの世紀いっぱい広く行われた。続いて、二十世紀になると紙やフィルムで何層も包んで、より一層物理的に保護できるようになり、水蒸気も通さなくなったのである。

〝乳搾り女〟の遺産

農業資本主義の台頭でイングランドの農村部には大きな変化が訪れた。〝乳搾り女〟と〝乳搾りメイド〟は、それまで何世紀も荘園領地においてそうだったように、ヨーマンの農場でもチーズ製造の中心的な存在だった。しかし、これまで女性の世界だったチーズ製造に、新しいやり方を用いる男性の影響力が浸透し始めたのである。

十八世紀の啓蒙運動はイングランドでは科学技術を開花させ、農業を含むイングランド経済の多くの分野で、体系化と合理化を推し進めた。生産性を高めて商業ベースに乗せるために、農業経営を改善する推進力を維持していたのは、科学的実証主義的な知識を熱心に応用した上流階級の紳士と裕福な起業家だった（Valenze 1991）。

たとえばウィリアム・マーシャルのような高等教育を受けたイングランド紳士が、それまで女性の王国だったチーズ製造の世界に侵入し始めた。ヨーマン農場でのチーズ製造の工程を研究し、最も優れた製造法に注目した論文を発表したのだ（Marshall 1796）。同様にチーズの委託販売人も特に優良な製造方法と一貫した品質を奨励するために、チーズの取引先の農場で働く女性たちのチーズ製造について研究を始めた。

ジョサイア・トワムリーはそのような委託販売人の一人で、十八世紀末と十九世紀の初めにチーズ作りの優れた工程を幅広く扱った本を、二冊出版している（Twamley 1784; Twamley 1816）。マーシャルとトワムリーの論文はその他の男性が発表した科学技術に関する様々な記事と、ほぼ同時期に刊行され、チーズ製造の工程から神秘性がはぎ取られはじめた。そしてかつて〝乳搾り女〟だけが所有していて、母から娘へ、女主人から召使いへと伝えられていた「秘密の知恵」の管理人というポジションから、〝乳搾り女〟たちはふるい落とされていくことになる。

チーズ製造の技術的な知識が男性支配のパブリックな領域に流出する動きは、十九世紀の半ば、チーズ製造の世界に科学的原理を構築する、ジョゼフ・ハーディングの記念碑的な著作によって最高潮に達した。ハーディングたちは急速に増えていく自然科学の知識を応用して、科学的原理を用いてチーズ製造を体系化しようとした。その過程でどこでも同じように製造できるよう、チーズの種類ごとに、手順すなわち「レシピ」を初めて標準化したのである（Blundel and Tregear 2006）。チーズに関する科学と技術が次々に公開されて、十九世紀の後半に、酪農品製造の専門学校が設立されると、チーズ製造の技の守り手、〝乳搾り女・乳搾りメイド〟という他に類を見ない身分は、ますます影が薄くなっていった。

伝統的な女性チーズ職人にとって、同じく存在を脅かしたのが、男性の著述家が女性職人について書くときの表現態度で、女性のチーズ職人たちはえてして時代遅れで、偏見が強く、新技術を学ぶことを嫌うといった表現を繰り返した（Valenze 1991）。こうして、十九世紀半ばにはイングランドの女性のチーズ職人の地位は相当危うくなっていた。

しかし、〝乳搾り女〟やその助手を務めていた女性たちも、また農場作りのチーズも消えてしまうことはなかった。両者ともたくましく生き残り、二十世紀に入ると初めの十年の間に、カムバックを果たしている。歴史の奇妙なねじれの中で、アメリカでチーズ工場が発展を始めると、女性のチーズ職人の特別な地位は酪農場とともに、イングランドでもう少し長く温存されることになったのだ。

アメリカでは十九世紀の後半になると、一八五一年のチーズ工場第一号の成功に続いて、工場でのチーズ製造が驚くほどの成功を収めた。これはイングランドで人口が急増したのと同時期で、イングランドは食品に掛ける関税を引き下げてアメリカからの輸入を促進した。こうして、アメリカで南北戦争が始まるころ、アメリカ産「チェダーチーズ」がイングランドへと少しずつ流れ込み始め、じきにそれは急流へと変わっていったのである。工場で製造されたアメリカ産の安価なチーズの流入は、イングランドのチーズ価格を引き下げ、イングランドのチーズ製造者は二つの選択肢のうちの一つを選ばざるを得なくなる。第一の道は、拡大を続けていたロンドンなどの巨大市場に向けて、牛乳を生産する道である。これは十九世紀半ばの鉄道の発達によって可能となった。競争が非常に高まっていたチーズ市場よりは牛乳の価格の方が、生産者にとっては利益が大きかった。こうして、数多くの農場がチーズ製造を中止してしまったのである（Blundel and Tregear 2006）。

第二の道を選んだチーズの製造業者たちは、結束して工場を設立し、その第一号は一八七〇年に操業を開始した。しかし、イングランドの工場生産は二十年先行していたアメリカに太刀打ちできないことが判明した。さらに国内の酪農地帯では、最も良質のチーズは農場で熟練の〝乳搾り女〟が作るものという考えが強く残っており、新しいチーズ工場を作ることに大きな抵抗があったのである。工場生産のチーズは、アメリカのものもイングランドのものもどちらも農場の良質のチーズと比べて二級品とみなされた。

これによってイングランドの農村部に伝わる〝乳搾り女〟の持つ伝統的な技術と、経済や文化における重要性が再び脚光を浴びることになった（McMurry 1992）。

結局、アメリカや、後にはカナダやニュージーランドからの低価格、均一な品質の工場生産のチーズが流入してきて、イングランドのチーズは破滅的な状況に陥る。一九二〇年代の半ばではイングランドで消費されたチーズの七十五％が、主としてニュージーランドとカナダからの輸入品だった。しかし、イングランドで製造されていたチーズの実に七十五％は農場の伝統製法によるチーズだったのである。

十九世紀の終盤に激減した農場チーズだが、二十世紀初めの三十年間に目覚ましい復活を遂げている(Blundel and Tregear 2006)。進歩的なチーズ職人が今度は上質のチーズ市場の隙間を狙って商売を始め、農場作りのチーズも〝乳搾り女〟の技術によってなんとか生き延びた。

しかし、その農場作りのチーズも結局は世界恐慌と第二次世界大戦によって、ほとんど壊滅的な状況となる。とくに戦時中の方針として、農場でのチーズ製造をやめて、工場でハード系のチーズを数種類製造することが要求されたのである。戦時中の生産統制は一九五〇年代の前半には廃止されたが、農場でのチーズ製造は復活できなかった。一九五〇年代の終わりには工場でのチーズ製造が、国内生産のおよそ九十五％に達した(Blundel and Tregear 2006)。しかし農場での上質のチーズ製造の記憶はまだ引き続き残っており、イングランドに伝統製法を復活させようとする動きが生まれることになる。

全ヨーロッパにチーズを供給する国オランダ

オランダでチーズ製造が市場原理に押されて発展したことは、イングランドの場合といくつかの点でよく似ている。ただ、異なるのはオランダでは変化が遅れたことと、イングランドよりも発展が短期間の間に爆発的に起きたことである。実際、十世紀以前は、オランダの大部分は人の住まない、またはまばらにしか人が住んでいない荒れ地で、沿岸部に広がる泥炭地と草原は夏季には雨が多すぎて農耕に向かず、冬季には北海からの暴風雨で洪水が発生した。十五世紀になってようやく経済の重要な一翼を担う産業として、酪農業が発展をみることになる。

とはいえ、酪農の歴史はオランダでも長く、チーズ作りは新石器時代後期に遡ることができる。この当時は広大な塩水性湿地帯の真ん中にできた砂山の尾根部分に、小規模の集落が作られていた。この初期の定住民たちは排水の良い丘の上に数種類の穀物を育て、牛の飼育と酪農に大きく依存する生活を送っていた。季節移動の酪農も行われており、牛たちは夏の間は居住地より低い海岸沿いの草地で飼育され、冬になると高地に移動していた。酪農と酪農生産物はオランダの初期の定住民たちにとって重要なものだった。ローマ人が入ってくる以前の居住地の遺跡から発掘される動物の骨の中でも、牛の骨の割合が大きかったことと、バターの攪拌機やチーズの型が発見されていることから証明できる（TeBrake 1985）。

ローマ帝国がオランダを占領した時、彼らはライン川の川沿いに軍の駐屯地を建設した。ここに食糧の供給が必要だったことは言うまでもない。ローマ人たちは軍の施設を維持するために年貢や、租税、貿易の名目で、土着の先住者たちから家畜や、酪農品やその他の農産物を搾り取っていた（TeBrake 1985）。しかし、ローマ人はオランダを植民地化しようとはしなかった。明らかに居住に向かない環境がその理由だったのだろう。そのかわり、オランダの南方、フランドル地方とブラバント地方を植民地化しようと、道路を整備し、町や農業経営の拠点としてヴィラを作ったりした。そのおかげでフランドルやブラバントはローマ帝国の崩壊後は強力な荘園経済へと発展していったのである（de Vries 1974）。初期定住民の小規模な集落を除いては、西オランダの広大な土地の多くが中世初期には空っぽのままの状態だった。オランダはじめじめとした辺境に取り残された経済圏で、十一世紀にはヨーロッパ北部の繊維工業の中心地だったフランドル地方とは対照的だった。

しかし、その後数世紀が過ぎると、オランダの風景は信じられないほど大きな変化を見せる。オランダの荒れ地の多くを管理していたオランダの貴族とユトレヒトの司祭たちは、十一世紀から十四世紀にかけて大規模な土地改良を行った。おそらくフランドルで好景気が始まり、干拓地が拡大していくことに刺激されたのだろう（van Bavel and van Zanden 2004）。塩水性の低湿地帯の土地改良工事は非常に骨の折れるもので、集中的な工事が必要だった。地下水面を効果的に下げて地表を乾燥させるには、新しい土地には深さ〇・九一四メートルのところに排水溝を網の目のように掘る必要があった。排水改良していない周囲の土地から流れ込んでくる水をわきへそらせるために、低い堤防の建設も必要だった（TeBrake 1981）。

大規模土地改良をさらに厄介にしたのが慢性的な労働力不足だった。オランダは人口が少ない上、大貴族や教会のわずかな荘園の土地に余剰の労働力はほとんど期待できなかった。そこで貴族や司教たちは必要な労働力を集めるために思い切った手段に出た。土地改良の労働の対価として、現地の小作農たちに自由と土地の所有権にも近い権利を与えることにしたのである。こうした自由主義的な土地利用の政策によって土地改良されたオランダの田園地帯は、自由農民が所有する比較的大きな家族経営の農場という特色を有するようになる（van Bavel and van Zanden 2004）。

改良された土地は初めのうちは農地になり、パン用の穀類が作付けされ、一〇〇〇年から一三〇〇年の間に穀類の生産は劇的な増加を見た。これとは対照的に酪農は以前と同じような塩分の多い低湿地で小規模に行われていた。改良地の農場は収穫量を増やし、オランダの人口は徐々に増加していった。小規模農家の余剰穀類でライデンやハーレム、アムステルダム、ハーグ、デルフト、ロッテルダム、ゴーダといった新興都市の増加人口の食糧を賄った。

同時に、北海に面し、ライン川河口に近いというオランダの立地条件の良さが海上貿易の発展に大きく貢献し、海岸沿いの都市や港町に繁栄をもたらした。十四世紀の土地改良の済んだオランダの田園地帯は国内の都市人口の食糧を賄うべく穀類を生産し、生産量はますます増加し、繁栄を続けた。

しかしその後に続く二百年の間に、主に人間の手による生態系上の危機が引き起こされて、パン用穀物の生産は失敗し、オランダ農業は劇的に変化した。乳業とチーズ製造の急発展もその一つである。十四世紀半ばにには塩水性低湿地の排水によって土地改良する作業がすでに何世紀にもわたって行われており、これが原因で陸塊大陸の収縮と地表面の地盤沈下が生じ、オランダの広大な地形は大きな被害を受けたのである。泥炭地というのは大量の水を含むと体積が膨らむ巨大な生物学的なスポンジのようなものと考えられる。泥炭は上に向かって成長し、それにつれて地表面には隆起が起こり、さらに多くの水を吸収する。逆に、泥炭が水分を排出していくと、泥炭の成長は止まり、「スポンジ」は水分を失うにつれて収縮し、盛り上がっていた泥炭表面にはボウル型の窪みを生じる。その結果、オランダ西部の泥炭の上にある土地改良をした地域は、徐々に地盤沈下が進行し、海面の高さから数メートルも高かった場所が、排水を行って土地改良した後では海面より数メートル低くなっていたのである（TeBrake 1985）。

さらに悪いことに、十四世紀の中ごろ緩やかな海水面の上昇が起こった。泥炭地が収縮し、海水面が上昇すると、今度は、改良地の地下水面も上昇し、海岸沿いの地域では洪水の危険が高まった。改良した土地がどんどん水分を含むようになると、小麦などの水はけの良い土地を好む穀物の栽培が次第に困難になり、ついには重大な岐路に行きついた。農業をすっかり放棄するのか、あるいは水はけの悪い土地でも可能な農業に切り替え、洪水から作物を守る方法を開発していくのか。

なんとオランダ農家の多くは自分たちの農業を環境に適合させ、北海と戦うという選択をしたのだった。実に人類史上の驚くべき決断といえる。

北海に戦いを挑んだオランダ農業

洪水と戦うために、オランダ人は干拓を始めた。自分の土地を低い土手で囲んで、表面の水をポンプでくみ出すことで土地を乾燥させるのである。十三世紀から穀物の製粉に使用していた風車を、一四〇八年に初めて干拓地から水をくみ出すことにも使用した。十五世紀の半ばには風車による排水はオランダの典型的な風景になっていた。かつて何世紀も前に改良された土地が再び改良されたのである。

しかし、以前より高くなった地下水面が原因で、多くの干拓地が小麦の生産に耐えられず、別の土地利用が必要であった。水はけの悪い土地でも育つ大麦やホップの生産に切り替えた地域では、職人作りのビールが成長したところもあった。また他方、多くの農耕地では作物の栽培を一切やめて、乳業と熟練のチーズやバターの製造に切り替えた。こうして、海上貿易によって急速に成長し繁栄していた、近隣の都市部に有望な市場を見出して、一三五〇年から一五〇〇年の間に、チーズとバターの生産量は着々と伸びていったのである。

オランダは国内で穀類の生産が不足してくると、増加を続ける都市部の人口を支えるために、フランスやバルト海沿岸地域から大量の穀類を輸入する必要に迫られた。食糧の輸入を賄うためにオランダは高価な輸出品を新しく開発する必要が生じた。折しも、ヨーロッパの至る所で貿易による繁栄期が幕を開けており、ビールやチーズなど、オランダからの輸出にとって好機だったのである。小麦から大麦、酪農へと転換を図っていくにつれて、国内の余剰産物は増加した。十五世紀になるとオランダはドイツのライン川流域とフランドル地方に相当量のチーズを輸出していた。オランダのチーズは、これらの地域でそれまで市場で強い存在感を持っていたイングランドチーズと、互角に戦えるようになっていた(van Bavel and van Zanden 2004)。

十五世紀も末になると、オランダでは過去数世紀の間にさらに強くなった起業家精神に裏打ちされて、カルヴァン主義の隆盛をみる。海上と都市の強力な経済基盤と、農民の自由主義と起業文化、さらにますます特化していく付加価値のついた農産物（ビール、特にチーズ）とが、かつては荒野にすぎなかった小さな国オランダを、ヨーロッパでも有数の豊かで強力な帝国へと押し上げていった。

一五〇〇年から一七〇〇年の間に、オランダの経済はヨーロッパの国々のどこよりも急速に成長し、この経済の拡張が農村部の経済を大きく変貌させる。農民世帯が経営する酪農場はますます高度に専門化し、規模も大きくなった。典型的な家畜の群れの数は十六世紀の初めには五から六群れだったのが、世紀の半ばには十五群れに、十七世紀にはおよそ二十五群れにまで増加した。このようなより巨大化し専門化した農場は自給自足的な経営をやめて、商品やサービスの受け取り手となった。郊外には次々に村が誕生し、急成長を遂げ、農村部の新たな需要に応えるようになった（de Vries 1974）。

チーズの生産が拡大すると、ますます複雑化する販売と流通に対処するために、各地域に市場が必要になってくる。特に、成長を続けている国際市場むけのものだ。一四〇八年の資料に記載があるオランダ北部の町アルクマールには最も古いチーズ市場があった。アルクマールの市場は十六世紀には繰り返し拡張を続け、十七世紀にも再び拡大している。一七〇〇年代の初期にはアルクマールは二千七百から三千二百トンのチーズを取引し、一七五八年から一八三〇年の間には、二十四万三千五百四トン百八十三kgのチーズがこの町の市場から流通していった(Flint 1862)。

ゴーダにはオランダの南部では最も大きなチーズ市場があり、十七世紀には年間およそ千八百から二千七百トンのチーズを取引していた。その北方には年間千八百から二千五百トンをさばくホーンがあり、市場町エダムが隣接していた。この他にもオランダ中に小規模の市場が無数にあった(de Vries 1974)。

アルクマール、ロッテルダム、アムステルダム、ホーンは国際取引を専門に扱うようになり、十八世紀にはロッテルダムとアムステルダムは年間千四百から五千五百トンのチーズを輸出していた。ホーンの町は「全ヨーロッパのチーズ仲買人」として知られており、チーズ輸出の大中心地とみなされていたが、特別な人物名は明らかになっていない(de Vries 1974)。一八〇三年になってようやく信頼のおける数字が現れる。国内全体で年間の取引量が八千五百トンというのはこの当時、しかもこれほど面積の狭い土地で行われたものとしては、驚くべき数字である。イタリアやイベリア半島がオランダチーズの主な輸出先で、ドイツ、イングランド、フランス、西インド諸島、北アメリカ、その他、時の権勢を誇るオランダの商船が旅するところならどこまでも運ばれた。チーズは食糧として常に船の積み荷に加えられていたのである。

オランダチーズの製造法に関して詳しい著作は、まずドイツ語で出版され(Ellerbrock 1853)、その後英語に翻訳された（Flint 1862）。これはオランダ人チーズ製造者がチーズ市場でこれほど急速な成功を成し遂げた理由を洞察するものである。

オランダ人たちは高度に専門化していた。たとえば新しい器具を発明し、大量の製品が作れるようにした。またいくつかの種類のチーズを選んで品質を高めた。新しい「重ね仕上げ」を採用して他の製品との違いをアピールした。より保存性が増し、輸送や取引の際にも便利なチーズを工夫して製造した。イングランドのチーズ製造者たちがチーズ商たちのニーズに合わせることによって、市場の要求にこたえていたのに対して、オランダのチーズ製造者たちは企業的な革新を行って、自分たちのチーズのために新しい市場を作り上げたのだった。

たとえば、イーストアングリアのチーズ製造者はバターの需要が高まっていたことに対して、チーズを作るミルクから脂質を取り除き、低脂肪低品質のフレットチーズを作ることで市場の要求に対応した。しかしより多くのバターを求めるロンドンのチーズ商たちからの重圧が高まるにつれて、この戦略ではチーズの品質はもちろん、同時に評判も落ち、イーストアングリアの競争力を落とすことになってしまった。こうしてかつての強力なイーストアングリアのチーズ帝国は結局没落してしまった。

オランダもまた、チーズが急速に生産を伸ばしている同時期、バターの生産も大きく伸びていた。しかし、オランダのチーズ製造者は、輸出で大成功を収めていたエダムとゴーダの二種類のチーズに関しては、バターの生産に左右されないようにしたのである。そのかわりにオランダはスキムミルクから、「スパイスチーズ」として知られる新しい製品を開発した。これは薄味のスキムミルクのカードに風味をつけてチーズに仕上げたもので、水分が蒸発して岩のように硬くなる前、新鮮なうちに消費するものであった。

赤色表皮のスパイスチーズ

スパイスチーズはレンネットを使用して凝固させたチーズで、非加熱、圧搾して表面に塩を擦り込む製法で作られた。キャラウェイシードとクローブの粉を圧搾前のカードに層状に加えて風味を付け、そのあと型入れする。チーズは九kgの車輪型に圧搾され、表面に塩をまぶすと皮が作られ、さらにその外側を目立つ赤のコーティングで「重ね仕上げ」される。コーティングはアナート（ベニノキ）で表面を彩色したもので、さらにその上には子牛を産んだばかりの母牛が分泌する初乳を塗り込んであり、もともとは黄色がかったオレンジ色のアナートが赤く発色するのである。赤色のコーティングは見た目がよいだけでなく、硬くて、しかもなめらかな表皮を作りやすくする（Flint 1862）。

オランダのスパイスチーズは、岩のように硬くて風味にも乏しいイーストアングリアのスキムミルクから作るフレットチーズ、「サフォークの一撃」と揶揄されるものとは大違いだった。スパイスチーズの製造は、利益の上がるバター市場にも、付加価値のついたスキムミルク市場にもうまい話で、残りのミルクを輸出用のエダムとゴーダ――価値の高い二大全乳チーズ――にたっぷりと割り当てることができたのである。

絶妙なバランスのエダムチーズ

エダムの名前はドイツのラインランド地方の商人たちが使用したもので、オランダから輸入したチーズを市場のあった町の名前、エダムからとって、「エダマー」と呼んだのが始まりである。エダムはこの地域の重要な交易の中心地だった。その名前が広がって、オランダ北部で「甘いミルク（無塩全乳）」から作られるチーズの総称となった。エダムはレンネット凝固を利用した、非加熱、中程度に圧搾して、表面に塩を擦り込んだチーズで、コルメラが書いていたような熟成ペコリーノチーズと大差はないが、いくつかの重要な革新が加えられていた。

このチーズは無塩の全乳（搾りたて乳）から作られているが、カードはローマ時代に行われていたような円柱型の型に入れて圧搾されるのではなく、オランダ人の発明した木製の球型の型で圧搾され、一・八kgのボール型のチーズに成形される。これによって、エダムは手荒な扱いでひび割れたり、欠けたりして、内部からの腐敗の危険を生むような、問題を生じやすい角や隅がなくなったのである。エダムのこの球型のおかげで、保存性は非常に高くなり、また輸送中の物理的な力や手荒な扱いにも耐えることができるようになった。またこの球型は海上輸送に使用された樽に詰めたり、出したりを容易にした。また、球型であることで、円柱型や円盤型のような他の形に比べて、エダムチーズの表面積は最小になり、長時間の暑い船旅でも水分をより長く保存し、うまみを十分に引き出すことができた。

小さな球状に成形して、かつ、より長く塩水に漬けていること（九から十二日間）から、チーズに水分が多すぎて内部から腐敗する恐れもなく、反対に水分量が少なすぎて、十分な熟成に至らず、風味の足りない状態になる危険性も、どちらも巧みに防いで、オランダ人チーズ製造者たちはこの二極の間に絶妙なバランスを獲得したのであった。

エダムチーズの保存性は、圧搾して塩を加えた後に加熱したホェイで茹でること（スコールディング）でさらに強まった。加熱することで表面の平らでないところやごつごつしていたところは消えて、滑らかで目の詰まった表皮が出来上がる。イングランドのチーズ製造でも十八世紀の終わりには、特に海上で長距離の輸送をするために、チーズを熱したホェイでスコールディングする方法を実践していた（Twamley 1816）。

このころのイングランドの農業はオランダの影響を強く受けており（Fussell 1959）、イングランドのチーズ製造者がオランダからスコールディングの技術を借用したということは大いにあり得る。他方、オランダ人はチーズを売るためにイングランドのチーズ市場を詳しく研究して、実際にイングランドスタイルのチーズをイングランド国内で売るために製造していた（Flint 1862）。

したがって、オランダ人がイングランドからスコールディングの製法を学びとったという可能性も否定できない。しかし、前者の方が可能性は高いと考えられる。オランダ北部での輸出用チーズ製造が爆発的に増加するのが一五〇〇年から一七〇〇年の間のことで、スコールディング技法を含むエダムチーズの製法は、イングランドの出版物にスコールディング技法について言及されるようになる、はるか前の一七〇〇年までには完成したとみられるからである。

エダムチーズの滑らかな表皮はトウダイグサ科の植物ターンソール（Chrozophora tinctoria）の染料を使用することでさらに強化された。これは中世の時代から、書物に挿絵を施すのに使用されてきた染料である（Thompson and Hamilton 1933）。この植物の実を挽いてその汁を取る。亜麻布をこの汁に浸して、乾かし、尿を入れた容器の上に掛けておくと、容器から発生するアンモニアの気体が亜麻布に染み込む。アルカリ性のアンモニアはターンソールを変化させて亜麻布は紫色に染まるのである。

エダムチーズを紫色の染料に浸した布でこすると、暗い紫色は表面が乾くと明るい赤に変わる。ターンソールを使用すると見た目が魅力的になるというだけでなく虫よけとしても効果があり、熟成チーズにとって厄介なウジやその他の害虫から表皮を守る働きをする。

こうして、オランダ人は古代ローマ時代の小型円柱型乾燥チーズを大きく変化させた。エダムチーズは、目の覚めるような色で、ほとんど壊すことも不可能な球型となった。そして長い時間水分を保持して熟成するため、すばらしい風味に仕上がったのである。

甘い風味のゴーダチーズ

エダムより大型の全乳チーズ（六・八から七・三kg）、大きな市場町の名前からその名が取られたゴーダチーズは、オランダ南部でエダムとは異なる製法で作られた。サイズが大きいので、内部からの腐敗のリスクを抑えるために、ゴーダチーズは圧搾直後の水分含有量を低く抑える必要がある。またエダムよりも表面積を大きくして水分を蒸発しやすくしなければならない。これらの点を克服するために、オランダ南部のチーズ製造では次のような工程を採用した。まず、カードをカットしてかき混ぜた後ホエイを取り除き、型入れの前に、熱湯の中にカードを入れてスコールディングの工程を踏み、その後に圧搾する。十八世紀末のイングランドでグロスターや、チェダーのチーズ製造で行われていたスコールディングとよく似た工程だった。

繰り返しになるが、イングランドの方がオランダからスコールディング手法を拝借したのか、あるいはその逆かは定かではない。しかし、北部と同様、オランダ南部で輸出用のチーズ生産が増加したのは一五〇〇年と一七〇〇年の間で、スコールディング手法を含むゴーダチーズの基本的な製法は一七〇〇年までにすでに行われていた。

ゴーダチーズは車輪型に成形されるチーズで、これによって表面積は大きく、しかし木製の丸型で圧搾されるため、問題の多い角や隅が消えて、エダムによく似たさらに保存性の高い表皮が形成された。

エダムやスパイスチーズのように、ゴーダも明るい色のコーティングで「重ね仕上げ」された。サフランのめしべから酢で抽出してつくる染色液は、チーズの表面に塗ると乾いた後では良く目立つ黄色に変わる。このコーティングはハエやウジからチーズを守るので、表面積のたっぷりあるチーズにとっては大きな利点であった。ゴーダチーズは搾りたての牛のミルクを使用して、熱湯で洗うスコールディング手法を行っているため、非常に甘い、すなわち酸味の低いチーズになっている。

イングランドのチーズでもこのスコールディングの手法を行っているが、イングランドでは水を加えないでホェイを直接加熱して行うやり方を採用しているため、化学的作用とチーズの熟成過程に差が出ている。ゴーダチーズはグロスターやチェダーとは全く違う風味を特徴とした。ゴーダが市場で大成功を収めたことから、エダムの製造でもそのスコールディングの技術を南部のゴーダから借用するようになり、エダムチーズはゴーダの小型版のようになった。

オランダ帝国主義の「黄金時代」が終わりに近づいた後も、エダムとゴーダの輸出はオランダの経済に大きな貢献を続けた（de Vries 1976）。十九世紀の後半、オランダ政府はチーズ製造への新しい工場生産システムの導入を含む、酪農製品の製造と加工の改善に巨額の投資を行った。チーズ工場が不振になっていたイングランドとは対照的に、オランダの年間工場生産量は一九一〇年に一万九千百トンになり、農家の生産量（一万八千九百トン）を上回った。ほとんどの工場生産チーズは輸出用だった（Blundel and Tregear 2006）。議論のあるところではあるが、オランダは工業化も技術力も、また専門性も最も進んだ、そしてこの地球上で最も成功した（市場の占有率からみて）チーズ生産国であろう。

これに対して、農場作りのチーズは、多くの国々で伝統製法のチーズが再評価される動きが起こる二十世紀の終わりまでに、オランダからはほとんど姿を消していた。

第8章 伝統製法の消滅
ピューリタンとチーズ工場

なぜなら我々は丘の上の町となるべきだと考えなければなりません。すべての人々の目は我々の上に注がれているのです……。

〈ジョン・ウィンスロップ〈1630〉〉

マサチューセッツ湾植民地の初代総督ジョン・ウィンスロップは、アメリカの創始者の一人といってよいと思う。マサチューセッツに建設したピューリタンの新植民地を「丘の上の町」（あなたがたは世の光である。丘の上にある町は隠れることができない：マタイによる福音書第五章）、世界を良き方向へと変える偉大な実験だと表現した。様々な点からみて彼は正しかった。ピューリタンのカルヴィニスト神学の生んだ平等主義は、すべての人々が平等に創造されていると考えたことから、深いところでニューイングランド植民地の道徳的な特徴や、民主主義制度、そして統治の哲学、さらに国王を戴かない新生アメリカ共和国を形作ってきたのだ。

アメリカのチーズの源流

ピューリタンたちはその後、何世紀にもわたるアメリカのチーズ作りの原形に、深く関わることになる。ウィンスロップはチーズ製造について知識があった。彼の妻マーガレットは、グロトンの荘園やイングランドのサフォークにあるウィンスロップ農場で〝乳搾り女〟たちの監督をしていた。

より重要なのは、ピューリタンたち移民の人口構造が、新世界での活発な商業的チーズ製造の基盤を初めから備えていたことだ。マサチューセッツ湾の初期移民はイーストアングリアのサフォークやエセックス、ノーフォークの酪農地域出身者が多数を占めており、それよりやや割合は低いものの、もう一つの酪農中心地、イングランド南西部地域からの移民も多かった。また、他に数の多かったのがロンドンの商人階級で、適当な市場さえ見つかれば、新世界でチーズやバターで商売をしようと考えていた。彼らはピューリタンのチーズを祖国イングランドでも売ろうとしていた、ロンドンのチーズ商と同じくらいに商売熱心だった。湾岸植民地の商人やチーズ製造者たちが必要としていた市場はすぐに見つかり、商業的な製造が開始されることになる。

しかし、これにはからくりがあった。「丘の上の町」は光り輝くものではなく、すべての人々に保護を与えることもなかったのである。聖書とカルヴィニスト神学に関するピューリタンの解釈は、人間はすべて平等に創造されているのだという普遍の真理に対して、易々と例外を許したのである。

インディアンと呼ばれた先住民族は平等だとみなされなかったし、黒人のアフリカ人たちも同じだった。中でもピューリタンの農民が牛や豚の放牧地を巡ってインディアンと衝突すると、急激に強い敵意が生じ、先住民族の強制移住や虐殺へとエスカレートした。またピューリタンたちは急速に拡大していた人身売買に手を染めるようになり、初めは西インド諸島が中心だった奴隷労働は、間もなくアメリカの南部植民地や、さらにはニューイングランドにまで広がった。

ニューイングランドにおける、商業用のバターとチーズの製造は巨大な大西洋経済に融合することで盛んになっていった。この背景には西インド諸島地域と南部州の奴隷によるプランテーション農業が控えていた。また、ニューイングランドの商人とラムの蒸留業者、それとニューイングランドの農民との相互依存関係も色濃く存在していた。この巧みに仕組まれた相乗作用によってニューイングランドの経済は牽引され、生み出された莫大な富はピューリタンの特権階級とその子孫をほぼ二世紀にわたって潤すことになるのだ。他方で、アフリカ人奴隷とその子孫は言葉に尽くせないほどの苦しみを押しつけられていた。

ピューリタンが作るイングランドの圧搾チーズの特徴は、年間一万四千トン以上アメリカで製造されているチェダーチーズの中に今もはっきりと見ることができる。実際、アメリカでのチーズ製造の物語とピューリタンの遺産は互いに絡み合っており、十九世紀後半になるまで、その他の伝統チーズ製造がアメリカに大きく侵入してくることはなかったのである。そのころにはチーズの工場生産がすでに始まっており、アメリカでのチーズ製造はヨーロッパでのものとは大きく違ってきていた。

大移民時代の始まり

ニューイングランドの植民地は、荒れ狂う十六世紀という時代から生まれた。この時代にイングランドは強力なカルヴィニストによる改革運動を体験した。宗教上の不満が嵐のように国中を吹き荒れたのである。この改革運動の震源地はイーストアングリアだったが、ピューリタンはロンドンをはじめとする港町で、中でも影響力を増していた商人階級の間に多くの信者を獲得していた。

ローマカトリック教会からいかがわしい儀式や神学を継承していたイングランド国教会の浄化を、改革運動家たちが激しく求めたので、この運動はピューリタニズム（清教主義）として知られるようになった。ピューリタンたちのイングランド国教会に対する頑強な抵抗運動は、イングランド国王との間に激しい対立状況を生み、信者たちに対する迫害は日を追うごとに激しくなっていった（Kulikoff 2000）。

十七世紀の初めにはピューリタン社会の中に、イングランド国教会の浄化を諦めて教会から分離しようとする動きが現れた。国王側はこれを国王の権威に対する直接的な反抗であり、内戦につながりかねない危険分子であるととらえてさらに迫害を強化し、分離派をイングランドから追放した。

分離派のグループの一つは北アメリカに植民地を建設する勅許状を得て、一六二〇年、マサチューセッツにプリマス植民地を設立するに至る。プリマスのピルグリムたちは資金も少なく、アメリカ大陸での生活の準備も不足していた。彼らの中にはもともと酪農家ではなく、普通の農業さえしたことがない人々もいた。酪農用の牛がイングランドから運ばれてきたのは一六二四年のことだった。そうした数々の苦労にもかかわらず、植民地はどうにか生き残り、このことがイングランドにいたピューリタンたちの間に、国教会からの分離と新生活への強い憧れを生んでいったのである（McManis 1975）。

イングランドでは社会不安が増大していた。中世からの荘園制が崩壊し、田園地帯から都市貧民街へ農民が大量に流入した。十七世紀の初期に増加していた貧困、餓え、アルコール依存、犯罪、道徳の崩壊……すべてをピューリタンたちは黙示録の言葉通りであると見ていた。宗教的な迫害が強化されるにしたがって、ピューリタンのリーダーたちはイングランドがキリストによる罪の贖いをはるかに超えて、神の審判と怒りを受ける運命の日が近づいていると考えるようになった。そして新大陸に新生イングランドをという熱望が形となって現れ始めたのである。

こうした熱い思いは一六二九年、とうとう実現し、ロンドンの有力なピューリタン商人たちはマサチューセッツ湾植民地を設立する国王の勅許状を得た。その年の春、五隻の船が十分な装備を整えて、移住者たちと三十頭の牛を乗せてマサチューセッツに向けて出発、セーラムに落ち着いた（Pirtle 1926）。翌年の春、十一隻の船隊が二百四十頭の牛とジョン・ウィンスロップとその他のピューリタン指導者たちを含む八百四十人の乗客を乗せてマサチューセッツ湾へ向かって出航した（Hurt 1994）。年末までには合計で十七隻の船と千人を超える移住者たちがマサチューセッツ湾に到着した。

こうして大移民時代が始まり、一六三〇年から一六四〇年の間に二十数万人のピューリタンの移民が新しい植民地にやってきた。一六三〇年から一六三三年にかけての時期はほとんど、どの移民船にも酪農牛とその他の家畜が積まれており、マサチューセッツ湾植民地に酪農と乳製品生産の確固たる基礎が確立した（Bidwell and Falconer 1941）。早い時期に持ち込まれた動物が繁殖に使われて、後から到着した移民たちは到着と同時に牛を手に入れ、自分たちの農場を作ることができたのである。

最初からピューリタンの農民は、余剰農産物を市場で販売する目的のために組織されていた。もともと新設の農場は専用の市場を開いていて、新しい移民は自分の農場が持てるようになるまでの最初の一年か二年は食糧などを買う必要があった。移民たちは懸命に貯めた蓄えを交換可能な通貨にしてイングランドから持ってきていた。植民地では、イングランドから輸入が必要な数多くの工業製品を購入するのに通貨が必要だった（Rutman 1963）。こうしてマサチューセッツ湾植民地は新しい移民が蓄えた富を持って安定して流入してくることで、最初の十年間は繁栄できたのである。

マサチューセッツの山野は農業、とりわけ酪農業にとっては手ごわい敵となった。広大な原野がニューイングランド中を覆っていた。開けた土地といえば沿岸部の塩分の多い沼地と、真水の沼地が内陸部にあるだけで、あとはインディアンたちが自分たちの穀物を育てる土地がところどころに散らばっているだけだった。

ピューリタンの入植者たちは内陸部へと移動して、海岸から離れたところに村を作り、森を伐採した土地に柵を立てて囲って、作物、特に小麦を育てた。短期間に家畜の群れを放牧できるような広大な草地を切り開くことは不可能だったため、牛や豚は森の中に放されて自由に食べ物を探しまわった（Bidwell and Falconer 1941）。

村が次第に拡大して動物の群れの規模も大きくなると、周辺の森への影響も拡大して、すぐ隣り合った森で狩猟をしながら暮らしているインディアンたちと、しばしば衝突するようになった。インディアンの狩猟の獲物になる野生動物を牛が追い払ってしまったり、柵をしていないインディアンのとうもろこしや果物の畑に迷い込んで、大きな被害を与えることもあった。また、インディアンが自分たちの狩場と考えている場所でピューリタンの家畜を狩ったので、ピューリタン農民たちは激怒した（Kulikoff 2000）。暴力と対立が表面化することは時間の問題で、両者の心はかたくなになり、信頼も失われ、憎しみはじきに戦闘へとつながった。最終的には大規模な破壊行動が起き、アメリカ先住民たちはヨーロッパから来た移民とその子孫たちによって移住を余儀なくされたのだった。

インディアンの悲劇はさらに続いて、強烈な蒸留酒ラムがインディアンの生活に持ち込まれたことで一層過酷なものになった。ラムは西インド諸島のサトウキビプランテーションを含む巨大な貿易網の副産物として、十七世紀に存在感を増していった。それまでアルコールに全く触れたことがなかったので、インディアンたちは簡単に中毒状態になり、すぐにアルコール依存と貧困、絶望に支配されるようになる。皮肉にもピューリタンにとってラムは、優に一世紀を越える長きにわたってニューイングランドの植民地経済の活力源、そして莫大な富と繁栄の源となったのである。

西インド諸島の黒い誘惑

大移民時代は一六四〇年に終了した。イングランドのチャールズ一世がピューリタンの圧力に屈して、教会と国内政治を改革したのである。国内の変化が目に見えるようになって、新大陸へのピューリタンの移住は減少した。これによって成長を始めたばかりのマサチューセッツ湾岸の経済は大打撃を被った。農民たちは余剰の農産物を買ってくれる新たな移民の流入がないと、イングランドから工業製品を購入するために必要な、交換可能な通貨を手に入れられないのである。植民地の輸入超過の貿易収支は恐慌状態と経済不振へとつながった(Sprague 1967)。

次の十年でマサチューセッツの農業経済は、それまで国内消費で維持されていたのが、輸出市場に依存した経済へと移行した。一六四〇年代の前半、ピューリタン商人は植民地の木製品と小麦などの穀類を求めていた、スペインとカナリア諸島との間に貿易関係を築いた。一六四〇年代の半ばまで輸出は成長を続け、ボストンの商人たちはさらに新しい市場を開拓しようと躍起になっていた。好機は一六四七年に訪れる。西インド諸島のバルバドス島を伝染病が襲い、急遽必要になった食糧を求めてボストンに船団が急送された。ボストンの商人たちは即刻、現地に小麦と塩漬けの魚、牛肉を出荷した。この時を境に、西インド諸島への農産物の大規模な輸出がほぼ二世紀にわたって続くのである（Rutman 1963）。

一六五〇年、マサチューセッツ湾植民地が設立されてからわずか二十年で、西インド諸島に輸出される食糧のリストにチーズとバターが入るようになった。一六六三年以降、チーズとバターの輸出は急速に増加し、マサチューセッツでは小麦の生産から家畜の飼育、酪農へと大きく転換していく（Bidwell and Falconer 1941）。

このころになると、マサチューセッツのピューリタンたちは湾岸植民地の境界を越えてさらに広がっていた。ウィンスロップが言った「丘の上の町」は、一部の入植者にとって神学上でも社会的にも拘束が多すぎた。しばらくすると、マサチューセッツを自主的に離れる一派や、追放されるグループが出て、北方へ向かった人々はニューハンプシャー、南方へはロードアイランドとコネティカットに別の植民地をそれぞれ建設した。これによって「ニューイングランド」としてひと括りにできるピューリタンの文化が、各地に広がっていった。彼らは強力な商人階級であり、また家族経営による農場を経済基盤とした。

コネティカットとロードアイランドでは、チーズとバターの生産が間もなく農業経済の重要な構成要素となった。十七世紀にはボストンがニューイングランドの海上貿易を一手に牛耳っており、農産物の余剰分がニューイングランド各地からボストンに運び込まれると、西インド諸島へと輸送された。また、農産物が常にボストンへ運ばれてくることで、大西洋航路の貨物船が食糧を積み込むためにボストンに寄港するようになり、巨大な農産物市場がここに形成されていったのである。

初期のニューイングランドの農家と商人は相互依存の関係にあったと言える。すなわち、農民は余剰農産物を販売してもらうことで商人に依存し、他方で商人は、西インド諸島の砂糖生産をめぐって次第に姿を現しつつあった巨大な大西洋貿易網に参入するために、農家の余剰農産物を必要としていたのである。

オランダとフランス、そしてイングランドは十七世紀初期に西インド諸島を植民地化した。もともと、イングランド領西インド諸島には、比較的小さい土地所有者が入っていて、そこではロンドンの貧しい民の中から雇われた使用人が、タバコやショウガ、藍、綿花栽培の労働力を担っていた。

しかし、十七世紀も半ばになると、大プランテーションでのサトウキビに特化した栽培が莫大な利益を生んで、その他の作物は栽培をやめてしまった。バルバドスは早々とサトウキビ栽培に重点を移して、西インド諸島の残りの地域がこれに続いた（Sheridan 1973）。プランテーションの規模が拡大してより多くの労働力が求められるようになると、イングランドから連れてきた白人の年季奉公の使用人では間に合わなくなり、プランテーションの経営者はアフリカからの奴隷を主に使うようになった。その結果、イングランド領西インド諸島では人口の九十％が黒人奴隷で構成されるまでになった（Bailey 1990）。

サトウキビ生産に主力をかけるようになると、本国の植民地にその食糧を依存することになる。ニューイングランドの商人たちはこの好機を逃さず、チーズやバターなどの食料品の輸送をどんどん増加させて、黒人奴隷や白人の経営者たちの食糧を供給したのである（Rutman 1963）。西インド諸島では農産物や魚、木製品だけでなく、ニューイングランドのいわゆる「換金作物」や、高い付加価値のついた貿易品目もまた安く生産できた。こうした品目が市場でほとんど無制限に高く売れることに、ボストンの商人たちは気づくようになる。

なかでも、プランテーションで砂糖を精製する際に大量にできる副産物モラセスに取引が集中した。モラセスの最も利益の大きい利用法は発酵・蒸留してラム酒にすることである。バルバドスは一六四七年にはラムの醸造を始めており、十七世紀の後半にはニューイングランドの商人たちは西インド諸島からラムを持ち帰って、アメリカ各地の植民地やニューファンドランドに出荷したところ、大変な人気を呼んだ。しかし、原料のモラセスを西インド諸島で安く買い入れて、ニューイングランドに持ち帰って蒸留してラムを製造すれば、わずかな費用でできることに、すぐにまた商人たちは気づくのである。それにより、一六六一年にはマサチューセッツの裁判所は、ラムを過剰生産することは社会の脅威となるとする判決を出さなければならなくなった。このことは、この時期にはすでに蒸留工業が植民地で発達していたことを示している。裁判所の警告はあからさまに無視されて、ラムの蒸留は各地に広がっていった。ロードアイランドの最初の蒸留所は一六八四年ごろには操業を始めていた。一七七〇年には百四十ほどの蒸留所がニューイングランドにあって、年間千九百万リットルのラムが製造されていた（Bailey 1990）。

ニューイングランドがラム貿易に参入すると同時に、西インド諸島でチーズやバターなどの食料品がモラセスと取引できるようになった。それによって、拡大するラム貿易を中心とする経済が全体の経済活動に火をつけた。ニューイングランドの農産物にとって西インド諸島の市場はほとんど無限大で、ニューイングランドのラムにとっては本土の植民地やニューファンドランド、またイングランドの市場もまた巨大なものだった。奴隷労働力によるプランテーションとラム貿易によって、ニューイングランドの酪農家たちは非常に安定して利益も大きいチーズとバターの市場を手に入れた。マサチューセッツ、コネティカット、ロードアイランドはこれに応えて酪農をますます専門化していったのである。

しかし、とりわけアフリカのラム市場は利益が大きく、西インド諸島など各地の植民地に運ばれていくアフリカ人奴隷を買い付けるのにラムは重要な通貨となった。特に砂糖のプランテーションでは、労働力を確保するために新しい奴隷を常に必要としていて、十七世紀初めには、イングランドやオランダは奴隷売買を目的とした巨大な貿易ネットワークを有していた。十七世紀後半になるとマサチューセッツの商人たちも、ラムをたっぷりと用意して奴隷貿易に参入したが、成果ははかばかしくなかった。というのも、イングランド国王が王立アフリカ会社に西アフリカの奴隷貿易の独占権を与えたので、同社が盛んに取引をしていたアフリカ西海岸からマサチューセッツの商人は締め出されてしまったのだ。そこでマサチューセッツの商人たちは奴隷を求めてアフリカ東海岸のマダガスカルまではるばる航海せざるを得なかった。それでもなお、マサチューセッツの奴隷貿易は利益が多く、ゆっくりと成長を続けた。大半の奴隷はアメリカ南部の植民地に運ばれたが、数は少ないがニューイングランドに連れてこられた奴隷もいた。十七世紀の終わりにはおよそ千人の奴隷が、ニューイングランド各地の植民地に散らばっていったのである（Greene 1968）。

膨らむ奴隷貿易とチーズ製造

十七世紀の終わりごろ、ニューイングランドの植民地における奴隷貿易に拍車をかける事件が二つ起こった。それによって十八世紀にはさらに規模が拡大した。

まず、ロードアイランドの蒸留会社がアルコール分も品質も非常に高いラムの二倍蒸留酒、三倍蒸留酒を開発した。濃度の高いラム酒は運搬の費用も安く、その品質の良さに高値がついた。二つ目の事件は一六九六年、イングランド政府が王立アフリカ会社のアフリカにおける奴隷貿易の独占権を廃止したことだった。これによって、ニューイングランドの商人たちにも、儲けの多いアフリカ西海岸への門戸が開かれたのである。マサチューセッツの奴隷貿易商たちはこの機会を逃さず、西アフリカ貿易でその存在をアピールした。

数年後、ロードアイランドのニューポートを出発した商人たちが新作の最高級ラム酒を携えて、マサチューセッツが行っていた西アフリカの奴隷貿易に合流すると、間もなくマサチューセッツを追い越してしまったのである。ロードアイランドは十八世紀を通してアメリカの奴隷貿易を牛耳るようになり、アメリカの植民地による奴隷貿易の実に六十〜九十%を占めるに至る。

十七世紀、十八世紀、そして十九世紀の初期までにおよそ四百四十万人の奴隷がアフリカから西インド諸島やアメリカの植民地に運ばれてきていたが、全体からみれば、ニューイングランドの奴隷貿易の割合はごくわずか（五%以下）にとどまっていた（Bailey 1990）。とはいうものの、奴隷貿易はニューイングランド経済の非常に重要な歯車の一つだった。中でもロードアイランドのニューポートはニューイングランドの奴隷貿易の首都として巨万の富を築いたのだった（Coughtry 1981）。

奴隷貿易が大きく増加したことで、ニューイングランドにはさらに多くの奴隷が運ばれてきた。一七一五年にはニューイングランドの奴隷人口はこの世紀初めに千人だったものが四千百五十人にまで増加していた。アメリカ独立時にはさらに増加して一万六千人にまでなっていた。奴隷労働は農業や乳製品製造にまで及び、ニューイングランド産業の文字通りありとあらゆる分野にわたっていた（Bailey 1990）。男性の奴隷が酪農場で働く場合、牛飼いをしていたのに対して、女性の奴隷はチーズ作りを担当した。チーズ作りは女性だけの仕事というイングランドに古くからある習慣が、奴隷労働者に対しても守られていたのである（Berlin 1998）。

ロードアイランドのナラガンセットで奴隷が酪農とチーズ製造に使われた例は非常に象徴的だ。ここでは十数家族が広大な土地と富を手に入れていて、十八世紀初めごろニューポートに次々に奴隷が運ばれてくると、ナラガンセットプランテーションが形成された。ある記録によれば数千エーカーという広大な土地に四十人の奴隷が働いていたという。地所はナラガンセット湾の海沿いの塩水性湿地帯に沿って広がり、馬の生産と酪農業、チーズ製造を専門にしていた。そのどちらも西インド諸島の市場を当て込んでいたのだ。プランテーションでは百から百五十頭の乳牛を飼育して、年間六トンもの、当時としては大変な量のチーズを製造した（Miller 1934）。

ナラガンセット地方でのチーズ製造は十八世紀までにすでに長い歴史を経ていた。リチャード・スミスとその家族は一六三七年ごろナラガンセットに最初に入植したピューリタンで、イングランドのチーズ製造が盛んなグロスターシャーからの移民だった。家族の記録によれば、スミスの妻はイングランドからチェシャーチーズのレシピを持って来ていたという。ここからロードアイランドでのチーズ製造が根付いていく（Updike 1907）。一六七六年にはロードアイランドはバルバドスへチーズとバターを輸出していた（Weeden 1910）。

十八世紀にはナラガンセットチーズはロードアイランドチーズとも呼ばれて、ニューイングランドの最も素晴らしいチーズとして当時の新聞記事に何度も取り上げられ、広く認められていたことがわかる（Miller 1934）。またボストンでも、イングランドから輸入されていたチェシャーチーズと並んで高く評価されていた（Weeden 1963）。ベンジャミン・フランクリンもフィラデルフィアの自分の店で、ロードアイランドチーズのセールを行ったりしている（Miller 1934）。

ナラガンセット、あるいはロードアイランドチーズは原産地名を名乗っている、数少ないニューイングランド植民地のチーズであろう。これは、その例外的な品質の高さとボストンやフィラデルフィアなどの主要な都市へ大量に運ばれていたことによる。他のニューイングランドのチーズは当時の文筆家からほとんど注目されていなかったようだ（Weeden 1963）。

これまでほとんど認識されてこなかったが、ロードアイランドチーズの多くがプランテーションで〝乳搾り女〟として働いていた黒人奴隷の女性が作ったものだという。伝えられるところによると、最も規模の大きなプランテーションの一つでは、二十四人の黒人奴隷の〝乳搾り女〟が一日に二十から二十四個のチーズを作っていたという。それぞれブッシェル升一杯分、重さにして九〜十四kgだったらしい（Updike 1907）。

ニューイングランド植民地の中でロードアイランド以外はどこでも、男性奴隷の方が好まれていたため、その数は女性奴隷の数よりはるかに多かった。しかし、ロードアイランドでは女性の奴隷を〝乳搾り女〟として使うことに重点があり、男性奴隷に対して女性奴隷の割合が際立って大きかった。

コネティカットの農場でも奴隷は広く使用されていたが、ほとんどの農場でその数は少なかった（一農場に一〜二人）。面白いことに、奴隷の男女比はコネティカット内でも郡によって大きく異なっていた。女性奴隷の割合が高いのは乳業やチーズ製造に特に力を入れている地域で、リッチフィールド郡、フェアフィールド郡、ウィンドハム郡などが他よりも高かった（Greene 1968）。こうした郡では女性奴隷は広く〝乳搾り女〟として使用されていたことが推測されるが、まだ歴史資料からは確認できていない。もしそうなら、十八世紀のコネティカットのチーズ製造では女性奴隷が非常に重要な役割を果たしていたことになる。そのうちのかなりの部分が西インド諸島へ輸出されていた。十八世紀半ばには年間およそ六十八トンのチーズがコネティカットから西インド諸島へと輸出されていたのである（Daniels 1980）。

ここまでの内容を要約しておこう。十八世紀にはロードアイランドやコネティカットでもアフリカ人の奴隷がたくさんのチーズを製造していた。こうしたチーズの多くが西インド諸島の奴隷の食糧として輸送され、モラセスと交換されると、ニューイングランドでラム酒製造に使用された。そして、ラム酒はアフリカで奴隷を購入し、西インド諸島へと送り、そこでモラセスと取引する……、というサイクルが続くのだ。ロードアイランドはこうした、いわゆる三角貿易のアメリカ植民地のリーダーだった。しかしマサチューセッツとコネティカットもある程度これに加わっていた。

黒人奴隷の女性が作ったにせよ、非奴隷の男性が作ったにせよ、ニューイングランドで製造された輸出用チーズのほとんどが十七世紀の半ば以降このシステムの中に組み込まれていたのである。大西洋を挟んだこのシステムが非常に安定していることと、利益も高いことからマサチューセッツやコネティカット、ロードアイランドの数多くの農場が酪農業を専門にするようになった。これが西インド諸島の黒い誘惑なのである。

「仕上げ塗り」チーズの登場

ピューリタンたちがイングランドを出たのは、商業的なチーズ製造がイーストアングリアですでにしっかりと確立され、イングランド南西部地方（グロスターシャー、バークシャー、ウィルトシャー、サマセット）でも盛んになりはじめていた時で、こうした地域から多くのピューリタンが新大陸へ続々とやってきた。したがって、ピューリタンの入植者たちはチェシャーチーズに代表される、十七世紀初期のイングランドの商業用チーズ製造の非加熱（スコールディングしない）で緩い圧搾、表面に加塩するという技術をもっていたのである。

チェシャーチーズはニューイングランドでも大変人気が高く、一六三〇年代以降イングランドから定期便で輸入されていた（Weeden 1963）。チェシャーチーズは十七〜十八世紀、ニューイングランドで最も幅広く生産されていたチーズで、これは十九世紀半ばまで続いた（Flint 1862）。

時代が下るにつれて、ニューイングランドに新しく入植する移民はイングランドから最新のチーズ製造法を携えて来て、植民地のチーズ製造者にその理論や技術を伝えた。したがって、ニューイングランドのチーズ製造の発展が本国のチーズと多くの点で酷似しているとしても驚くことではないのだ。

ただし例外が一つある。ニューイングランドでは本国よりも夏の気温が高いことと、西インド諸島での熱帯の暑さが、チーズ製造者には技術面での困難な問題となっていたのである。できたばかりのチーズが高温にさらされることによって、水滴が大量についたり、乾燥したり、ひび割れたりといったことが起こりやすくなる。もちろん、望ましくない発酵作用でガスが発生したり、膨張したり、風味が悪くなったりといったことも起こる。表面にひび割れができるのが特に問題で、ウジが発生しやすくなる。これはイングランドのチーズ製造者も直面していた問題だったが、新大陸ほど深刻ではなかった。

ニューイングランドのチーズ製造者は、初めから高温への対策として技術革新を行ったに違いない。しかし、残念なことにニューイングランドのチーズ製造法に関する記述は十八世紀の終わり以降のものしか残されていない。したがって、初期の技術革新についてその順序も時期もほとんどわかっていないのである。

イングランドと同様に、植民地ニューイングランドでも女性がチーズの作り手となった。しかし、ニューイングランドのチーズ作りについて文章で記録をまとめ始めたのは、十八世紀の終わり、十九世紀の初めの男性たちだった。このころになって初めて、農場の夫たちは妻たちが行っているチーズやバターの製造が、農場全体の経済に重要性を増してきていることに気づく。十八世紀、イングランドの男性たちが〝乳搾り女〟の世界に潜入していたころ、ニューイングランドの男性たちもそれまで母から娘へ、女主人から召使いへ、女性奴隷へと手渡されてきた「秘密の技」を体系化しさらに進化させようとしていたのである（Adams 1813; Deane 1790; Hough 1793; Johnson 1801; Wood 1819）。

またチェシャーチーズやグロスターチーズ、のちにはチェダーチーズのレシピをイングランドの文筆家から集めて、まとめ始めたアメリカ人の男性著述家も現れた。そして、ちょうどそのころから、アメリカ人のチーズ製造者も自分たちのチーズを区別するのにチェシャーやグロスター、チェダーといったイングランドの名称を使うようになった。

十八世紀の終わりにニューイングランドで行われていたチーズ製造法について、アメリカ人が記録に残しているが、イングランドの同時代のものとそっくりなやり方だった。

すなわちチェシャーは非加熱、圧搾の前に加塩、あるいは表面に塩をして、高圧で圧搾する方法で、グロスターとチェダーでは加熱、圧搾の前に加塩、高圧で圧搾する。当然、アメリカ人の文筆家たちは暑さに対する様々な対策を強調している。たとえば、チェシャーチーズのように非加熱で表面に塩を擦り込むタイプで水分量の多いチーズでは、圧搾の後はすぐに暖かいところにおかなければならない。「汗をかかせる」ためである。これはチーズの表面にホェイや液体の油脂がにじみ出ることをいう（Hough 1793）。それによってチーズの含有水分量が減少し、表面を硬化させ、バターオイルの膜が表面を覆うことで、ハエが止まったり、表面が必要以上に乾燥してひび割れたりすることを防ぐ保護カバーの役割を果たすことになるのだ。また、熟成の工程を完全な暗闇で行うことで、ウジがチーズの表面にたかるのを防ぐことができるという（Deane 1790）。

しかし、最も重要な革新はグロスターやチェダーのような、加熱（スコールディング）、圧搾の前に加塩、圧搾は高圧で、というタイプのチーズについて行われた。水分量の少ないこのようなチーズの場合、特に表面の乾燥とひび割れに弱いため、高温の気候ではウジに入りこまれやすくなる。これを防止するために、ニューイングランドではチーズに「仕上げ塗り」をするようになったのである。

初めは、表面に繰り返し溶かしたホェイバターを塗りつけるだけだったが（Adams 1813; Johnson 1801）、じきに圧搾したチーズを木綿の包帯でくるむようになった。そしてこの包帯の上から溶かしたホェイバターを擦り込んで、より保存性の高い外皮を作って表面を保護し、蒸発の比率を少なくし、ひび割れを防いで、チーズの形を保つことができるようになった（Stamm 1991）。

南部の州では綿花のプランテーションが急増し、ニューイングランドの綿花工場でも十九世紀の初めごろには稼働率が増して、アメリカでは木綿の値段が下がった。これによっておそらく初めて、油脂を塗った綿布を「使い捨て」保護用包装として使用できるようになったのだろう。

また、綿布で巻く前に加熱したホェイで茹でる、スコールディングを行う場合もあった。出来上がったチーズをホェイの中でスコールディングすること、バターを表面に塗り込むこと、最後に綿布で巻きあげて、綿布の上から油脂を塗ること、これらすべてはイングランドでもアメリカと同時期に行われていた。

しかし、チーズを綿布で巻いて、溶かしたバター（のちにはラード使用）を染み込ませるという処理を組み合わせて行うことは、アメリカ人による革新といえるだろう。これはアメリカの高温の気候に対処する必要から生まれたもので、綿布が大量に、安価で入手できることから可能になったものである。したがって、一八四〇年代の初頭、アメリカのチーズがイングランドに輸出されはじめたころ、イングランドの著述家たちが包帯で巻かれているチーズを見て、自国のチーズと違うことに気がついて、目新しさから「初めに糊を塗りつけてしっかりと貼り付けてある」と書き留めていたことはうなずける（Anonymous 1842）。

これは実際大きな技術的進歩だった。「半皮なし」、さらには「全皮なし」の熟成チーズへの初めの一歩になったからだ。油脂を塗った巻き布を使う場合は熟成中の労働が少なくて済む。そしてより多くの水分を保持でき、外皮のついた伝統チーズよりも型崩れしにくいのである。

パラフィンという石油精製会社の製品が、十九世紀の後半には外装のバターやラードに取って代わった。パラフィンの後には、これも石油精製会社の製品である積層プラスチックフィルムが使われるようになった。こうして二十世紀には、完全に外皮のないチーズが製造されるようになるのである。初期に行われていた「仕上げ塗り」、油脂を染み込ませる外装方法を採用したことで、チェダーチーズは熟成のための工程を単純化でき、次の発展段階へと進む。十九世紀後半になると工場生産がはじまって、生産規模は大幅に拡大されていくのである。

二つの革命

アメリカ独立革命と新しい共和国アメリカの建設は、それまでの植民地に嵐のような変化をもたらした。十八世紀を通して、西インド諸島はニューイングランドのチーズとバターの主な市場だったが、この世紀も後半に入ると、北アメリカの市場が劇的に拡大し、西インド諸島を超えた（Bailey 1990）。アメリカ独立革命のころには、西インド諸島に輸送されるチーズやバターの二倍もの量が、北はノバスコシアやニューファンドランド、南はサウスカロライナやジョージアのような北アメリカの沿岸地方へと出荷されていた。そのころになると、ペンシルベニア東部の田園地帯、フィラデルフィアのあたりや、ニュージャージーやニューヨーク、デラウェアの周辺域はバターの生産が非常に盛んになる。

バターの輸出ではフィラデルフィアが植民地の中でも群を抜いていたのに対して、チーズの輸出の中心は、ニューイングランドの港町、ボストンやニューポート、ニューロンドンだった（Oakes 1980）。

フィラデルフィアの近郊のいわゆる「バターベルト」では大量のスキムミルクが余っていたが、ペンシルバニア東部のこのあたりはドイツ人移民が特に多い一帯であったため、中央ヨーロッパの伝統的なフレッシュチーズ、酸で凝固させるタイプのチーズの生産が奨励された。バターを作った後のスキムミルクを河川に廃棄しないようにさせるための、政府による推進活動も功を奏して、二十世紀の初めにはコテッジチーズを製造することが広く行われるようになった。そしてアメリカ人に最も人気のあるチーズのひとつになったのである（Pirtle 1926）。

奴隷貿易は合衆国とイングランドでは一八〇八年に禁止された。その後二十年のうちに西インド諸島の奴隷制自体も禁止となり、ニューイングランドから西インド諸島への大量の食糧供給にも終止符がうたれた。しかし、同じころイングランドがアメリカという新共和国からチーズを輸入するようになったのである。またニューイングランドの域内で拡張を続ける都市部や、ニューヨーク市のような大西洋岸中部地方の州が、ニューイングランドのチーズの市場として拡大を続けていた（Bidwell and Falconer 1941）。

西インド諸島の市場はいましも失われようとしていたが、ニューイングランドのチーズの需要は十九世紀の幕開けに際してますます大きく成長していた。時を同じくして、ニューイングランドの繊維産業を中心に、もう一つの革命、産業革命が進行中だった。

一七九一年に綿繰機が発明されると、工場生産者に売る原料木綿の製造コストが大幅に下がった。この発明によってアメリカ南部は大規模な綿花栽培地域へと変貌したのである。その変化の速度と規模には目を見張るものがあった。一七九〇年に合衆国が製造した綿花は六百八十トン、一八〇〇年には一万五千九百トン、一八二〇年に七万二千六百トン、一八六〇年には百万トンだった。

南部の綿花のプランテーションが爆発的に成長したことで、アメリカの奴隷制度は新しい生命を吹き込まれ、ニューイングランドのチーズなど、北部が生産する食糧の新しい市場となったのである。こうして、ニューイングランドのチーズ製造者と奴隷制度は共犯関係を長く続けていくのである（Bailey 1990）。

南部の綿花革命はニューイングランドの産業革命を加速させることになる。南部の木綿は初めはイングランドに輸出されていた。十八世紀、産業革命のころのイングランド国内では、先進的な繊維産業を南部の木綿が支えていたのである。ところが、十八世紀にラムと奴隷貿易で莫大な富を蓄えたニューイングランドの有力商人たちは十九世紀の初頭の十年の間に、水力紡績機、動力織機、工場設備など新しい繊維産業の設備に投資した。こうして十分に資本投入されたニューイングランドの工場で綿布が生産され、その需要は文字通り尽きることがなかった。その結果、ニューイングランドの繊維工場はその数も規模も急速に伸び、工場はじきに南部ニューイングランド経済の屋台骨となるのである。

繊維工場の繁栄は新しい雇用の機会を生みだし、工場周辺地域も発展していった。ニューイングランド南部の人口分布をみると、田舎の農業コミュニティーが大都市へと変貌したことがわかる。これによって、ニューイングランドのチーズとバターの市場が地元に生み出されたのである。

十九世紀アメリカのチーズ製造という点からみて、さらに重要なのは繊維工業の幕開けによって家庭で糸紡ぎをする時代に終わりが来たことである。いまや農場の女性たちは長い時間をかけて糸を紡ぎ、布を織って家族の衣類を作る必要がなくなり、その時間を女性たちは別の目的に使えるようになったのである。

ニューイングランド南部の酪農場の女性たちは近距離、遠距離両方の市場が拡大しているのに乗じてチーズの製造を増やした。男たちも農場の家畜の数を増加させた。こうして十九世紀前半、酪農業とチーズ製造はますます専門性を高め、利益を追求するようになった（Bidwell 1921）。一八五〇年のマサチューセッツとコネティカットのチーズの年間生産量はそれぞれ三千二百トン、二千四百トンに増加した。しかし、これは国内の総生産量の中で見ると十二％にしか当たらないのだ。

すでに過去一世紀の間、一八五〇年までに、チーズ製造者たちは次々に、北方へ、西方へと、新しい土地と商機を求めてニューイングランドを後にしていたのである。一八五〇年にはニューヨーク州が最もチーズ生産量の多い州となり、オハイオとヴァーモントがこれに続いた。これにマサチューセッツとコネティカットが入って五大生産地であった。しかし、マサチューセッツ南部のチーズ製造は衰退期にあり、北方や、特に西方の新しいライバルの前に、ただ消え去る運命にあった。

農地を求めて西部へ

十八世紀の半ばになると、ニューイングランド南部は農場用地の不足が生じていた。人口の増加に伴って新しい農場を開こうとしても土地がないのだ。そこで、農場経営者は家族を連れて、コネティカットとマサチューセッツから、北方へはニューハンプシャーやヴァーモントへ、西方へはニューヨーク州へと移住し始めて、その数は増加の一途をたどった。この移民の流れは、フレンチ＝インディアン戦争

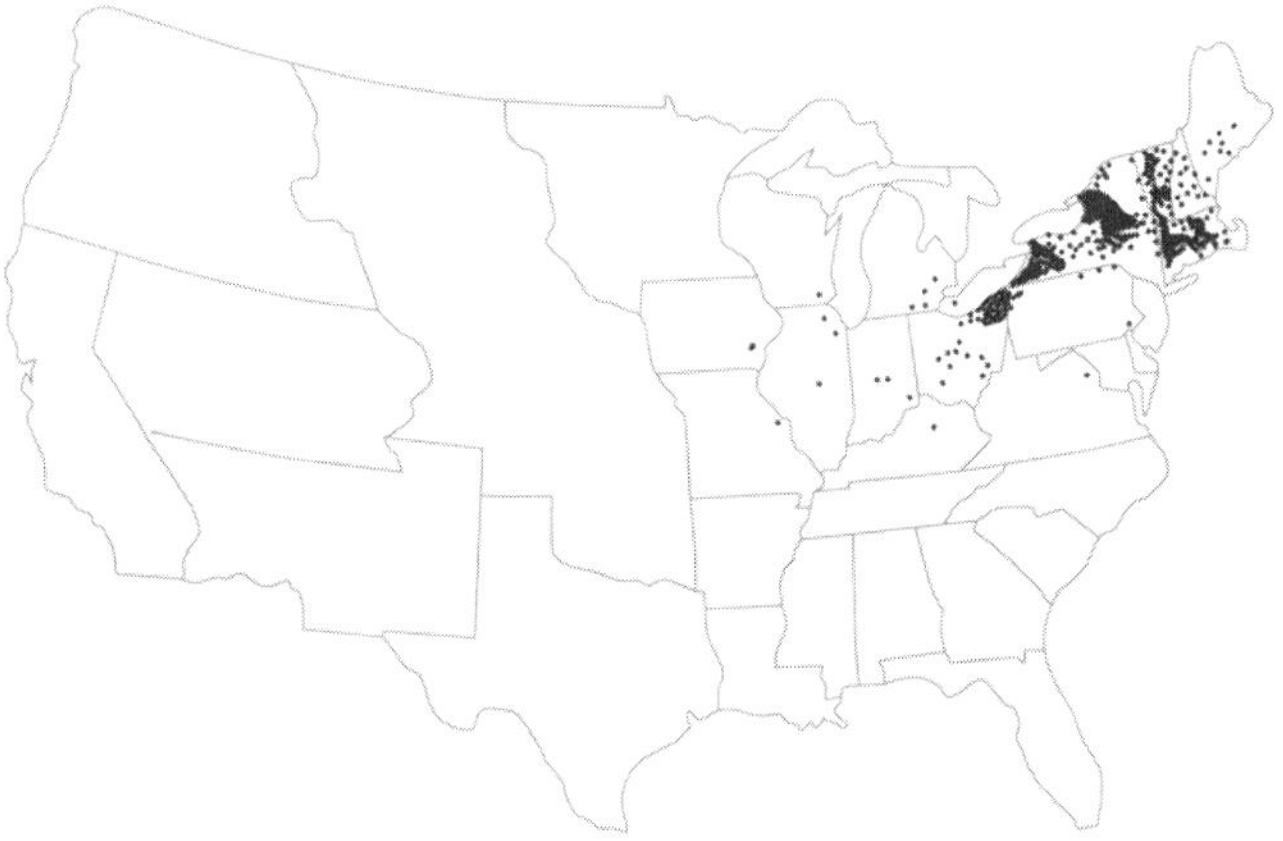

図８―１
1849 年アメリカ合衆国のチーズ生産。それぞれの黒点はおよそ 91 トンのチーズを表す。1849 年にはニューヨーク州が国内トップのチーズ生産州。それに次いでオハイオ州が第２位。19 世紀後半、チーズの生産は西へと広がり続ける。（出典：Bidwell and Falconer 1941, 423 頁、図 101 より。カーネギー研究所の許可を得て掲載）

（英仏植民地戦争）と独立戦争の危険で混乱した時期にはごく小規模だったが、アメリカ独立後には急増する（Kindstedt 2005）。

一八二五年、エリー運河が開通するとエリー湖とハドソン川が繋がり、アメリカのチーズ製造と農業の西部進出はもはや後戻りすることはなかった。エリー運河によって、五大湖の南岸で区切られる北側中西部の広大で肥沃な農地と、東海岸の都市部の市場の間に重要な輸送路が開かれたのである。アメリカの広々とした中西部は、見たところでは地味《ちみ》豊かな土地が無限に広がっていた。さらには、北アメリカには戦うべき大きな敵はいなかった。中西部の食糧生産地域とそれを消費する東海岸との間を結ぶ、長い供給ラインを途中で阻害するような敵もいなかった。こうして、輸送ラインが一度完成してしまうと、その地元で製造する必要のある傷みやすい食品以外は、農業の生産能力を東に残しておく意味はほとんどなくなったのである。

したがって、中西部地方の中心部が商業的農業のために開拓されることになった。まず一八三〇年代と一八四〇年代に運河網が建設されて、内陸部が五大湖に、その十年後には鉄道網の建設によって中西部は東部と縦横につながったのである（Bidwell and Falconer 1941）。一八五〇年にはチーズ製造は、保存のきくその他の日用品の生産と一緒に大きく西方へと移動した（図八―一）。こうした動きはこの後もまだ続いていく。

図八―一が示しているチーズ生産の広がりは二つの点で興味深い。まず、ニューイングランドのチーズ製造が西へ向かって移動しているのがわかる。

ニューイングランド南部から移って来たチーズ製造者たちとその子孫たちは、ハドソン川とモホーク渓谷を遡ってエリー運河に沿って西へと進み、エリー湖へ、さらに西の方向へと、ニューヨーク、オハイオを通り抜けて五大湖の南岸に沿って進んでいった（Kindstedt 2005）。

さらに、南部の州にチーズ製造が移転していかなかった点は印象的だ。十八世紀には南部のプランテーションで、奴隷たちがごく小規模なチーズ製造を行っていたが（Wright 2003）、十九世紀に南部の多くの地域で綿花栽培が強化されると、プランテーションでは食糧の生産をほとんどすべて中止してしまった。西インド諸島の砂糖のプランテーションのように、南部州の綿花のプランテーションでも食糧の供給を北部に求めるようになったのである。

皮肉にも、北側中西部にニューイングランドのチーズ製造者たちが移住していくと、ニューイングランド南部ではチーズ製造をやめてしまった。チーズはニューイングランド北部からだけでなく、今や、ニューヨーク西部、オハイオから、さらに遠くからも運ばれてくるようになった。これではニューイングランド南部のチーズ製造者が太刀打ちできるはずがない。南部ニューイングランドの酪農家たちはこれに対して、十九世紀にはバターの生産へと転換していった。バターの方がチーズよりも保存性が低い。そしてのちにはさらに日持ちの短い牛乳の生産に切り替えて、増加の一途をたどる都市人口の需要を賄うようになる（Bidwell 1921）。東海岸の農業の様々な取り組みがそうであったように、ニューイングランド南部の酪農業は結局衰退してしまった。西部の広大で生産性の高い農地と、東と西をつなぐ大輸送網の犠牲となったのである。

農業が西部に移ることとは、アメリカの人口の大部分が、日々の食糧を生産する農場から離れるということを意味した。ニューイングランド南部に残っていたわずかな農場では、果物や野菜などもっぱら保存のきかない、長距離の輸送に適さない作物を生産するだけになった。アメリカにおける食糧生産者とその消費者との分断は、最初のチーズ工場が操業を開始した一八五一年以降その距離が一層大きくなっていく。ここからアメリカの農業は工場生産と規模の経済の時代へと入っていくのである。

チーズ工場と「規模の経済」

産業革命は十九世紀初期にニューイングランドの繊維工業に火をつけ、農場で行われていた乳製品製造にも変化をもたらした。新しいチーズ容器や道具の他、労働を軽減する器具類の発明と大量生産によって、家族経営の酪農場では高品質のチーズをより大量に生産できるようになった。これによって、農場では動物の頭数を増やし、製造するチーズの量を増加させて、規模を大きくすることができた

(McMurry 1995)。したがって、ニューヨーク州では十九世紀に入ってからの数十年の間に、田舎の広大な敷地に四十頭以上の乳牛を飼う農場がごく普通になってきた（Stamm 1991）。

また、十九世紀初期には、農業に関する情報や最良の実践例を交換する情報センターとしてアメリカ農業組合が発足し、最新の科学知識を伝えるパイプ役を務めるようになった。こうして新しい知識は農業の実践の場に次第に行き渡り、応用され始めた（Bidwell 1921）。

女性たちは相変わらずアメリカのチーズ作りの最も大きな役割を担っていた。しかし、教育を受ける機会が多く、刻々と広がっていく科学、技術の分野にも手が届きやすい男性は、次第に、女性たちが何世代にもわたって積み上げ受け継いできた、チーズ製造に関する知識を手に入れ、支配するようになった。十九世紀初期、長い歴史のある、また尊敬を集めもしてきた家庭のチーズの作り手、酪農場の女主人という役割は次第に男性に奪われていく（McMurry 1995）。こうした男女の役割の変化は、十九世紀のペンシルベニア東部一帯のバター製造でも起きていた（Jensen 1988）。

十九世紀の半ばに始まったチーズの工場生産は、アメリカのチーズ製造を急発展させ、新しい時代に突入した。大規模な生産が始まると、チーズ製造の現場は、農場のキッチンからより大きな農場へ、チーズ製造専用の建物へ、あるいは農場の中に別に設置されたチーズ小屋へと移動していった。工場生産はさらに進んで、複数の農場からミルクを集めて加工する中心施設に、チーズ作りをそっくりそのまま農場から移転させた。

一八五一年、ローマとニューヨーク出身の二人の酪農家、ジェシー・ウィリアムスとその息子ジョージが初めてチーズ「工場」という考えを実行に移した。自分たちの農場から離れたところに特別な施設を建設して、近隣の複数の農場からもミルクを集めて、そこでチーズを作り、熟成させるやり方である。ウィリアムス工場の操業最初のシーズン中に、チェダーチーズ四十五トン超が生産された。これは当時としてはかなり大きな農場でできる量のおよそ五倍だったという。こうして労働力が削減され、必需品を大量に低価格で購入できるようになった。またチーズの品質も均一に保てるようになって、ウィリアムスの実験は大成功した。ニューヨークの田舎では各地に同様の新しい工場が次々に建てられた（Stamm 1991）。

ほとんど一夜のうちにと言っていいほどの速さで、工場はアメリカのチーズ製造を一手に担うようになった。新しいアメリカの工場はほとんどの所が一種類のチーズ、チェダーチーズだけを製造するようになった。十九世紀の前半まではニューイングランドとニューヨーク州では大量にチェシャーチーズを製造していたのだが、世紀半ばからはチェダーチーズの生産が盛んになっていったのである（Flint 1862）。

アメリカでチェシャーからチェダーの生産に転換していった原因は、イングランドで起こった二つの革新にあった。一つは、ウィリアムスの工場が操業を始めたのと同じころ、イングランドではジョゼフ・ハーディングが、科学的法則をチェダーチーズの製造過程に応用する革新的な業績で名を馳せていた。ハーディングの科学的アプローチは、チーズ製造の際の各過程の時間、温度、酸性度を定めた計画表を用意するもので、チーズの品質と均一性を統制する全く新しいやり方だった（Cheke 1959）。これは技術面での非常に大きな前進で、大学教授でアメリカ酪農者協会の代表、クセルクセス・ウィラードはこれに注目して一八六六年にイングランドでハーディングに面会もしている。ウィラードはハーディングのチェダー製造システムをアメリカに持ち帰り、アメリカのチーズ工場への導入を推進した（Blundel and Tregear 2006）。科学の法則を実践に移すハーディングのやり方は、新しいチェダーチーズの工場に強力な競争力をもたらすこととなった。

第二の進歩は、これよりもさらに重要である。このころには、イングランドではチェダーが最上のチーズとしてチェシャーからその地位を奪っていた。チェダーが今やロンドンの市場で最高値を付けており、イングランドでのチェダー需要は非常に高かった。

ハーディングによるチェダー製造技術の驚くべき進歩と、ロンドン市場で最先端を行くチェダーの優位とがあいまって、アメリカのチーズ製造をあっという間に変貌させてしまった。こうしてチェダーチーズは世界で最も広く製造されるチーズとなったのである。

チーズ工場の始まりはアメリカ史上極めて重要な時期にあたっており、この大成功にさらに弾みをつけることになる。工場生産のシステムが十年たって、その勢いを加速させようとしているところで、南北戦争が勃発したのである。北部の農場の男たちは大挙して北部諸州の軍隊に加わり、農場に取り残された女性の肩に、すべての労働がのしかかってきた。作物を栽培し、牛を飼育し、乳を搾り、チーズを作る。そのチーズを売り、子供の世話をし、食事の支度をし、家事をこなす……。各地のチーズ工場が、こうした過剰労働に苦しむ女性たちを週七日拘束されるチーズ作りの負担から解放してくれたのだ。逡巡する暇もなかったことが、農場の女性が由緒あるチーズ作りの仕事を手放す、本来なら胸の痛むはずの決断を容易にしたのだ（Kindstedt 2005）。

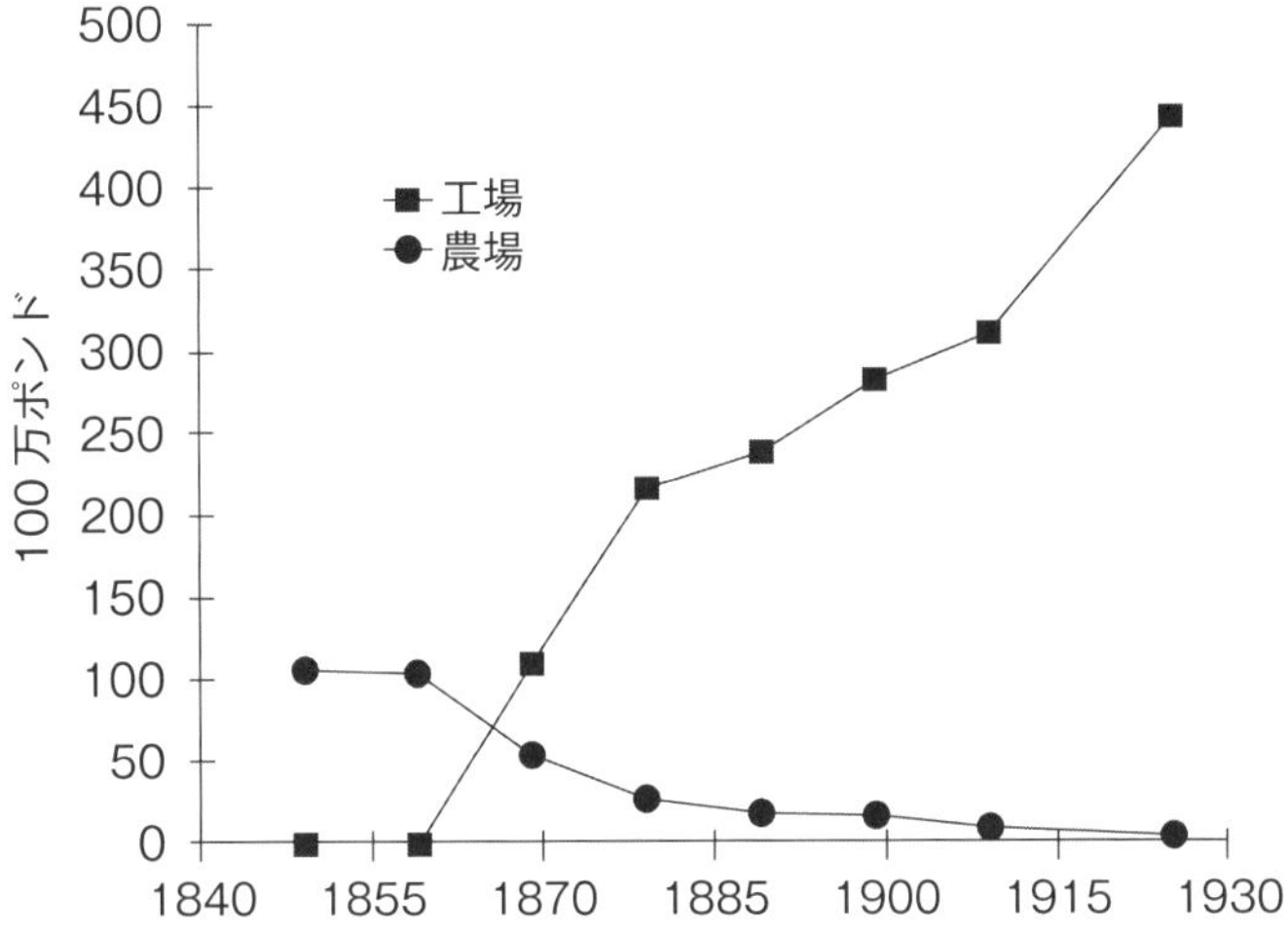

図8—2
1848年〜1925年までの合衆国におけるチーズ生産量の推移を農場製のものと工場製のものとで比較した。工場生産のシステムが1851年に導入されると、合衆国のチーズ産業をじきに牛耳るようになる（Kindstedt 2005年。Pirtle 1926年の資料から）。

女性たちがチーズ作りから離れようとしているのと同じ時に、チーズの市場がこれ以上ないほどに活況を呈していたというのも皮肉なことだ。

イングランドはまさに人口爆発のさなかにあり、自国民の食糧が賄えなくなっていた。そこで一八四〇年代にはイングランドは食品にかける関税を低くして、食料品の輸入を促進しようとした。これによって一八五〇年代になるとアメリカ産のチーズ輸入が一層増加した。

アメリカで南北戦争が勃発すると、イングランドの市場はさらに魅力的なものになった。アメリカの紙幣は激しい戦時インフレーションによって、全く価値がなくなっていたが、イングランドの商人は金の通貨で商品の代金を支払ってくれた。その結果、新しいアメリカのチーズ工場はわずかの間に急成長し、イングランドへの輸出は一八五九年の二千三百トンから一八六三年には二万三千トンにまで増加した（McMurry 1995）。

チーズ工場での生産は急加速しているのに対して、農場でのチーズ製造は激減した（図八―二）。この傾向は南北戦争終結後にも続き、ますます男性中心、工場中心になってきていたチーズ産業からみれば「進歩」に他ならなかった（McMurry 1995）。

イングランドへのチーズの輸出は戦後も続き、一八七四年には四万五千トンを超えた（Blundel and Tregear 2006）。その内訳では圧倒的にチェダーチーズが多かった。大量生産することで単位原価を低く抑えることができるハーディングの技術によって新しいアメリカ産チェダーチーズは大きな競争力を手に入れたのだ。一八七〇年代の初めにはイングランドの市場にアメリカが大きなシェアを持つことはゆるぎないかに見えた。また、新しい移民の波が人口を爆発的に増加させて都市化が進むにつれて、合衆国国内でもチェダーチーズの需要は急増した。未来は全く明るく見えていた。

しかし、これにはマイナス面もあった。アメリカ産チーズの需要は十九世紀の後半には安定して増加を続けていたが、生産が需要を常に上回るようになったのである。これはチーズの価格を下落させる。そこでその収支を合わせるために、ちょうど二百五十年ほど前にイーストアングリアの祖先たちと同じ道を選んで、多くのチーズ工場はチーズ用のミルクから油脂を漉し取って、バターとチーズを同じミルクから製造するようになった。取り除くクリームを最大化し、それでもなお売れるチーズを作りたいという誘惑は非常に強く、チーズの品質はそのしわ寄せを受ける結果となった（Stamm 1991）。

アメリカ産チーズの凋落

さらに良くない進展が一八六九年に生じた。オレオマーガリン（動物性マーガリン）がフランスで発明されたのである。マーガリンを作る時の、バターの乳脂肪のかわりにラードのようなより安価な油脂を使う技術を用いて、「フィルドチーズ」を作ることができた。このチーズにはミルクの中の自然油脂のかわりにラードが使用された。

フィルドチーズの生産は一八七一年にニューヨーク州で始まり、しばらくすると多くの工場で大量にフィルドチーズが作られるようになった（Stamm 1991）。脱脂乳チーズもフィルドチーズもどちらも本物のチーズを装ってイングランドに輸出された。しかしアメリカ産チーズの評判が急落するまでに時間はかからなかった。イングランドへの輸出のピークは一八八一年の六万七千トンで、その後は急落、二十世紀に入るころには全く無視できるほどにまで少なくなっていた（Pirtle 1926）。議会はフィルドチーズに対して必要表示事項を法律で規定したが、被害はすでに拡大しており、修復不能の状態だった。カナダ、それに続いてニュージーランド、オーストラリアがイングランドへのアメリカに代わる主なチェダーチーズ供給国となった。アメリカがチェダーチーズでイングランド市場に返り咲くことは、もはや二度となかった。

十九世紀末の規制改革によって、脱脂乳チーズとフィルドチーズの品質低下隠ぺい行為に対して歯止めがかけられた。しかし、価格の下落につながる生産の問題は、二十世紀の間じゅうアメリカのチーズ産業を苦しめ続けた。生産コストを下げて規模の経済の恩恵を受けるために、工場は生産能力をあげ、オートメーションの導入で人件費を削減、ミルクから最大量のチーズを絞り取って、チーズの生産量を最大化しようとした。

生き残りのカギは最低コストで売れる品質のものを生産すること。このランニングマシンに飛び乗りそこなった会社は大きくわきにふり落とされるのだ。しかし、驚いたことには、二十世紀になって科学的知識や技術革新が急激に進展して、生産コストがどれほど大幅に低下しても、それに伴うチーズ価格の低下には全く追いつけないのだった。チーズ工場では容赦のない市場からの圧力に、規模の経済やオートメーションを使って、生産コストをさらに下げなければならなかった。

工場生産という大きな変化によって、生産コストを下げることはできたが、それはアメリカ産チェダーチーズの特徴や品質に影響を与えないわけにはいかなかった。使用するミルクの低温殺菌、標準化、微生物学や化学（脂質とタンパク質の含有量）組成をコントロールするために工場が獲得した技術などは、工場生産のチーズの品質の欠陥を劇的なまでに減少させることができた。

しかし、伝統的な方法で作られた最も優れたチェダーチーズには、はっきりとあった完璧な風味や特徴を完全に獲得するのは、工場生産では一層難しくなったのである。アメリカ産チェダーチーズはこれまでで最も欠陥の少ない、品質の均一なものにはなったが、風味の点では強烈さも複雑さも失われてしまった。

こうした味気のないチーズへと向かう傾向は、チーズ会社が単位原価を下げようとすればするほどますます加速した。チーズの生産量を増加させる方法として一つには、チーズにできるだけたくさんの水分を保持させるやり方があった。しかし、チェダーチーズの水分量が多くなればなるほど、熟成中に問題が発生して、チーズが熟成に耐えられる時間は一般的に短くなるのだ。したがって、より多くの水分を含んだチーズを少しでも多く生産するには熟成時間を短くする必要があった。産業的な観点からすれば、これはウィン・ウィン計画、双方満足のいくものである。というのは熟成時間が短くなれば熟成のためのコストが下がる上、チーズに水分量が多いということは生産量も多いということになるからだ。しかし、それがチーズにもたらした結果は前述したとおりである。

モッツェレラチーズの躍進

しかし、アメリカの大衆はほとんど気が付いていなかったようだ。二十世紀の後半、チェダーチーズの一人当たりの消費量は着実に伸び、毎年記録を更新し続けた。チェダーは二〇〇一年までそれ以外のチーズに首位の座を譲ることはなかった。ところがこの年、モッツェレラがトップに躍り出たのである。

モッツェレラはアメリカに入ってくるのが比較的遅かったチーズで、十九世紀から二十世紀の初期にイタリアの移民が持ち込んだチーズである。しかし、二十世紀半ばまではモッツェレラは大半がイタリアの名物にとどまっていて、あまり多くは生産されなかった。第二次世界大戦後、流動的で歩みの速い都市近郊文化がアメリカの広い地域で急激なスピードで広がった。ファーストフードへの嗜好が高まる中、小さな民族食にすぎなかったピザ屋は、モッツェレラ製造の急成長とともに、巨大な消費帝国に大きく姿を変えていったのである。

モッツェレラのメーカーはすぐに、チェダーの製造者が一世紀にもわたって戦い続けてきた経済的現実に直面した。過剰生産が価格下落を招くというものだ。モッツェレラ工場はどこも工場を拡大して、規模の経済の道を進むしかなかった。オートメーションを取り入れて労働力を削減、水分をより多く保持させて生産量を増やすという方法だ。

二十一世紀の初めにピッツァに使用されるチーズのいくつかが、モッツェレラチーズの法的な定義に合わなくなって、ピザチーズというあいまいなラベルが貼られた。またしてもアメリカのほとんどの人がこのことに気がつかなかった。そうした中で、生産量も一人当たりの消費量もモッツェレラとピザチーズは二十世紀の後半から二十一世紀最初の十年間、着々と増加を続け、毎年記録を更新し続けたのである。

その他の移民たちも、それぞれの民族の伝統が生んだチーズを携えてアメリカに渡ってきた。モッツェレラの他に、イタリア人はパルメザンとリコッタを、ドイツ人はリンバーガー、ミュンスター、フレッシュチーズで酸凝固させるタイプのもの、スイス人はエメンタールとグリュイエール、フランス人はカマンベール、ブリー、ヌーシャテルとクリームチーズをもたらした（Apps 1998; Sernett 2011; Stamm 1991）。スイスのエメンタールのような民族の伝統チーズや、コテッジチーズ、クリームチーズなどは大規模な生産が行われるようになった。これらのチーズは少ない製造コストで大規模に作る技術が、すでにある程度できていたからである。二十世紀の後半になると、製造規模を簡単に拡大できないようなチーズはほとんどアメリカから姿を消した。

こうして二十世紀が幕を閉じようとするころ、アメリカのチーズ生産は年間四百万トンという歴史的な記録を作っていた。これらの圧倒的多数は巨大な製造工場で生産されたものだ。しかし、これで物語のすべてが語りつくされたわけではない。予想外にも、農場作り《ファームステッド》の、あるいはチーズの専門職人《アルチザン》によるチーズ作りが、二十世紀の最後の三十年の間にアメリカにもどってきた。伝統チーズを歓迎する波がアメリカ人大衆の間に現れてきて次々に広がり、アメリカでのチーズ製造の未来は大量生産しかないという考えに異を唱え始めたのである（Kindstedt 2005）。

この再生は熱意のある人々が、職人チーズの価格を喜んで受け入れてくれる所に前提がある。平凡に工場で大量生産されたチーズと比べると、職人チーズの価格はその二倍、三倍、あるいは五倍、十倍になることも多いのだ。このようなビジネスの型が、長い目で見て持続可能かどうかわかるのはまだこれからだ。

しかし、とにかくはっきり見えているのは、小規模の伝統チーズ作りが経済的に成り立つかどうかは避けて通れない問題だということだ。伝統チーズは製造コストが高く、生き残っていくためには誰かがそのコストを引き受けなければならない。それが消費者だけなのか、あるいは伝統チーズの存続を応援する政策という形で一般大衆が一緒になってやるかだ。アメリカの伝統チーズは、一ポンド（四百五十三・六グラム）のチーズに三十ドル（三千円弱）を喜んで払うことができる、金持ちのエリート主義的な娯楽となるのだろうか。成長を続ける中流階級のアメリカ人たちが、高価だがこの上なく素晴らしいチーズを定期的に購入するために、それ以外の支出を注意深く切り詰めるのがいいのか。州政府も中央政府も伝統チーズを奨励する政策を実施してコストを下げる努力をみせるだろうか？　そうするべきなのか？　その歴史はこれから書かれていく物語なのだ。

第9章　新旧両世界のあいだ

原産地名称保護と安全性をめぐって

一九九四年、合衆国とその他の百十六の国々が貿易における障壁を撤廃し、より包括的かつ拘束力のある規定を策定するため、関税及び貿易に関する一般協定（GATT）のもとでウルグアイ・ラウンドの議定書に調印した。この議定書の歴史的意義といえるのは世界貿易機関（WTO）の創設で、これによって新しい規定に強制力が与えられた。このWTOは世界貿易の動きに大きな画期をなす出来事だった。参加国は理論的には平等な立場におかれ、その共通の基準に従うことがWTOのもとで法的に強制された。

しかし、問題は残った。いかにして共通の基準となる詳細な内容の合意に漕ぎつけるのか。ウルグアイ・ラウンドは合意の枠組みは作ったが、知的財産権や製品の安全基準をめぐる問題などの詳細について合意の困難なものは、今後は委員会手続きの中で作業部会レベルで煮詰めていくことになった。すでに十五年以上が経過して、この手続きはいまだにチーズなどの食品に関する問題をめぐって続行中だ。これは大きな痛みを伴う遅々としたプロセスで、ヨーロッパとアメリカの大きく異なった食に関する歴史、文化的遺産がことあるごとに立ち現れてきて、合意を阻害するのである。

原産地名称保護の流れ

たくさんのチーズが国際的に取引される中、ウルグアイ・ラウンド合意の発効直後から、チーズに関する知的財産権の問題をめぐって合衆国とヨーロッパ連合（ＥＵ）との間の摩擦が表面化した。問題となったのは、合意が地理的表示保護に関して包括的な世界基準を打ち出している項だった。地理的表示（ＧＩ）は、ある食品や飲料がその原産地であることによって品質上に独自性を持っていることを示す原産地の表示である。ＧＩを取得した食品の名称はＧＡＴＴのもとでも独自性があると認められて、ＧＩが保証している地理的エリア外で製造された製品に使用することはできない。

一例をあげると、ロックフォールチーズにＧＩが認められると、ロックフォールという名称はフランスのロックフォール以外で製造されたチーズに用いることができないのだ。ＧＩの目的は消費者が真の産地以外の場所をその製品の産地であると誤解することを防ぎ、別の場所で生産されたにもかかわらず不当に同じ名称を使用する模造品から、真正の食品を保護することにある（Barham 2003）。

しかし、合意には例外条項がある。ＧＩでも「一般的な名称」になったものについては例外とするのである。すなわち、その名称が原産地というより製品の種類を表すようになっている場合である。たとえば、チェダーという名称はもともとはイングランドのチェダー周辺の地域で製造されたチーズを表示するものだったが、今では原産地ではなく、一般的にチーズのスタイルを示す言葉である。これはすでに「一般的な名称」になっており、ＧＩとして保護する必要はない。合意では、ＷＴＯ加盟各国はそれぞれ独自に、製品がＧＩ保護に適するかどうか、すでに一般名称になっているかを決定できるとした。この例外規定がすぐに発火点となったのである。

ヨーロッパとアメリカの産業界のリーダーや貿易交渉者は、チーズやＧＩを違った目で見ていた。それぞれの認識が全く異なった歴史によって形作られていたからだ。アメリカ人の見方からすると、故郷を懐かしむヨーロッパの移民たちが自分たちの大好きだったチーズの名前や技術をアメリカへ持ち込んできたのが始まりだった。当時は知的財産権に対して何の法規制もなく、GIもなかったから、移民のチーズの作り手たちはヨーロッパで使っていたまま、名称もレシピも自由に使い続けることができたのだ。そのようにしてできたチーズのいくつかが幅広い人気を集めた。したがって、アメリカ側では、はるか昔にアメリカへ持ち込まれた伝統チーズ名の多くは、時がたってすでに一般名称となり、もはや産地名を表しておらず、どこでも生産可能なチーズの種類を表しているのだと主張した。アメリカの製造会社はどこも何十年、時に、何世紀にもわたって、チェダーやエメンタール（別名スイス）、パルメザン、モッツェレラなどヨーロッパの呼称を使ってチーズを生産してきた。

各企業はその呼称にブランド名として巨額の投資をしてきており、合衆国の商標制度のもと、法的に保護される知的財産を築いてきているというわけだ。

さらに、こうした名称はすでにアメリカにおけるチーズ製造を統制する法的根拠になっている。例をあげれば、多くの伝統チーズの名称は半世紀以上にわたって、チーズの独自性に関する連邦基準に組み込まれているのである。

これらすべてを踏まえて、はるかな昔、チーズの独特なスタイルが最初に誕生した、ヨーロッパの特定の地名の使用に対して、WTOレベルで規制を行うことにアメリカのチーズ業界と貿易交渉者は憤りを示した。しかし、これこそがヨーロッパ連合（EU）が知的財産権を統制するGATT基準によって達成を狙っていることなのである（Anonymous 2003）。

ＥＵは伝統チーズの名称に対してかなり異なった見解を持っていた。ヨーロッパにはＧＩに関して長い歴史があった。少なくとも十五世紀、シャルル六世がフランスのロックフォールで作られていたチーズだけにロックフォールと名乗ることを認めている。フランス語の「土」、大雑把に訳すと「地の味」という概念がＥＵ内でのＧＩ支持の根本にある（Trubek 2008）。この「地の味」という概念の芯にあるのが、それぞれの地域には独特の環境があり、それぞれの場所で作られる食品の品質と特徴に特別な影響を及ぼすという考え方だ。これは地元の人々が長い年月をかけて、その土地の環境に合わせて微調整を繰り返しながら作り上げてきた伝統技術や製法と同様に、土壌、気候、地形といった様々な要因から地域ごとの差異が生じるのである（Barham 2003）。

このように、ヨーロッパ人は伝統的なチーズをその原産地だけの独特な産物と見る傾向がある。その地のチーズ作りはその環境によって何世紀もかけて形作られ、ようやく伝統レシピや製法に到達するのだ。牧草地、その土地の家畜の繁殖、微小植物の環境、気温、湿度の状態、地誌的・地理的特徴などすべての要素がその地の伝統チーズの特殊性に寄与するのである。このようなチーズは原産地以外の土地では、真似をすることはできても、真に複製することは不可能なのである。したがって、伝統チーズの名前はチーズ自体と同様に独特のもので、複製してはならない。そのためにＧＩが必要なのだ。

一九一九年、ワインについての原産地呼称統制（ＡＯＣ）が、初の国内ＧＩ制度としてフランスで設立された。その後、チーズを含むその他の食品にも拡大していく。

ロックフォールは一九二五年チーズとして最初のＡＯＣ認可を受けた。一九九二年ＥＵはフランスの

ＡＯＣ制度を手本にして、ヨーロッパ全域に通用するＧＩ制度を設立した。原産地名称保護（ＰＤＯ）と呼ばれる制度である。ＰＤＯに認可されたチーズは、定められた域内で、かつ、所定の「伝統」製法で製造されていなければならない。ただし、いくつかのＰＤＯチーズの製造現場では、高度にオートメーション化されたハイテク加工ラインや、労働力削減のためのロボットなどが導入されており、規定の後半部分は無意味なものになっている。

現在のところ、百五十種類以上の伝統チーズがＰＤＯの認可を受けている。ＰＤＯチーズの数はフランス、イタリア、スペイン、ギリシャなどの国々では概して他よりも多い。このような国々では頑健な小作農家による農業が二十世紀に入っても続いたからで、弱体化が進み、存続が危ぶまれてはいるものの、今日まで残存している。これに対して、イングランドやオランダ、デンマークなどの国々では商業的に特化した農業が発達し、十九世紀の終わりから二十世紀にかけて、チーズ製造は工業化時代を迎えたため、ＰＤＯチーズは前者の国々よりも少ない数になった。生き残っているチーズがあるのは二十世紀の終わりにアメリカで始まったように、伝統チーズが再生したためだ。

チーズは誰のものか

ＰＤＯの規制はＥＵ内では法律によって強制ができるが、ウルグアイ・ラウンドの合意では、ＥＵ圏外の国々はチーズの名称がチェダーやゴーダ、エダムのように一般名称となっていると各国が判断すればＰＤＯを無視できた。それ以外のチーズ、アズィアーゴやフェタなどはヨーロッパではＰＤＯだがアメリカでは一般名称とされた。

しかし、EUは一般名称による例外を無くすべく、またPDO規制が全世界に広がるように不断の努力を続けている。もしもEUがその方針を貫けば、これまでアメリカのチーズメーカーが使ってきたチーズの名称の多くが、アメリカで製造されるチーズには使用できなくなる。これに対してアメリカは猛反対しているのである。

アメリカ側がさらに警戒心を深めているのは、EU内ですでに一般名称とされていた名称にもPDOの適用が拡大される可能性である。

たとえば、EUは一九九六年に北イタリアのパルマとレッジオの一帯で製造される真正のパルメザンスタイルのチーズの名称、パルミジャーノ・レッジャーノをPDOとして認可した。しかし、パルメザンという名称でヨーロッパの他の地域で大量のチーズが、すでに長年にわたって製造されており、ヨーロッパの数カ国、特にドイツは「パルメザン」という名称を一般名称であるとみなしていた。同様に合衆国その他の非ヨーロッパ圏の国の多くでも、「パルメザン」を一般名称としていた。

それにもかかわらず、二〇〇八年欧州司法裁判所はパルミジャーノ・レッジャーノのPDO認可は、「パルメザン」という名称も保護するという判断を下したのである（Anonymous 2010b）。したがって、ヨーロッパ圏かつ、PDO指定地域外でパルメザンチーズを製造している企業は、製品に別の名称を付けなければならなくなった。

同様に、フランスやデンマークなどのヨーロッパ圏内の国々から抗議があったにもかかわらず、欧州司法裁判所は「フェタ」という名称に対してもPDOを認可した。これらの国々では大量のフェタチーズを生産しており、「フェタ」を一般名称とみなしていたのである。この過激な判決は、欧州司法裁判所が次第にその他のチーズ、ＥＵ内ですでに一般名称とされたチーズの名称、チェダーやモッツァレラ、ブリー、カマンベール、スイス、ゴーダ、エダムなどについてもＰＤＯを認める方向に向かうのではないかと、アメリカは不安を抱くようになる。もしもそうなれば、そしてまた、ＰＤＯ認可がＷＴＯのもとで世界規模の認証を受けるようになれば、ヨーロッパが世界中のほとんどすべてのチーズの名称について排他的権利を有することになる。

言い方を換えると、合衆国で製造されているチーズの大部分がこれまで長年使用されてきた名称を廃止し、新しい名称を表示しなければならなくなる。『ヴァーモント・チェダー』を例にとると、その長く輝かしい歴史に反して、「ヴァーモントのよろこび」などといった救いようのない新名称を表示せざるを得なくなるのだ。

世界規模のＰＤＯ施行による経済的意味が揺らいでいるため、知的所有権をめぐる複雑なチェスゲームがＥＵとアメリカの間で続いている。何が議論を手に負えなくさせているのか。何が単純で理性的な歩み寄りによる解決を難しくしているのか。それは歴史的なものと、文化的であるが故に感情的なものが紛争の芯にあるからである。

合衆国にしてみれば、チーズの伝統的な呼び名は自分たちもヨーロッパの遠い過去、伝統につながっていたのだという証なのである。その名称はもはやかつてと同じものではない。はるか昔に合法的に運ばれて、活力ある産業に仕上げられてきた独自のものだ。アメリカも何世紀にもわたって築き上げてきた輝かしいチーズの伝統を有している。こうした点から考えると、ヨーロッパにチーズ用語について排他的な所有権を主張できる正当性は、法的にも歴史的にもないのだ。それは単なる傲慢と利己主義にすぎない。伝統的ヨーロッパチーズをこよなく愛し、その市場における独自性を保護する必要性はよく理解しているつもりの筆者は、農村部の発展というＰＤＯ制度の目的は強く支持するところであるが、ヴァーモント・チェダーの将来が問題視されていることには怒りを禁じえない。感情は歩み寄りを行う際の強力な障害物となりうるのである。

しかし、ヨーロッパでは古くからあるチーズなどの伝統食品は、いまだに労働の風景や多くの郷土文化の中に存在感を示しており、その地の食文化と文化的伝統の基盤を築いている。また、地方の、さらにはその国のアイデンティティや民族の誇りに寄与するところも大きい。

ＰＤＯ規制はかなり時機を逸してはいるが、過去の悪習を正し、ヨーロッパに正当な文化的知的所有権を取り戻すための手段だと考えられている。ヨーロッパにとってこれは緊急性の高い問題である。伝統チーズの製造は経済的に存続の危機に立たされているからである。アメリカで伝統チーズがほとんど消滅してしまったのも同じ理由だ。伝統的名称を保護することは、ヨーロッパでは経済発展の手段、市場において伝統的ヨーロッパチーズを差別化し、付加価値をつける手段と見られている。それはまた、文化的継続性の保存という目的にも寄与するものである（Barham 2003）。

大西洋を挟んで両岸で感情論が高まっている。両サイドの経済と文化が関係しているからである。これまでのところ、ＰＤＯの保護規定を世界規模にまで拡大しようとするヨーロッパ側の挑戦は失敗に終わっているが、結末はいまだに見えてこない。アメリカ側も身動きが取れない。双方向の自由貿易協定という裏口からＰＤＯの規制を国際貿易に導入しようとするＥＵの最新の戦略は、アメリカの立場からすると問題含みの進展を意味しているのだ（Anonymous 2010b）。

生乳とチーズの安全性

ＰＤＯの保護規定を世界規模にするというヨーロッパの試みは、直接合衆国との間に別分野の摩擦を引き起こすことにつながった。

特に生乳（低温保持殺菌《パスチャライズ》されていないミルク）を使用したチーズを管理する、安全規制の問題である。ほぼすべてのＰＤＯチーズの必要条件として、伝統的に行われてきたように生乳で作るというのがある。通常、ＥＵは生乳から作るチーズに強いこだわりを持っている。これに対して、合衆国ではヨーロッパとは反対の方向へ、すなわちチーズ製造から生乳を除去する方向へと動いてきている。表面上は製品の安全性の向上が目的である。

繰り返すが、歴史、文化、経済が合流する地点では、こうした問題は感情が絡んで危険な問題となる。

生乳チーズに関する合衆国規制は、チーズについての《独自性に関する連邦基準》が制定された一九四九年に遡る。連邦基準によると、モッツェレラ、コテッジ、モンテリージャック、クリームチーズを含む十種のチーズは低温保持殺菌（pasteurization）したミルクを使用しなければならない。それ以外の種類のチーズは最低温度華氏三十五度（摂氏一・六度）で少なくとも六十日間の熟成期間を置く前提で、生乳から作ることができる。六十日ルールと呼ばれるものである。一九四九年には六十日の熟成は食中毒予防に、合理的な手段と考えられていた。食中毒の原因微生物が、問題を引き起こすだけの数で六十日を越えてチーズの中に生存するのは難しいというのが、その根拠（主に過去の経験に基づくもの）であった。

しかし、二十世紀も後半になってからは、チーズ製造の現場は六十日ルールでは不十分であるとする見方を強めてきた。

チーズ製造大手の企業は非常に強い経済的圧力のもと、さらに規模の経済を目指さなければならなかった。各工場も数十万ポンドのチーズを毎日製造するまでに大量生産になっており、失敗が許されない状況になっていた。たった一日、製品の品質と均一性に過失が発生すると、経営に大打撃を与え、また、たった一日、安全性に過失があると壊滅的な影響が生じた。こうした大規模なチーズ製造には全工程のあらゆる側面で完璧な制御が必要とされた。そこで低温保持殺菌はチーズの品質と均一性、安全性にとって不可欠のものと考えられるようになったのである。

一方で、このように工場が製造規模をどんどん巨大化させていた時代に、一九七〇年代から一九八〇年代の初めにかけて、職人による小規模なチーズ作りが始まっていた。一九八三年コーネル大学教授フランク・V・コシコウスキー氏の指導のもとで、職人たちは草の根の組織であるアメリカチーズ協会（American Cheese Society）を設立した（Kindstedt 2005）。これら職人たちとその支持者たちは伝統的な手作り製法、生乳を使用し、アメリカではかつて行われたことがなかったか、あるいはずっと以前に消滅してしまっていたヨーロッパチーズ各種の製造にのめり込んでいった。

特に関心が高かったのが、伝統的ウォッシュ製法、カビチーズ、それと天然表皮のチーズで、ハード系と呼ばれるチェダーやスイス、パルメザンなどの熟成タイプよりも食中毒の危険性がはるかに高いチーズだった。既存のチーズ製造会社はこうしたアルチザン（職人）の新しい運動を「大惨事のレシピ」とか、「食中毒の猛襲への入口」とみなして、すべてのチーズに対する消費者の信頼が揺らぐことを恐れた。

一九八五年、チーズから、死に至る新種の病原菌リステリア菌が発生し、生乳チーズに注目が集まった。感染症の大流行は主にカリフォルニア州で起こり、百五十二件のリステリア症の発症と五十二人死亡という、チーズが原因の食中毒としては最悪の事態となり、国内メディアがこぞって報道した。法律で低温保持殺菌乳から製造することが定められていた、メキシコスタイルのソフトタイプチーズ（ケソフレスコ）が原因だった。しかし、問題のチーズを製造した工場側の調査によると、不適切な低温保持殺菌と、生乳と低温保持殺菌乳を混合したことが汚染を引き起こした可能性が高いという（Altekruse et al. 1998; Painter and Slutsker 2007）。

適切に低温保持殺菌が行われたミルクから、汚染されたチーズが製造されたのだとしても、生乳に対する疑いからすべての生乳チーズに世間の注目を集め、窮地に追い込むというのは不公平ではないか。

酪農加工品業界が今最も恐れているものは何なのか。有名なチーズ研究者、アイオワ州立大学元教授、ジョージ・レインボルドは、アメリカ国内の大手チーズ製造企業で構成され強い影響力を持つ全国チーズ協会（ＮＣＩ）の一九八六年度セミナーにおいて「生乳を使用している業者は自分に不利に細工したサイコロを振っているようなものだ」とはっきりと述べている（Anonymous 1986）。業界での信頼が厚いレインボルドは、生乳を使用するチーズ製造に対して警鐘を鳴らし、緊急対策を呼びかけた。すぐに全国チーズ協会はウィスコンシン大学の研究者で特別委員会を作り、チーズの安全性を調査し、安全性向上のための提言をまとめるよう要請した。

委員会は一九九〇年に研究成果を公表した。それによると、チーズ製造に使用されるすべてのミルクは低温保持殺菌か、または短時間低温保持処理《サーマイゼーション》（thermization）として知られている時間と温度を組み合わせた工程を経なければならないという。これは最低、華氏百四十八度（摂氏六十四・四度）で、最短でも十六秒の加熱処理を行う、既定の低温保持殺菌よりも基準が厳しくないが、細菌を死滅させるにはほぼ同じくらいの効果がある（Johnson et al. 1990a, b, c）。短時間低温保持処理を行うと、熟成タイプのチーズでは種類によっては低温保持殺菌乳を使用するよりも風味が強まったり、より早く風味が出る場合があるため、低温保持殺菌以外の選択肢として推奨された。

ちょうど同じころ、数種類のチーズにおいて、六十日間の熟成では病原菌が死滅するという確証はないと結論付ける研究成果がいくつか発表された。食品医薬品局（ＦＤＡ）は、一九四九年以来の連邦基準が不適切であるということになり、その見直しを迫られることになった。低温保持殺菌もしくは短時間低温保持処理の義務化は、最も単純にこのジレンマを解決する方法だと思われた。加熱による病原菌の死滅という科学的根拠ははっきりしていて、論を俟たない。設備もすでに準備できている上、取り締まる側からも、その過程を監視したり強制したりすることが容易であった。加えて、チーズ業界もこぞってこれに賛成した。理想的な解決方法と思われて、一九九〇年代の初めまでには生乳チーズの製造禁止措置は避けられないという見方が、ますます有力になっていった。

そうこうしているうちに、国際舞台では、国際食品規格、コーデックス会議の作業部会であるコーデックス委員会が、ウルグアイ・ラウンドの合意に基づいて食品安全の国際的規制の詳細をまとめる作業に取り掛かった。委員会は一九九八年には次の文言を含む新しい安全基準の合意にこぎつけた。

「原料の生産から消費までこの基準によって規制される食品は、たとえば低温保持殺菌を含む管理方法を組み合わせたものを行わなければならない。またその結果、公衆衛生の保護に関して適切なレベルに達していることが証明されなければならない」。

（Anonymous 1999より引用）

アメリカ側は希望していたものがすべて達成されて満足だった。公衆衛生保護の適切な基準を決定する権利がそれぞれの国に認められ、国内安全基準に低温保持殺菌を盛り込む選択ができるようになった。また、公衆衛生保護の適切な基準に達するかぎり、将来利用可能になるかもしれない、新しい技術（たとえば放射線照射による殺菌保存法）も採用できることになった。

ＦＤＡは新しい安全基準を求めていた業界に対して、コーデックスの文言を現行の六十日ルールから低温保持殺菌の義務化へ書き換えることができるかもしれないとの期待感を持たせた。

このような背景からＦＤＡが低温保持殺菌の義務化を含む、規定の変更を行おうとしているらしいとの噂が流れた。アルチザンたちの草の根組織、アメリカチーズ協会（ＡＣＳ）は食品法に詳しい弁護士マーシャ・エコールスを雇ってＦＤＡとの間の連絡係とした。規定の変更がどう進んでいるか、ＡＣＳ

が情報を常につかんでいるようにするためであった。

一九九九年のＡＣＳ年次大会において衝撃的な発表が行われた。エコールスの報告によると、実際にＦＤＡはチーズの安全基準を見直しており、生乳チーズの禁止は「ＦＤＡの発表を待つばかりだ」という（Anonymous 1999）。アメリカの生乳チーズの終焉は今にも訪れそうに思われた。伝統製法で生乳チーズを作っている職人（アルチザン）やその支持者たちの集まる年次大会の雰囲気は、暗澹たるもので冷たい空気に包まれた。

等価性の原則は一体何を守っているのか

ＦＤＡから流れてくる気配に憂慮しているのはＡＣＳ会員だけではなかった。高価な生乳チーズを年間何百万ポンドも輸出しているヨーロッパは、もし低温保持殺菌がアメリカ国内法で義務化されれば、アメリカ市場から締め出されてしまうかもしれないと、脅威を感じていた。しかし、ヨーロッパは新しいコーデックスの文言でＦＤＡに対抗できると考えた。合衆国が公衆衛生を保護する目的で、低温保持殺菌の義務化を含む、いかなる安全基準を設けようとも、その他のＧＡＴＴ加盟国がコーデックスのもと、同レベルの公衆衛生保護を約束できる別の対策を組み合わせれば、合衆国の必要条件を満たすことができるのだ。

これは「等価性の原則」として有名になった。もし低温保持殺菌がある国で義務化されても、その他の国々で、同レベルの公衆衛生保護が達成できるのであるなら、低温保持殺菌以外の方法を用いて基準を満たすことができるのである。

フランスを中心に、ＥＵ各国はリスク低減戦略を組み合わせる、生乳チーズの包括的な安全基準を策定していた。ＥＵの当局者は新しい安全基準が、長く続いてきた文化的伝統を保護する目的とも順応するよう入念に構成されていることを強調した。ＥＵの保健衛生・消費者保護担当委員、ディヴィッド・ブラインは次のように表現している。「ＥＵの国々は食品と調理に関する長い文化的伝統を有しており、私はこれをぜひとも保護し奨励していきたい」（Anonymous 2002）。

合衆国とその他のＧＡＴＴ加盟国に対するメッセージは明確である。「ヨーロッパの生乳チーズは存続する、ヨーロッパはそのために戦う」というのだ。一方で、疑問も残る。リスク低減戦略による方法は低温保持殺菌で行う公衆衛生保護のレベルを達成できるのか。

コーデックスの「等価性の原則」を初めて適用する地となったのはオーストラリアだった。オーストラリア食品基準法ではすべてのチーズは低温保持殺菌されたミルクか、あるいは製造日から少なくとも九十日間保存される前提で、華氏百四十四度（摂氏六十二・二度）の温度を十五秒間保持（短時間低温保持処理）したミルクを使用しなければならないとしている。したがって生乳チーズはオーストラリアでは禁止ということだったのだ。

一九九八年、スイス政府は、オーストラリアに対して生乳から製造したエメンタールとグリュイエール、スプリンツの輸入と販売を許可するように請求した（FSANZ 2008）。これは国際貿易における「等価性の原則」の最初のテストケースとなった。スイスはこれらのチーズが低温保持殺菌と同等の安全レベルを保証することを裏付ける十分な研究データを用意して、満を持して交渉に臨んだ。調査を完了するとすぐ、オーストラリア当局はこれらのスイスチーズがオーストラリア国内法に定める適切な公衆衛生保護のレベルに達していると判断した。

予想通り、イタリアからも同様の請求が出されて、二〇〇二年、オーストラリアは進んで生乳から作られた超ハード系の摩り下ろしチーズの調査を行った。オーストラリア当局はこれらパルミジャーノ・レッジャーノ、グラナ・パダーノ、ロマーノ、アズィアーゴ、モンターズィオを含む超ハード系摩り下ろしチーズも適切な公衆衛生保護のレベルに達しているとの結論を出したのである（FSANZ 2008）。

オーストラリアの行動は国際貿易上、「等価性の原則」の重要な先例となった。特定の生乳チーズは低温保持殺菌あるいは九十日の保存期間と組み合わせた短時間低温保持処理によって、公衆衛生保護のレベルに達することが可能であるという考え方が認められたのである。FDAが、国内の酪農加工品業界の期待に応えて低温保持殺菌や短時間低温保持処理の義務を課すかもしれないという望みは消えた。これは、エメンタールやパルミジャーノ・レッジャーノのような数多くのヨーロッパ産生乳チーズにとって合衆国が利益の大きい市場であるからで、すべての生乳チーズを禁止するようなことをすれば、スイスやイタリアなどが訴えてくるだろうし、WTOへ訴訟を持ちこまれかねない。ヨーロッパがアメリカ市場と戦わずして負けを認めるようなことはあり得ないのだ。

オーストラリアの食品基準法への抵抗は国内でも高まっていた。合衆国と同様、オーストラリアでも伝統チーズとその製造に対する関心が再び高まっていた。この動きの中心人物は著書『チョークとチーズ～似て非なるもの（仮）』で賞を受けたこともあり、テレビの人気シリーズ《チーズ・スライス》の司会者を務めたウィル・スタッドである。スタッドはチーズの卸売会社の経営者で、二〇〇一年、個人として「等価性の原則」のテストケースになろうと決心し、フランスからロックフォールチーズを輸入した。到着するや否や、ロックフォールは食品基準法に違反しているという理由で、オーストラリアの当局に没収され、判決が下るまで二年近く保管されていた。結局、裁判所は、ロックフォールがオーストラリア食品基準法に違反しているという決定を支持し、チーズは廃棄処分となった（Studd 2003）。

フランスはこの裁定に満足せず、続く二〇〇四年、正式に「等価性の原則」をロックフォールチーズで検証しようとしたのである。ロックフォールはスイスやイタリアのハード系チーズと比べると、食中毒の危険性がはるかに高い。その原因は製造工程で加熱しないこと、水分含有量が高いこと、加えて熟成の過程で高いpH度を生じることである。したがって、ロックフォールの場合、効果的なリスク削減の方策を講じるのは困難だった。フランス政府はロックフォールの安全性に関する膨大な資料を提出した。

オーストラリア側は一年かけてこれを精査し、判断を下した。結局オーストラリアはスイスやイタリアのハード系チーズと同様、公衆衛生保護の観点から適切なレベルに達していると認めたのだ（FSANZ 2008）。こうして、生乳チーズの国際貿易には大きな弾みがついて、より大きな市場への進出が進み、かつ一律の禁止からは免れることになった。

FDAについて言えば、生乳チーズについて危険性の判定がほぼ決着した後、二〇一〇年に、安全性を確保するには六十日ルールでは不十分で、現行の規制は改定を視野に入れて見直し中であると発表した（Anonymous 2010a）。一九九八年に生乳チーズの存続が危ぶまれた時からほとんど何も変わっていないように思われた。

ただ例外があるとすれば、ＦＤＡ側が低温保持殺菌またはそれに近い殺菌方法の義務化を断行すれば、今後はエメンタールやパルミジャーノ・レッジャーノ、ロックフォールなどといったチーズに関する申し立てが一度に押し寄せるだろうし、ＷＴＯへの提訴もあり得るということだ。今日この原稿を書いている段階ではまだ、チーズの安全性を管理する合衆国のＦＤＡ規制は変更されていない。

食品の安全性基準に関する合衆国とヨーロッパの間の差異は、もちろんチーズだけの問題ではない。食品に関する制度全体にわたるもので、チーズはその氷山の一角にすぎない。アメリカには、食品の製造や加工に新技術を進んで採用し、進歩の名のもとに伝統的な製法を捨ててきた歴史がある。これとは対照的にヨーロッパは伝統食品の長い歴史があり、食品にかかわる新技術に対しては常に疑いの目を向けてきたことは確かである（Echols 1998）。様々な分野で対立が生じるのはここに原因がある。

激しい論争になっている分野は、たとえば肉牛への成長ホルモンや抗生物質の使用、ミルク生産での成長ホルモンの使用、遺伝子組み換え作物、その他の遺伝子組み換え有機体（ＧＭＯｓ）の食品への使用などである。ホルモン剤を使用した牛の場合では、すでに十年以上ＷＴＯでの訴訟が紛糾を極めており、もう少しでロックフォールチーズにも予想外の被害が及ぶところだった。

ＥＵの食肉へのホルモン剤使用に関して下したＷＴＯの決定をＥＵが遵守しないことに報復するために、二〇〇九年、合衆国はロックフォールチーズの輸入関税を三倍に引き上げると警告したのである。こうした措置を取れば、ロックフォールの価格は急上昇し、小売りの段階では一ポンド（四百五十三・六グラム）六十ドル（六千円弱）くらいになっただろう（Anonymous 2009）。ＥＵはそうなる前に引き下がり、チーズをめぐる総力戦になることは回避できた。チーズやその歴史的文化的背景に関連して渦巻いている問題は、食糧システム全体にわたって広がりを見せている新情勢を映すレンズと言ってよい。

われわれの将来は一体どこに向かっているのだろうか。近年の歴史がいくつかのヒントになるだろう。アメリカでの伝統チーズの復活は、チーズそのものをはるかに超えた文化的な変化を示している。食品の製造加工におけるテクノロジー主導や、コストを最低に抑える生産モデルを、次第に多くのアメリカ人が疑問視するようになってきた。このことは近年活動が盛んになってきた数々の草の根運動に表れている。環境に優しい持続可能な農業、動物の福祉、無添加自然食品、職人手作りの食品、放し飼いの鶏、牧草で育てた牛、これらは皆アメリカ流のコストを最低に抑える食糧システムへの不満を反映している。この傾向が続けば、アメリカの見解はしだいにヨーロッパの見解と近いものになっていくのではないかと、選出議員や政策立案者は変わりつつある人々の気持ちに反応している。いかに人々の思いに接近できるかである。少なくとも短期的には、最低コストの製造加工システムを廃止して別の選択肢で置き換えるためには、誰かが大きな犠牲を払わなければならない。消費者だけがそのコストを負担するのか、または消費者が国民全体とともに最低コストシステムとは別のやり方を推し進める、自然や人に優しい政策のもとでそれをするのか。

文化的変化は食糧システムの変化を推し進める力がある。しかし、結局のところ、経済的な現実から目をそむけることはできず、問題が残る。一体誰がその変革に資金を出すことになるのだろうか。

Wild, J. P. 2002. The Textile Industries of Roman Britain. *Britannia* 33:1–42.

Williams, C. H. 1967. *English Historical Documents 1458–1558*. C. H. Williams, ed. Oxford University Press, New York.

Winthrop, J. 1630. A Modell of Christian Charity. In *The Role of Religion in American Life, An Interpretive Historical Anthology*, 1982, R. R. Mathisen, ed. University Press of America, Lanham.

Wood, J. 2007. A Re-interpretation of a Bronze Age Ceramic: Was It a Cheese Mould or a Bunsen Burner. In *Fire as an Instrument: The Archaeology of Pyrotechnologies*, D. Gheorghiu, ed. Oxford University Press, Oxford, UK.

Wood, M. 1986. *Domesday: A Search for the Roots of England*. BBC Books, London.

Wood, S. 1819. *The Progress of the Dairy; Descriptive of the Method of Making Butter and Cheese for the Information of Youth*. Samuel Wood & Sons, New York.

Woolley, L., and P. R. S. Moorey. 1982. *Ur "Of the Chaldees."* Cornell University Press, Ithaca, NY.

Wright, D. P. 1986. The Gesture of Hand Placement in the Hebrew Bible and in Hittite Literature. *Journal of the American Oriental Society* 106(3):433–446.

Wright, G. 2003. Slavery and American Agricultural History. *Agricultural History* 77(4):527–552.

Wycherley, R. E. 1956. The Market of Athens: Topography and Monuments. *Greece & Rome*, Second Series 3(1):2–23.

Wypustek, A. 1997. Magic, Montanism, Perpetua, and the Severan Persecution. *Vigiliae Christianae* 51(3):276–297.

Yeo, C. A. 1946. Land and Sea Transportation in Imperial Italy. *Transactions and Proceedings of the American Philological Association* 77:221–244.

———. 1948. The Overgrazing of Ranch-Lands in Ancient Italy. *Transactions and Proceedings of the American Philological Association* 79:275–307.

Yoffee, N. 1995. Political Economy in Early Mesopotamian States. *Annual Review of Anthropology* 24:281–311.

Zaky, A., and Z. Iskander. 1942. Ancient Egyptian Cheese. *Annales du service des antiquités de l'Egypte* 41:295–313.

Zarins, J. 1990. Early Pastoral Nomadism and the Settlement of Lower Mesopotamia. *Bulletin of the American Schools of Oriental Research* 280:31–65.

Zohary, D., and M. Hopf. 2000. *Domestication of Plants in the Old World*. Oxford University Press, Oxford, UK.

Trubek, A. B. 2008. *The Taste of Place: A Cultural Journey into Terroir*. University of California Press, Berkeley.
Trump, D. 1965. *Central and Southern Italy Before Rome*. Frederick A. Praeger, New York.
Twamley, J. 1784. *Dairying Exemplified, or the Business of Cheese-Making*. J. Sharp, Warwick, UK.
———. 1816. *Essays on the Management of the Dairy; Including the Modern Practice of the Best Districts in the Manufacture of Cheese and Butter*. J. Harding, London.
Updike, W. 1907. *A History of the Episcopal Church in Narragansett Rhode Island*. Merrymount Press, Boston.
Valenze, D. 1991. The Art of Women and the Business of Men: Women's Work and the Dairy Industry c. 1740–1840. *Past and Present* 130:142–169.
van Bavel, B. J. P., and J. L. van Zanden. 2004. The Jump-Start of the Holland Economy During the Late-Medieval Crisis, c. 1350–c. 1500. *Economic History Review* 57(3):503–532.
Vidal, J. 2006. Ugarit and the Southern Levantine Sea-Ports. *Journal of the Economic and Social History of the Orient* 49(3):269–279.
Wainwright, G. A. 1959. The Teresh, the Etruscans and Asia Minor. *Anatolian Studies* 9:197–213.
———. 1961. Some Sea-Peoples. *Journal of Egyptian Archaeology* 47:71–90.
Wallace, S. A. 2003. The Changing Role of Herding in Early Iron Age Crete: Some Implications of Settlement Shift for Economy. *American Journal of Archaeology* 107(4):601–627.
Weeden, W. B. 1910. *Early Rhode Island. A Social History of the People*. Grafton Press, New York.
———. 1963. *Economic and Social History of New England 1620–1789*. Vol. 2. Hillary House Publishers, New York.
Wehrli, M., W. Tinner, and B. Ammann. 2007. 16,000 Years of Vegetation and Settlement History from Egelsee (Menzingen, Central Switzerland). *Holocene* 17(6):747–761.
West, L. C. 1935. *Roman Gaul. The Objects of Trade*. Basil Blackwell, Oxford, UK.
West, M. L. 1988. The Rise of the Greek Epic. *Journal of Hellenistic Studies* 108:151–172.
Whitelock, D. 1955. *English Historical Documents c. 500–1042*. Oxford University Press, New York.
Whittaker, D., and J. Goody. 2001. Rural Manufacturing in the Rouergue from Antiquity to the Present: The Examples of Pottery and Cheese. *Comparative Studies in Society and History* 43(2):225–245.
Wick, L., and W. Tinner. 1997. Vegetation Changes and Timberline Fluctuations in the Central Alps as Indicators of Holocene Climatic Oscillations. *Arctic and Alpine Research* 29(4):445–458.

Sprague, R. W. 1967. Boston Merchants and the Puritan Ethic (1630–1691). In *The Formative Era of American Enterprise*, R. W. Hidy and P. E. Cawein, ed., D. C. Heath, Boston.

Stamm, E. R. 1991. *The History of Cheese Making in New York State*. E. R. Stamm, Publishing Agencies, Endicott.

Steiner, G. 1955. The Fortunate Farmer: Life on the Small Farm in Ancient Italy. *Classical Journal* 51(2):57–67.

Stern, W. M. 1973. Cheese Shipped Coastwise to London Towards the Middle of the Eighteenth Century. *Guildhall Miscellany* 4(4):207–221.

———. 1979. Where, Oh Where, Are the Cheesemongers of London? *London Journal* 5(2): 228–248.

Stone, B. J. 1995. The Philistines and Acculturation: Culture Change and Ethnic Continuity in the Iron Age. *Bulletin of the American Schools of Oriental Research* 298:7–32.

Storr-Best, L. 1912. *Varro on Farming*. G. Bell and Sons, London.

Studd, W. 2003. In Memoriam. *Australian Dairy Foods*, December, p. 15.

Tabbernee, W. 2007. *Fake Prophecy and Polluted Sacraments: Ecclesiastical and Imperial Reactions to Montanism*. Koninklijke Brill NV, Leiden.

TeBrake, W. H. 1981. Land Reclamation and the Agrarian Frontier in the Dutch Rijnland, 950–1350. *Environmental Review* 5(1):27–36.

———. 1985. *Medieval Frontier: Culture and Ecology in Rijnland*. Texas A&M University Press, College Station.

Thirsk, J. 1967. The Farming Regions of England. In *The Agrarian History of England and Wales*. Vol. 4, *1500–1640*, J. Thirsk, ed. Cambridge University Press, London.

Thompson, D. V. Jr., and G. H. Hamilton. 1933. *An Anonymous Fourteenth-Century Treatise, De Arte Illuminandi, The Technique of Manuscript Illumination*. Yale University Press, New Haven, CT.

Thompson, D. W. 1907. Book 3 in *The History of Animals*. John Bell, London.

Thorpe, L. 1969. *Einhard and Notker the Stammerer: The Two Lives of Charlemagne*. Translated with an introduction by Lewis Thorpe. Penguin Books, Harmondsworth, UK.

Tinner, W., and P. Kaltenrieder. 2005. Rapid Responses of High-Mountain Vegetation to Early Holocene Environmental Changes in the Swiss Alps. *Journal of Ecology* 93:936–947.

Tinner, W., and J.-P. Theurillat. 2003. Uppermost Limit, Extent and Fluctuations of the Timberline and Treeline Ecoline in the Swiss Central Alps During the Past 11,500 Years. *Arctic, Antarctic, and Alpine Research* 35(2):158–169.

Trow-Smith, R. 1957. *A History of British Livestock Husbandry to 1700*. Routledge and Kegan Paul, London.

Schon, R. 2007. Chariots, Industry, and Elite Power at Pylos. In *Rethinking Mycenaean Palaces II*. Revised and expanded 2nd edition. M. Galaty and W. A. Parkinson, ed. University of California, Los Angeles.

Schwartz, B. 1938. The Hittite and Luwian Ritual of Zarpiya of Kezzuwatna. *Journal of the American Oriental Society* 58(2):334–353.

Selz, G. J. 2008. The Divine Prototypes. In *Religion and Power: Divine Kingship in the Ancient World and Beyond*, N. Brisch, ed. University of Chicago Press, Chicago. pp. 13–32.

Sernett, M. 2011. *Say Cheese! The Story of the Era When New York State Cheese Was King*. Milton C. Sernett, Cazenovia, NY.

Sharma, R. S. 2005. *India's Ancient Past*. Oxford University Press, New Delhi.

Shaw, B. D. 1993. The Passion of Perpetua. *Past & Present* 139:3–45.

Sheridan, R. B. 1973. *Sugar and Slavery: An Economic History of the British West Indies 1623–1775*. Johns Hopkins University Press, Baltimore.

Sherratt, A. 1981. Plough and Pastoralism: Aspects of the Secondary Products Revolution. In *Patterns of the Past: Studies in Honour of David Clarke*, I. Hooder, G. Isaac, and N. Hammond, ed. Cambridge University Press, Cambridge, UK. pp. 261–306.

———. 1983. The Secondary Exploitation of Animals in the Old World. *World Archeology* 15 (1—Transhumance and Pastoralism):90–104.

———. 2004. Feasting in Homeric Epic. *Hesperia* 73(2):301–337.

Sherratt, A., and S. Sherratt. 1991. From Luxuries to Commodities: The Nature of Mediterranean Bronze Age Trading Systems. In *Bronze Age Trade in the Mediterranean*. N. H. Gale, ed. *Studies in Mediterranean Archaeology*, Vol. XC, Paul Åströms Fölag, Jonsered. pp. 351–386.

Simmons, A. H. 2007. *The Neolithic Revolution in the Near East: Transforming the Human Landscape*. University of Arizona Press, Tucson.

Simond, L. 1822. *Switzerland; or, a Journal of a Tour and Residence in That Country in the Years 1817, 1818 and 1819*. Vol. 2. Wells and Lilly, Boston.

Simoons, F. J. 1971. The Antiquity of Dairying in Asia and Africa. *Geography Review* 61 (3):431–439.

———. 1991. *Food in China. A Cultural and Historical Inquiry*. CRC Press, Inc., Boca Raton.

Singh, U. 2008. *A History of Ancient and Medieval India: From the Stone Age to the 12th Century*. Dorling Kindersley, Delhi.

Sommer, M. 2007. Networks of Commerce and Knowledge in the Iron Age: The Case of the Phoenicians. *Mediterranean Historical Review* 22(1):97–111.

Spangenberg, J., S. Jacomet, and J. Schibler. 2006. Chemical Analyses of Organic Residues in Archeological Pottery from Arbon Bleiche 3, Switzerland: Evidence for Dairying in the Late Neolithic. *Journal of Archeological Science* 33:1–13.

Pollock, S. 1999. *Ancient Mesopotamia: The Eden That Never Was*. Cambridge University Press, Cambridge, UK.

Post, L. A. 1932. Catana the Cheese-Grater in Aristophanes' Wasps. *American Journal of Philology* 53(3):265–266.

Potter, T. W. 1976. *A Faliscan Town in South Etruria: Excavations at Narce 1966–71*. British School at Rome, London.

———. 1979. *The Changing Landscape of South Etruria*. St. Martins Press, New York.

Potts, D. T. 1993. Rethinking Some Aspects of Trade in the Arabian Gulf. *World Archaeology* 24(3):423–440.

Pounds, N. J. G. 1994. *An Economic History of Medieval Europe*. 2nd ed. Longman Group, London.

Pourrat, H. 1956. *The Roquefort Adventure. Translated from the French by Mary Mian*. Société anonyme des caves et des producteurs reunis de Roquefort, Roquefort

Prakash, O. 1961. *Food and Drinks in Ancient India (from Earliest Times to c. 1200 AD)*. Munshi Ram Manohar Lal, Delhi.

Procelli, E. 1995. Cultures and Societies in Sicily Between the Neolithic and Middle Bronze Age. In *Ancient Sicily*, T. Fischer-Hansen, ed. Museum Tusculanum Press, Copenhagen.

Rance, P. 1989. *The French Cheese Book*. Macmillan Publishers, London.

Rapp, A. 1955. The Father of Western Gastronomy. *Classical Journal* 51(1):43–48.

Rasmussen, P. 1990. Leaf-Foddering in the Earliest Neolithic Agriculture: Evidence from Switzerland and Denmark. *Acta Archaeologica* 60:71–86.

Reisman, D. 1973. Iddin-Dagan's Sacred Marriage Hymn. *Journal of Cuneiform Studies* 25(4):185–202.

Ridgway, D. 1997. Nestor's Cup and the Etruscans. *Oxford Journal of Archaeology* 16(3):325–344.

Rist, M. 1942. Pseudepigraphic Refutations of Marcionism. *Journal of Religion* 22(1):39–62.

Russell, J. R. 1993. On Mysticism and Esotericism Among Zoroastrians. *Iranian Studies* 26(1/2):73–94.

Rutman, D. B. 1963. Governor Winthrop's Garden Crops: The Significance of Agriculture in the Early Commerce of Massachusetts Bay. *William and Mary Quarterly*, Third Series 20(3):396–415.

Sagona, A., and P. Zimansky. 2009. *Ancient Turkey*. Routledge, New York.

Şahoğlu, V. 2005. The Anatolian Trade Network and the Izmir Region During the Early Bronze Age. *Oxford Journal of Archeology* 24(4):339–361.

Sansone, D. 2009. *Ancient Greek Civilization*. 2nd ed. John Wiley and Sons, Chichester, UK.

Sauter, M. R. 1976. *Switzerland: From Earliest Times to the Roman Conquest.* Thames and Hudson, Southhampton, UK.

the Hittite Iron Industry. *Anatolian Studies* 35:67–84.
Najovits, S. 2003. *Egypt: Trunk of the Tree.* Vol. 1, *The Contexts.* Algora Publishing, New York.
Needham, J., and A. Hughes. 1959. *A History of Embryology.* Abelard-Schuman, New York.
Neils, J. 2008. *The British Museum Concise Introduction to Ancient Greece.* University of Michigan Press, Ann Arbor.
Niblett, R., W. Manning, and C. Saunders. 2006. Verulamium: Excavations Within the Roman Town 1986–88. *Britannia* 37:53–188.
Nicholas, D. 1991. Of Poverty and Primacy: Demand, Liquidity, and the Flemish Economic Miracle, 1050–1200. *The American Historical Review* 96(1):17-41
Noussia, M. 2001. Solon's Symposium. *The Classical Quarterly,* New Series 51(2):353–359.
Oakes, E. F. 1980. A Ticklish Business: Dairying in New England and Pennsylvania, 1750–1812. *Pennsylvania History* 47(3):195–212.
Ó HÓgáin, D. 2002. *The Celts: A History.* Collins Press, Cork, Ireland.
Oldfather, W. A. 1913. Homerica: I. akrhton gala, i 297. *Classical Philology* 8(2):195–212.
Olson, L. 1945. Cato's Views on the Farmer's Obligation to the Land. *Agricultural History* 19(3):129–132.
Olson, S. D., and A. Sens. 2000. Archestratos of Gela. *Greek Culture and Cuisine in the Fourth Century BCE.* Oxford University Press, Oxford, UK.
Oschinsky, D. 1971. *Walter of Henley and Other Treatises on Estate Management and Accounting.* Oxford University Press, London.
Outram, A. K., N. A. Stear, R. Bendrey, S. Olsen, A. Kasparov, V. Zaibert, N. Thorpe, and R. P. Evershed. 2009. The Earliest Horse Harnessing and Milking. *Science* 323:1332–1335.
Owen, D. I., and G. D. Young. 1971. Cuneiform Texts in the Museum of Fine Arts, Boston. *Journal of Cuneiform Studies* 23(3):68–75.
Owen, T. 1805. *Geoponika* (*Agricultural Pursuits*), London. Scanned by the Michigan State University Library; accessed on 3/8/2010 at www.ancientlibrary.com/geoponica. index. html.
Page, F. M. 1936. *Wellingborough Manorial Accounts AD 1258–1323.* Northamptonshire Printing & Publishing, Kettering, UK.
Painter, J. and L. Slutsker. 2007. Listeriosis in Humans. Chapter 4 In *Listeria, Listeriosis, and Food Safety.* 3rd ed., E. Ryser and E.H. Marth, ed. CRC Press, Boca Raton.
Palaima, T. G. 2004. Sacrificial Feasting in the Linear B Documents. *Hesperia* 73(2):217–246.
Palmer, R. 1994. *Wine in the Mycenaean Palace Economy.* Université de Liège, Liège.
Pearson, K. L. 1997. Nutrition and the Early-Medieval Diet. *Speculum* 72(1):1–32.
Pirtle, T. R. 1926. *History of the Dairy Industry.* Mojonnier Bros., Chicago.

Liverani, M. 2005. Historical Overview. In *A Companion to the Ancient Near East*, D. C. Snell, ed. Blackwell Publishing, Oxford, UK. pp. 3–19.

Lupack, S. 2007. Palaces, Sanctuaries, and Workshops. In *Rethinking Mycenaean Palaces II*. Revised and expanded 2nd ed. M. Galaty and W. A. Parkinson, ed. University of California, Los Angeles.

Maier, B. 2003. *The Celts: A History for Earliest Times to the Present*. University of Notre Dame Press, Notre Dame, IN.

Marshall, Mr. 1796. *The Rural Economy of Gloucestershire: Including Its Dairy: Together with the Dairy Management of North Wiltshire and the Management of Orchards and Fruit Liquor in Herefordshire*. Vol. 1 and 2. G. Nicol, London.

Martin, H. P., F. Pomponio, G. Visicato, and A. Westenholz. 2001. *The Fara Tablets in the University of Pennsylvania Museum of Archaeology and Anthropology*. CDL Press, Bethesda, MD.

Mastrocinque, A. 2007. The Cilician God Sandas and the Greek Chimaera: Features of Near Eastern and Greek Mythology Concerning the Plague. *Journal of Ancient Near Eastern Religions* 7(2):197–217.

Mate, M. 1987. Pastoral Farming in South-East England in the Fifteenth Century. *The Economic History Review*, New Series 40(4):523–536.

McMahon, A. 2005. From Sedentism to States, 10,000–3000 BC. In *A Companion to the Ancient Near East*. D. C. Snell, ed. Blackwell Publishing, Oxford, UK.

McManis, D. R. 1975. *Colonial New England: A Historical Geography*. Oxford University Press, London.

McMurry, S. 1992. Women's Work in Agriculture: Divergent Trends in England and America, 1800 to 1930. *Comparative Studies in Society and History* 34(2):248–270.

———. 1995. *Transforming Rural Life: Dairying Families and Agricultural Change, 1820–1885*. Johns Hopkins University Press, Baltimore.

Migeotte, Léopold, translated by J. Lloyd. 2009. The Economy of the Greek Cities. From the Archaic Period to the Early Roman Empire. University of California Press, Berkeley

Miller, E., and J. Hatcher. 1978. *Medieval England: Rural Society and Economic Change 1086–1348*. Longman Group, London.

Miller, W. D. 1934. The Narragansett Planters. *Proceedings of the American Antiquarian Society*, New Series 43:49–115.

Monroe, C. M. 2007. Vessel Volumetrics and the Myth of the Cyclopean Bronze Age Ship. *Journal of the Economic and Social History of the Orient* 50(1):1–18.

Morgan, G. 1991. "Nourishing Foods": Herodotus 2.77. *Mnemsoyne*, Fourth Series 44 (3/4):415–417.

Muhly, J. D., R. Maddin, T. Stech, and E. Özgen. 1985. Iron in Anatolia and the Nature of

———. 2008b. The Traditional Cheeses of Turkey: The Aegean Region. *Food Reviews International* 24:39–61.

Kamber, U., and G. Terzi. 2008. The Traditional Cheeses of Turkey: Middle and Eastern Black Sea Region. *Food Reviews International* 24:95–118.

Kearns, E. 2010. *Ancient Greek Religion: A Sourcebook*. Wiley-Blackwell, Chichester, UK.

Kindstedt, P. S. 2005. *American Farmstead Cheese*. Chelsea Green Publishing, White River Junction, VT.

Knapp, A. B. 1991. Spice, Drugs, Grain and Grog: Organic Goods in the Bronze Age East Mediterranean Trade. In *Bronze Age Trade in the Mediterranean*. N. H. Gale, ed. Studies in Mediterranean Archaeology, Vol. XC, Paul Åströms Fölag, Jonsered. pp. 21–68.

Koebner, R. 1966. The Settlement and Colonization of Europe. Chapter 1 In *The Cambridge Economic History of Europe*. Vol. 1, *The Agrarian Life of the Middle Ages*. 2nd ed., M. M. Postan, ed. Cambridge University Press, London.

Kosikowski, F. V., and V. V. Mistry. 1997. *Cheese and Fermented Milk Foods*. Vol. 1. F. V. Kosikowski, Great Falls, VA.

Kramer, S. N. 1963a. *The Sumerians: Their History, Culture and Character*. University of Chicago Press, Chicago.

———. 1969. *The Sacred Marriage Rite: Aspects of Faith, Myth, and Ritual in Ancient Sumer*. Indiana University Press, London.

———. 1972. *Sumerian Mythology: A Study of Spiritual and Literary Achievement in the Third Millennium BC*. University of Pennsylvania Press, Philadelphia.

Kramrisch, S. 1975. The Mahāvīra Vessel and the Plant Pūtika. *Journal of the Oriental Society* 95(2):222–235.

Kulikoff, A. 2000. *From British Peasants to Colonial American Farmers*. University of North Carolina Press, Chapel Hill.

Lacour-Gayet, J., and R. Lacour-Gayet, R. 1951. Price-Fixing and Planned Economy from Plato to the "Reign of Terror." *American Journal of Economics and Sociology* 10(4):389–399.

Leary, T. J. 2001. *Martial Book XIII. The Xenia*. Gerald Duckworth, London.

Le Glay, M., J.-L. Voisin, and Y. Le Bohec. 2009. *A History of Rome*. 4th ed. Wiley-Blackwell, Chichester, UK.

Leon, E. F. 1943. Cato's Cakes. *Classical Journal* 38(4):213–221.

Lever, K. 1954. Middle Comedy: Neither Old nor New but Contemporary. *Classical Journal* 49(4):167–180.

Lev-Yadun, S., A. Gopher, and Shahal Abbo. 2000. The Cradle of Agriculture. *Science* 288 (5741):1602–1603.

Limet, H. 1987. The Cuisine of Ancient Sumer. *Biblical Archeologist* 50(3):132–147.

and Spread of Agriculture and Pastoralism in Eurasia, D. R. Harris, ed. Smithsonian Institution Press, Washington, DC.

Holloway, R. R. 1975. The Early Bronze Age Village of Tufariello. *Journal of Field Archaeology* 2(1/2):11–81.

Horn, W. W., and E. Born. 1979. *The Plan of St. Gall: A Study of the Architecture & Economy of & Life in a Paradigmatic Carolingian Monastery*, Vol. 3. University of California Press, Berkeley.

Hough, G. 1793. *The Art of Cheese-Making, Taught from Actual Experiments, by Which More and Better Cheese May be Made from the Same Quantity of Milk*. George Hough, Concord, NH.

Hurt, R. D. 1994. *American Agriculture: A Brief History*. Iowa State University Press, Ames.

Itan, Y., A. Powell, M. A. Beaumont, J. Burger, and M. G. Thomas. 2009. The Origins of Lactase Persistence in Europe. *PLoS Computational Biology* 5(8): e1000491. doi:10.1371/journal.pcbi.1000491.

Jacobsen, T. 1983. Lad in the Desert. *Journal of the American Oriental Society* 103(1):193–200.

Jeffery, L. H. 1948. The Boustrophedon Sacral Inscriptions from the Agora. *Hesperia* 17(2):86–111.

Jensen, J. M. 1988. Butter Making and Economic Development in Mid-Atlantic America from 1750–1850. *Signs: Journal of Women in Culture and Society* 13(4):813–829.

Johnson, E. A., J. H. Nelson, and M. Johnson. 1990a. Microbiological Safety of Cheese Made from Heat-Treated Milk. Part 1: Executive Summary, Introduction and History. *Journal of Food Protection* 53(5):441–452.

———. 1990b. Microbiological Safety of Cheese Made from Heat-Treated Milk. Part 2: Microbiology. *Journal of Food Protection* 53(6):519–540.

———. 1990c. Microbiological Safety of Cheese Made from Heat-Treated Milk. Part 3: Technology, Discussion, Recommendations, Bibliography. *Journal of Food Protection* 53(7):610–623.

Johnson, J. 1801. *The Art of Cheese-Making Reduced to Rules, and Made Sure and Easy, from Accurate Observation and Experience*. Charles R. and George Webster, Albany, NY.

Johnson, P. 1976. *A History of Christianity*. Atheneum, New York.

Jones, H. L., and J. H. Sterrett. 1917. *The Geography of Strabo, with an English translation by Horace Leonard Jones*. William Heinemann, London; G. P. Putnam's Sons, New York.

Jones, P. 1966. Medieval Agrarian Society in Its Prime. 2: Italy. Chapter 7 In *The Cambridge History of Europe*. Vol. 1. *The Agrarian Life of the Middle Ages*, 2nd ed., M.M. Postan, ed. Cambridge University Press, London

Kamber, U. 2008a. The Traditional Cheeses of Turkey: Cheeses Common to All Regions. *Food Reviews International* 24:1–38.

Greenfield, H. J. 1988. The Origins of Milk and Wool Production in the Old World. *Current Anthropology* 29(4):573–593.
Gulley, J. L. M. 1963. The Bruton Chartulary. *British Museum Quarterly* 27(1/2):5–9.
Güterbock, H. G. 1968. Oil Plants in Hittite Anatolia. *Journal of the American Oriental Society* 88(1):66–71.
Hadzsits, G. D. 1936. The Vera History of the Palatine Ficus Ruminalis. *Classical Philology* 31(4):305–319.
Hagan, A. 2006. *Anglo-Saxon Food and Drink: Production Processing, Distribution and Consumption*. Anglo-Saxon Books, Hockwold cum Wilton, UK.
Halbherr, F. 1897. Cretan Expedition III. *American Journal of Archaeology* 1(3):159–238.
Halstead, P. 1981. Counting Sheep in Neolithic and Bronze Age Greece. In *Patterns of the Past: Studies in Honour of David Clarke*. I. Hooder, G. Isaac, and N. Hammond, ed. Cambridge University Press., Cambridge, UK. pp. 307–340.
———. 1996. Pastoralism or Household Herding? Problems of Scale and Specialization in Early Greek Animal Husbandry. *World Archaeology* 28(1):20–42.
Harley, T. R. 1934. The Public School of Sparta. *Greece & Rome* 3(9):129–139.
Harrod, J. B. 1981. The Bow: A Techno-Mythic Hermeneutic: Ancient Greece and the Mesolithic. *Journal of the American Academy of Religion* 49(3): 425–446.
Heiri, C., H. Bugmann, W. Tinner, O. Heir, and H. Lischke. 2006. A Model-Based Reconstruction of Holocene Treeline Dynamics in the Central Swiss Alps. *Journal of Ecology* 94:206–216.
Hickman, T. 1995. *The History of Stilton Cheese*. Alan Sutton Publishing, Stroud, UK.
Hill, J. 2003. *The History of Christian Thought*. IVP Academic, Downers Grove, IL.
Hodges, R. 1982. *Dark Age Economics: The Origins of Towns and Trade AD 600–1000*. St. Martin's Press, New York.
Hodkinson, S. 1988. Animal Husbandry in the Greek Polis. In *Pastoral Economies in Classical Antiquity*, C. R. Whittaker, ed. Cambridge Philological Society, Cambridge, UK.
Hoffner, H. A. 1966. A Native Cognate to West Semitic *GBN "Cheese"? *Journal of the American Oriental Society* 86(1):27–31.
———. 1967. Second Millennium Antecedents to the Hebrew 'ÔB. *Journal of Biblical Literature* 86(4):385–401.
———. 1995. Oil in Hittite Texts. *Biblical Archaeologist* 58(2):108–114.
———. 1998. *Hittite Myths*, 2nd ed. Society of Biblical Literature. Scholars Press, Atlanta.
Hole, F. 1989. A Two-Part, Two-Stage Model of Domestication. In *The Walking Larder: Patterns of Domestication, Pastoralism, and Predation*, J. Clutton-Brock, ed. Unwin Hyman, London.
———. 1996. The Context of Caprine Domestication in the Zagros Region. In *The Origins*

Zealand.

Fussell, G. E. 1935. Farming Methods in the Early Stuart Period. I. *Journal of Modern History* 7(1):1–21.

———. 1959. Low Countries' Influence on English Farming. *English Historical Review* 74 (293):611–622.

———. 1966. *The English Dairy Farmer*. A. M. Kelley, New York.

Ganshof, F. L., and A. Verhulst. 1966. Medieval Agrarian Society in Its Prime. 1: France, the Low Countries, and Western Germany. Chapter 7 In *The Cambridge Economic History of Europe*. Vol. 1, *The Agrarian Life of the Middle Ages*. 2nd ed., M. M. Postan, ed. Cambridge University Press, London.

Ganz, D. 2008. *Einhard and Notker the Stammerer: The Two Lives of Charlemagne*. Translated with an introduction and notes by David Ganz. Penguin Books, London.

Gasquet, F. A. 1966. *The Rule of Saint Benedict*. Translated with an introduction by Cardinal Gasquet. Cooper Square Publishers, New York.

Gelb, I. J. 1967. Growth of a Herd of Cattle in Ten Years. *Journal of Cuneiform Studies* 21:64–69.

Gill, D. 1974. Trapezomata: A Neglected Aspect of Greek Sacrifice. *Harvard Theological Review* 67(2):117–137.

Goetze, A. 1971. Hittite Sipant. *Journal of Cuneiform Studies* 23(3):77–94.

Goldsmith, J. L. 1973. Agricultural Specialization and Stagnation in Early Modern Auvergne. *Agricultural History* 47(3):216–234.

Gomi, T. 1980. On Dairy Productivity at Ur in the Late Ur III Period. *Journal of the Economic and Social History of the Orient* 23(1/2):1–42.

Grandjouan, C., E. Markson, and S. I. Rotroff. 1989. *Hellenistic Relief Molds from the Athenian Agora. Hesperia Supplements*, Vol. 23. American School of Classical Studies at Athens, Princeton.

Grant, A. J. 1966. *Early Lives of Charlemagne: Eginhard & the Monk of St Gall*. Translated and edited by Professor A. J. Grant. Cooper Square Publishers, New York. Pp. 79–80

Grant, M. 2000. *Galen on Food and Diet*. Routledge, London.

Granto, J., R. Inglehart, and D. Leblang. 1996. The Effects of Cultural Values on Economic Development: Theory, Hypotheses, and Some Empirical Tests. *American Journal of Political Science* 40(3):607–663.

Gras, N. F. S. 1940. *A History of Agriculture in Europe and America*. 2nd ed. F. S. Crofts, New York.

Green, M. W. 1980. Animal Husbandry at Uruk in the Archaic Period. *Journal of Near Eastern Studies* 39(1):1–35.

Greene, L. J. 1968. *The Negro in Colonial New England*. Atheneum, New York.

(7212):528–531.
Fagles, R. 1996. *The Odyssey*/Homer. Viking, New York.
Faith, R. 1994. Demesne Resources and Labour Rent on the Manors of St Paul's Cathedral, 1066–1222. *Economic History Review* 47(4):657–678.
Farmer, D. L. 1991. Marketing the Produce of the Countryside 1200–1500. In *The Agrarian History of England and Wales*. Vol. 3. Cambridge University Press, Cambridge, UK.
Faust, A., and E. Weiss. 2005. Judah, Philistia, and the Mediterranean World: Reconstructing the Economic System of the Seventh Century BCE. *Bulletin of the American Schools of Oriental Research* 338:71–92.
Ferguson, W. S. 1938. The Salaminioi of Heptaphylai and Sounion. *Hesperia* 7(1):1–74.
Figulla, H. H. 1953. Accounts Concerning Allocations of Provisions for Offerings in the Ningal-Temple at UR. *Iraq* 15(2):171–192.
Finberg, H. P. R. 1951. *Travistock Abbey. A Study in the Social and Economic History of Devon*. Cambridge University Press, London.
Finkelstein, J. J. 1968. An Old Babylonian Herding Contract and Genesis. *Journal of the American Oriental Society* 88(1):30–36.
Finley, M. I. 1968. *A History of Sicily: Ancient Sicily to the Arab Conquest*. Viking Press, New York.
Finsinger, W., and W. Tinner. 2007. Pollen and Plant Macrofossils at Lac de Fully (2135 m a.s.l.): Holocene Forest Dynamics on a Highland Plateau in Valais, Switzerland. *Holocene* 17(8): 1119–1127.
Fisher, F. J. 1935. The Development of the London Food Market, 1540–1640. *Economic History Review* 5(2):46–64.
Fitzgerald, R. 1989. *The Iliad/Homer*. Anchor Books, Doubleday, New York.
Flannery, K. V. 1965. The Ecology of Early Food Production in Mesopotamia. *Science* 147 (3663):1247–1256.
Flint, C. L. 1862. *Milch Cows and Dairy Farming*. Crosby and Nicholas, Boston.
Forster, E. S., and E. H. Heffner. 1954. *Lucius Junius Moderatus Columella on Agriculture*. Harvard University Press, Cambridge, MA.
Foster, B. R., and K. P. Foster. 2009. *Civilizations of Ancient Iraq*. Princeton University Press, Princeton, NJ.
Foster, C. F. 1998. *Cheshire Cheese and Farming in the North West in the 17th and 18th Centuries*. Arley Hall Press, Northwich, UK.
Frayn, J. M. 1984. *Sheep-Rearing and the Wool Trade in Italy During the Roman Period*. Francis Cairns, Liverpool.
FSANZ. 2008. Proposal P1007, Primary Production & Processing Requirements for Raw Milk Products (Australia Only), Discussion Paper. Food Standards Australia New

UK.

de Waele, F. J. 1933. The Sanctuary of Asklepios and Hygieia at Corinth. *American Journal of Archaeology* 37(3):417–451.

Dickin, A. 2007. *Pagan Trinity – Holy Trinity*. Hamilton Books, Lanham, MD.

Doehaerd, R. 1978. *The Early Middle Ages in the West*. North Holland Publishing, Amsterdam.

Douglas, D. C., and G. W. Greenaway. 1953. *English Historical Documents 1042–1189*. Eyre & Spottiswoode, London.

Drew, J. S. 1947. Manorial Accounts of St. Swithun's Priory, Winchester. *English Historical Review* 62(242):20–41.

Duby, G. 1968. *Rural Economy and Country Life in the Medieval West*. University of South Carolina Press, Columbia.

Echols, E. C. 1949. "Ea Quae ad Effeminandos Animos Pertinent." *Classical Journal* 45(2):92–93.

Echols, M. 1998. Food Safety Regulation in the European Union and the United States: Different Culture, Different Laws. *Columbia Journal of European Law* 4:525–543.

Edwards, G. R. 1975. Corinthian Hellenistic Pottery. *Corinth* 7(3):1–254.

Ehrenberg, V. 1951. *The People of Aristophanes: A Sociology of Attic Comedy*. Basil Blackwell, Oxford, UK.

Ellerbrock, I. J. 1853. *Die Holländische Rinndviehzucht und Milwirthschaft*. F. Vieweg and Sohn, Braunschweig.

Ellison, R. 1981. Diet in Mesopotamia: The Evidence of the Barley Ration Texts (c. 3000–1400 BC). *Iraq* 43(1):35–45.

———. 1983. Some Thoughts on the Diet of Mesopotamia from c. 3000–600 BC. *Iraq* 45(1):146–150.

———. 1984. The Uses of Pottery. *Iraq* 46(1):63–68.

Emery W. B. 1962. *A Funerary Repast in an Egyptian Tomb of the Archaic Period*. Nederlands Instituut Voor Het Nabije Oosten, Leiden.

Everitt, A. 1967. The Marketing of Agricultural Produce. In *The Agrarian History of England and Wales*. Vol. 4, *1500–1640*. J. Thirsk, ed. Cambridge University Press, London.

Evershed. 2005. Dairying in Antiquity. III: Evidence from Absorbed Lipid Residues Dating to the British Neolithic. *Journal of Archaeological Science* 32:523–546.

Evershed, R. P., S. Payne, A. G. Sherratt, M. S. Copley, J. Coolidge, D. Urem-Kotsu, K. Kotsakis, M. Özdogan, A. E. Özdogan, O. Nieuwenhuyse, P. M. M. G. Akkermans, D. Bailey, R. Andeescu, S. Campbell, S. Farid, I. Hodder, N. Yalman, M. Özbasaran, E. Bicakci, Y. Garfinkel, T. Levy, and M. M. Burton. 2008. Earliest Date for Milk Use in the Near East and Southeastern Europe Linked to Cattle Herding. *Nature* 455

Cooley, A. S. 1899. Athena Polias on the Acropolis of Athens. *American Journal of Archaeology* 3(4):345–408.

Coolidge, A. B. 1889. The Republic of Gersau. *English Historical Review* 4(15):481–515.

Copley, M. S., R. Berstan, S. N. Dudd, S. Aillaud, A. J. Mukherjee, V. Straker, S. Payne, and R. P. Evershed. 2005a. Processing Milk Products in Pottery Vessels Through British Prehistory. *Antiquity* 79(306):895–908.

Copley, M. S., R. Berstan, A. J. Mukherjee, S. N. Dudd, V. Straker, S. Payne, and R. P. Evershed. 2005b. Dairying in Antiquity. III: Evidence from Absorbed Lipid Residues Dating to the British Neolithic. *Journal of Archeological Science* 32:523–546.

Copley, M. S., R. Berstan, S. N. Dudd, G. Docherty, A. J. Mukherjee, V. Straker, S. Payne, and R. P. Evershed. 2003. Direct Chemical Evidence for Widespread Dairying in Prehistoric Britain. *Proceedings of the National Academy of Sciences USA* 100(4):1524–1529.

Coughtry, J. 1981. *The Notorious Triangle: Rhode Island and the African Slave Trade 1700–1807*. Temple University Press, Philadelphia.

Craig, O. E., J. Chapman, C. Heron, L. H. Willis, L. Bartosiewicz, G. Taylor, A. Whittle, and M. Collins. 2005. Did the First Farmers of Central and Eastern Europe Produce Dairy Foods? *Antiquity* 79:882–894.

Cunliffe, B. 1997. *The Ancient Celts*. Oxford University Press, Oxford, UK.

Dalby, A. 2009. *Cheese: A Global History*. Reaktion Books, London.

Daniels, B. C. 1980. Economic Development in Colonial and Revolutionary Connecticut: An Overview. *William and Mary Quarterly*, Third Series 37(3):429–450.

D'Arms, J. H. 2004. The Culinary Reality of Roman Upper-Class Convivia: Integrating Texts and Images. *Comparative Studies in Society and History* 46(3):428–450.

Dausse, L. 1993. Epoque gallo-romaine: L'essor de échanges. In *Échanges: Circulation d'objets et commerce en Rouergue de la Préhistoire au Moyen Age*, P. Gruat and J. Delmas, ed. Musée Archéologique de Montrozier.

Davies, R. W. 1971. The Roman Military Diet. *Britannia* 2:122–142.

Deane, S. 1790. *The New-England Farmer, or Georgical Dictionary Containing a Compendious Account of the Ways and Methods in which the most Important Art of Husbandry, in all its various Branches, is, or may be, Practiced to the Greatest Advantage*. Isaiah Thomas, Worcester.

De Angelis, F. 2000. Archaeology in Sicily 1996–2000. *Archaeological Reports* 47(2000–2001): 145–201.

De Shong Meador, B. 2000. *Inanna: Lady of the Largest Heart*. University of Texas Press, Austin.

de Vries, J. 1974. *The Dutch Rural Economy in the Golden Age, 1500–1700*. Yale University Press, New Haven, CT.

———. 1976. *Economy of Europe in an Age of Crisis*. Cambridge University Press, Cambridge, on Acrocorinth. *Hesperia* 66(1): 147–172.

Bryce, T. 2005. *The Kingdom of the Hittites*. Oxford University Press, Oxford, UK.

Burriss, E. E. 1930. The Objects of a Roman's Prayers. *Classical Weekly* 23(14)105–109.

Butler, L., and Given-Wilson, C. 1979. *Medieval Monasteries of Great Britain*. Michael Joseph, London.

Butler, R. D. 2006. *The New Prophecy & "New Visions."* Catholic University of America Press, Washington, DC.

Carrington, R. C. 1931. Studies in the Campanian "Villae Rusticae." *Journal of Roman Studies* 21:110–130.

Carter, C. 1985. Hittite *Hashas*. *Journal of Near Eastern Studies* 44(2):139–141.

Camden, W. 1586. *Britannia*. London.

Campo, P., and G. Licitra. 2006. I Formaggie Storici Siciliani. Historical Sicilian Cheeses. Officine Grafiche Riunite Palermo.

Casson, L. 1954. The Grain Trade of the Hellenistic World. *Transactions and Proceedings of the American Philological Association* 85:168–187

Cauvin, J. 2000. *The Birth of the Gods and Origins of Agriculture*. Cambridge University Press, Cambridge, UK.

Chadwick, R. 2005. *First Civilizations: Ancient Mesopotamia and Ancient Egypt*. 2nd ed. Equinox Publishing, London.

Chaniotis, A. 1999. Milking in the Mountains: Economic Activities on the Cretan Uplands in the Classical and Hellenistic Periods. In *From Minoan Farmers to Roman Traders*, A. Chaniotis, ed. Franz Steiner Verlag, Stuttgart.

Charlesworth, M. P. 1970. *Trade-Routes and Commerce of the Roman Empire*. 2nd ed. Cooper Square Publishers, New York.

Chavalas, M. 2005. The Age of Empires, 3100–900 BCE. In *A Companion to the Ancient Near East*, D. C. Snell, ed. Blackwell Publishing, Oxford, UK. pp. 34–47.

Cheke, V. 1959. *The Story of Cheese-Making in Britain*. Routledge & Kegan Paul, London.

Cherry, J. F. 1988. Pastoralism and the Role of Animals in the Pre- and Protohistoric Economies of the Aegean. In *Pastoral Economies in Classical Antiquity*, C. R. Whittaker, ed. Cambridge University Press, Cambridge, UK. pp. 6–34.

Churchill Semple, E. 1922. The Influence of Geographic Conditions upon Ancient Mediterranean Stock-Raising. *Annals of the Association of American Geographers* 12:3–38.

Clark, J. M. 1926. *The Abbey of St Gall as a Center of Literature & Art*. Cambridge University Press, London.

Cline, E. H. 2007. Rethinking Mycenaean International Trade with Egypt and the Near East. In *Rethinking Mycenaean Palaces II*. Revised and Expanded 2nd edition, M. Galaty and W. A. Parkinson, ed. University of California, Los Angeles.

York.

Bieber, M. 1957. A Bronze Statuette in Cincinnati and Its Place in the History of the Asklepios Types. *Proceedings of the American Philosophical Society* 101(1):70–92.

Bier, L. 1976. A Second Hittite Relief at Ivriz. *Journal of Near Eastern Studies* 35(2):115–126.

Bikel, H. 1914. Die Wirtschaftsverhältnisse des Klosters St. Gallen: von der Gründung bis zum Ende des XIII. Jahrhunderts, eine Studie. Freiburg im Breisgau: Herder.

Birmingham, D. 2000. *Switzerland: A Village History*. St. Martin's Press, New York.

Birmingham, J. 1967. Pottery Making in Andros. *Expedition* 10:33–39.

Blitzer, H. 1990. ΚΟΡΩ ΝΕΙΚΑ: Storage-Jar Production and Trade in the Traditional Aegean. *Hesperia* 59(4):675–711.

Bloch, M. 1966. *French Rural History: An Essay on Its Basic Characteristics*. University of California Press, Berkeley.

Blundel, R., and A. Tregear. 2006. From Artisans to "Factories": The Interpretation of Craft and Industry in English Cheese-Making, 1650–1950. *Enterprise & Society* 7(4):705–739.

Bogucki, P. 1984. Ceramic Sieves of the Linear Pottery Culture and Their Economic Implications. *Oxford Journal of Archaeology* 3(1):15–30.

———. 1988. *Forest Farmers and Stockherders*. Cambridge University Press, Cambridge, UK.

———. 1999. *The Origins of Human Society*. Blackwell Publishing, Oxford, UK.

Bostock, J., and H. T. Riley. 1855. *The Natural History of Pliny*. Vol. 3. Henry G. Bohn, London.

Bottéro, J. 1985. The Cuisine of Ancient Mesopotamia. *Biblical Archaeologist* 48(1):36–47.

———. 2004. *The Oldest Cuisine in the World: Cooking in Mesopotamia*. University of Chicago Press, Chicago.

Bowen, E. W. 1928. Roman Commerce in the Early Empire. *Classical Weekly* 21(26): 201–206.

Braund, D. 1994. The Luxuries of Athenian Democracy. *Greece & Rome*, Second Series 41 (1):41–48.

———. 1999. Laches at Acanthus: Aristophanes, Wasps 968–969. *Classical Quarterly*, New Series 49(1):321–325.

Brea, L. B. 1957. *Sicily Before the Greeks*. Frederick A. Praeger, New York.

Brehaut, E. 1933. *Cato the Censor on Farming*. Columbia University Press, New York.

Bremer, F. J. 2003. *John Winthrop: America's Forgotten Founding Father*. Oxford University Press, Oxford, UK.

Brown, E. 1960. An Introduction to Mycenology. *Classical World* 53(6):186–191.

Brumfield, A. 1997. Cakes in the Liknon: Votives from the Sanctuary of Demeter and Kore

Apps, J. 1998. *Cheese: The Making of a Wisconsin Tradition*. Amherst Press, Amherst, MA.

Aubet, M. E. 2001. *The Phoenicians and the West*, 2nd ed. Cambridge University Press, Cambridge, UK.

Bailey, R. 1990. The Slave(ry) Trade and the Development of Capitalism in the United States: The Textile Industry in New England. *Social Science History* 14(3):373–414.

Banning, E. B. 1998. The Neolithic Period: Triumphs of Architecture, Agriculture, and Art. *Near Eastern Archaeology* 61(4):188–237.

———. 2003. Housing Neolithic Farmers. *Near Eastern Archaeology* 66(1/2):4–21.

Barako, T. J. 2000. The Philistine Settlement as Mercantile Phenomenon? *American Journal of Archaeology* 104:513–530.

Barham, E. 2003. Translating Terroir: The Global Challenge of French AOC Labeling. *Journal of Rural Studies* 19:127–138.

Barker, G. 1981. *Landscape and Society: Prehistoric Central Italy*. Academic Press, London.

———. 1985. *Prehistoric Farming in Europe*. Cambridge University Press, Cambridge, UK.

———. 2006. *The Agricultural Revolution in Prehistory: Why Did Foragers Become Farmers?* Oxford University Press, Oxford, UK.

Barker, G., and T. Rasmussen. 1998. *The Etruscans*. Blackwell Publishing, Oxford, UK.

Barker, G., A. Grant, P. Beavitt, N. Christie, J. Giorgi, P. Hoare, T. Leggio, and M. Migliavacca. 1991. Ancient and Modern Pastoralism in Central Italy: An Interdisciplinary Study in the Cicolano Mountains. *Papers of the British School at Rome* 59:15–88.

Bass, G. F. 1991. Evidence of Trade from Bronze Age Shipwrecks. In *Bronze Age Trade in the Mediterranean*, N. H. Gale, ed. Studies in Mediterranean Archaeology, Vol. XC, Paul Åströms Fölag, Jonsered. pp. 69–82.

Beckman, G. 1989. The Religion of the Hittites. *The Biblical Archaeologist* 52(2/3):98–108.

———. 2005. How Religion Was Done. In *A Companion to the Ancient Near East*, D. C. Snell, ed. Blackwell Publishing, Oxford, UK, pp. 343–354.

Bellwood, P. 2005. *First Farmers: The Origins of Agricultural Societies*. Blackwell Publishing, Oxford.

Berlin, A. M. 1997. Archeological Sources for the History of Palestine: Between Large Forces: Palestine in the Hellenistic Period. *The Biblical Archeologist* 60(1):2–51.

Berlin, I. 1998. *Many Thousands Gone: The First Two Centuries of Slavery in North America*. Belknap Press of Harvard University Press, Cambridge, MA.

Bezeczky, Dr. 1996. Amphora Inscriptions—Legionary Supply? *Britannia* 27:329–336.

Bidwell, P. W. 1921. The Agricultural Revolution in New England. *The American Historical Review* 26(4):683–702.

Bidwell, P. W., and J. I. Falconer. 1941. *History of Agriculture in the Northern United States, 1620–1860*. Carnegie Institution of Washington, Publication No. 358. Peter Smith, New

参考文献

Abramovitz, K. 1980. Frescoes from Ayia Irini, Keos. Parts II–IV. *Hesperia* 49(1)57–85.

Achaya, K. T. 1994. *Indian Food: A Historical Companion*. Oxford University Press, Oxford, UK.

Adams, R. W. 1813. *A Dissertation, Designed for the Yeomanry of the Western Country*. American Friend, Marietta, OH.

Adshead, S. A. M. 1992. *Salt and Civilization*. St. Martin's Press, New York.

Alberini, M. 1998. "The Fascinating and Homemade Story of Parmigiano-Reggiano." In *Parmigiano Reggiano: A Symbol of Culture and Civilization*, F. Bonilauri, ed. Consorzio del Formaggio Parmigiano-Reggiano, Reggio.

Algaze, G. 2008. *Ancient Mesopotamia at the Dawn of Civilization*. University of Chicago Press, Chicago.

Altekruse, S. F., B. B. Timbo, J. C. Mowbray, N. H. Bean, and M. E. Potter. 1998. Cheese-Associated Outbreaks of Human Illness in the United States, 1973 to 1992: Sanitary Manufacturing Practices Protect Consumers. *Journal of Food Protection* 61:1405–1407.

Anifantakis, E. M. 1991. *Greek Cheeses: A Tradition of Centuries*. National Dairy Committee of Greece, Athens.

Anonymous. 1842. *American Cheese*. The Penny Magazine of the Society for the Diffusion of Useful Knowledge (March 12). 11(638):98–99

———. 1986. Reinbold Discusses Heat Treatments on Cheese Milk, Pro's and Con's for Cheese. *Cheese Reporter*, January 24, p. 13.

———. 1999. FDA Reviewing Policy That Allows Use of Unpasteurized Milk in Cheese. *Cheese Reporter*, August 27, p. 1.

———. 2002. European Council Adopts More Flexible Hygiene Rules for Traditional Cheeses. *Cheese Reporter*, June 28, p. 10.

———. 2003. Dangers of EU's Proposal to Protect Geographical Indications. *Cheese Reporter*, July 25, p. 1.

———. 2009. Trade Wars Hike Cost of Roquefort to $60 a Pound; Retailers Scale Back on Inventory. *Cheese Reporter*, February 27, p. 1.

———. 2010a. Raw Milk Cheese: FDA Says 60-Day Aging Not Effective, Is Looking for Alternatives. *Cheese Reporter*, February 5, p. 1.

———. 2010b. Dairy Groups Concerned Over EU Efforts to "Claw Back" Common Cheese Names. *Cheese Reporter*, July 11, p.5.

Anthony, D. W. 2007. *The Horse, the Wheel, and Language: How Bronze-Age Riders from the Eurasian Steppes Shaped the Modern World*. Princeton University Press, Princeton, NJ.

索引

訳者あとがき

〈たべもの〉の思い出——チーズと旅する世界史

発酵食品は私たちの日常生活にかかわりの深い食品だ。パン、漬物、味噌、醤油、紅茶、日本酒にワイン、もちろん本書の扱うチーズも……。味噌や醤油は当然のこと、ここ数年人気の塩麹も我が家の台所に定位置を確保しているし、カスピ海ヨーグルトも数日おきに種継ぎをしながら、毎朝の食卓に上る。今朝は白菜の漬物の水がうまい具合に上がってきたので、重石を外して昆布や唐辛子を混ぜたところだ。この後は少々発酵のお世話になろう。一週間後くらいが食べごろ。これは実家の父自慢の白菜、大きな株から切り分けた八百グラム程度の白菜を漬けたものだ。数日で食べ切る。しかし昔は冬の初めに大樽に何株も漬けた白菜は暖かくなるころまで残っていたものだ。ゆっくりゆっくりと発酵の進んだ、春先の古漬けも好きだった。浅漬かりのものよりも酸味が増してご飯が進んだ。

幼いころの思い出にこんな光景がある。普段は気軽に入れた奥座敷が、正月すぎのまだ寒いころ立ち入り禁止となる時期があった。祖母だったたか、母だったたかが出入りする後ろから覗くとゴザに米が広げてあった。米櫃の米よりも不思議に白く、ちょっと大粒な感じ。あれは味噌を作るための麹だったのだ。祖父の遺品の中には醤油のレシピの書きつけがあった。また、田舎の実家の庭の隅には「ミソビヤ」というおんぼろな小屋があった。どこか秘密めいた、暗くて不思議な空間。「味噌部屋」だとわかったのはだいぶ大きくなってからのことだ。味噌樽はもちろん、色々な漬物の壺が所狭しと並んでいた。あれは発酵部屋だったのだ。

私が子供のころにはすでに家で醬油を作ることはなかったという。自宅の畑で栽培した材料の大豆を味噌屋・醬油屋に持ち込んで加工してもらっていた時期があった。それも遠い思い出の中で、聞きかじっていた程度だ。醬油や味噌だけでなく、今では冬じゅう食べる白菜漬けを作る一般家庭はほとんどないだろうし、我が家もパック済みの漬物をスーパーで買うことの方が多い。どれも私たちの生活に欠かせない〈たべもの〉だが、工場で作られてスーパーの食品棚に並んでいる〈工業製品〉を買う方が簡単で、おそらく安くて、品質も安定しているのだ。この流れはチーズでも同様だ。農家の主婦がキッチンで、荘園領主の直営地で〝乳搾り女〟が伝統の技で、修道院の石造りの建物の中で修道士たちの労働の一つとして……こうして行われていたチーズ作りは、工業化の波に次第に呑み込まれてしまった。「規模の経済」の支配する世界で、私たちの〈たべもの〉の思い出はどこへ行くのだろうか。

原著者のポール・キンステッド教授は、ヴァーモント大学の食物栄養学部（the Department of Nutrition and Food Sciences）で教鞭をとるチーズ・サイエンティストである。メソポタミアの「肥沃な三日月地帯」からスーパーマーケットの食品棚までの九千年の歴史を語る。本書はチーズのグルメ本ではない。町の書店で見かけるカラー写真満載のチーズ図鑑でもない。チーズというタイムマシーンに乗って西洋史を旅する書とでも呼ぼうか。チーズとその作り手たちが通り抜けてきた歴史の隘路を丹念にたどって、国王や貴族、政治体制の側からしか見てこなかった西洋史を、もういちど立体的にとらえ直す西洋史解説書、〈たべもの〉の思い出の書である。

その複雑で魅惑に満ちた味を愛で、神殿に供えることを要求したというメソポタミアの神々（厳密には歴史と言えないが）、栄養価の高さに感謝しただろう古代ローマの辺境の兵士たち、荘園直営地の一角でチーズの伝統製法を守り、受け継いでいった〝乳搾り女〟たち……。ロンドンのチーズ商たちからの強引な要求に屈して、より多くのクリームをバター製造に回したことで、すっかりチーズの品質を落としてしまったイーストアングリアのチーズ作りたち。清教徒たちとともに大西洋を渡ったチーズは、本国とは全く違った気候の土地で、故郷のチーズのレシピを調整し、自分たちのルーツとしてふるさとの名前とともに根付かせていく。長い間文化も技術も常に先を行っていたイングランドに、アメリカのチーズが、その技術が、輸出される時が訪れる……。

実感のないまま見過ごしてきてしまった歴史の場面は数知れない。平面軸と時間軸とが同じ紙に重ねられている上に、ほぼ重要用語のみからなる文章で綴られていて窒息しそうだった高校世界史。しかし、人々とともに生きてきたチーズを手掛かりに見る世界史は面白い。

たとえばオランダ。十一世紀から十三世紀にかけて塩水性低湿地の排水を良くして土地改良を行ったが、結局十四世紀には地表面に大規模な地盤沈下を引き起こす結果となり、パン用穀物の生産に失敗。しかしオランダ農家の多くがそこで農業をすっかり諦めたりはしなかった。水はけの悪い土地でも育つ大麦やホップへ、酪農へと転換を図り、北海と戦う選択をしたオランダ人。穀類の製粉に使用してきた風車は、干拓地の水をくみ出すことにも利用されるようになる。オランダの典型的な風景はそのようにして出来上がってきたのだ。商才に長けたオランダ商人は、ビールやチーズを携えて十五世紀、十六世紀の世界貿易の波に乗る。個々の人間をみれば、成功した者は決して多くないのだろう。しかし、長い時間を見渡せる立ち位置から眺めてみると、人間の知恵と努力がいかに多くの時代を切り開いてきたことかと、感嘆せざるを得ない（第七章参照）。

自然な乳酸発酵か、レンネット（凝乳酵素）による発酵かの違いはあるものの、チーズの基本レシピは多くない。ところが今日私たちの目の前には多種多様なチーズが並んでいる。これは一夜にしてここまでに至ったのではない。置かれている環境といかに戦って、あるいは環境を味方につけていかに生き延びていくのか。水分の量、周りに擦り込む塩の量、その塩が手に入りやすいか否か……。本書では食品科学の専門家がチーズ製造の科学的技術的な観点からチーズ発展のありさまを描いている。製造法の変更には常に原因と結果があったのだ。そのことを西洋史の流れという文脈の中で解き明かしてくれる。チーズの生きてきた道は人類の生き延びてきた道にも見える。気候も風土も異なる各地で保存性と輸送可能な品質を求めて、また人々の暮らしや心を豊かにし、人類の思い出として伝えられてきた〈たべもの〉の歴史には、地名を冠したチーズの名称以外には、飽くなき挑戦を続けた人々が名前を残すことはなかった。

二十世紀末以来、チーズの名称はどこの誰のものかということが問題になっている。中心となるのは、ヨーロッパとアメリカとの間で合意をみない原産地名称保護をめぐる問題である。ヨーロッパの移民たちは故郷を懐かしんで、自分たちが大好きだった〈たべもの〉の思い出をチーズのレシピとともに新大陸に持ち込んだ。故郷の地名をチーズ名にすることも、故郷のレシピを使用することも自由な時代だったのだ。ヴァーモント・チェダーの名前が消えることに、チーズの生産で有名なヴァーモントのチーズ・サイエンティストは強い危機感を抱いている。

ところで、私は一年半前に、大学で食物栄養学を志していた娘を病気で亡くした。娘とチーズの話がもうできないのが残念である。いかにして大型チーズの水分を抜くのか、少ない塩でも水分を抜く方法、中世の荘園時代にチーズを作っていた〝乳搾り女〟という特別な職業のこと……。中でも、旅する羊飼いが羊の胃で作った水筒に旅の途中で飲むつもりで入れたミルクが固まったのがチーズの始まり……というのは間違いで、人が液体のままミルクを飲めるようになる前にチーズは既に作られていたという話（第一章参照）は、きっと彼女にウケルはず。

ミルクが高い濃度で含んでいるラクトースを消化するためには、胃や腸の中で酵素のラクターゼを生成する必要がある。人間も新生児の時には自然にラクターゼを作って母乳を消化できるが、ラクターゼは離乳後には減少し、成人になるまで持続することはない。今日では多くの成人が遺伝的にラクターゼを作る能力を獲得しているため、ミルクを飲んでも激しい下痢をおこしたりすることはない。だが、小アジアのアナトリアでミルクの生産（家畜が出産後に幼獣に与える分以上にミルクを出させ、それを集めること）が始まった紀元前七〇〇〇年から六五〇〇年ごろには、成人のラクトースアレルギーはほぼ人類共通だった。したがって、チーズができる以前に、水筒にミルクを入れて道中のどが渇いたら飲んでいたということはあり得ないというわけだ。人間は液体のミルクが飲めるようになる前に、チーズを発見している。ミルクの生産が始まったのとほぼ同時期の紀元前七〇〇〇年ごろのことだという。低温で保存する手段のなかった当時、南西アジアの温暖な気候では、搾って集めたミルクはどこにでも存在しているバクテリアの働きで乳酸が発生して、急速に発酵、凝固した。固まったカード（凝乳）と液体のホェイは分離しやすい。新石器時代の人々は、カードなら成人が食べても、ミルクを飲んだ時のような症状が出ないことを発見する。ミルクの中のラクトースは発酵して乳酸に変わるか、ホェイとともに取り除かれるため、出来上がったチーズの中のラクトースは液体ミルクの時よりも少なく、ラクトース不適応の成人でも消化できるのである。

お気に入りだったブリーを食べながら、夜の食卓はこの話で盛り上がること間違いなしだったのだ。ちょっと悲しかったが、一人で翻訳している気はしなかった……。

楽しい仕事をさせてくださった築地書館の土井二郎社長と、私の拙い訳文に根気よく付き合ってくださった編集の北村緑さんには心から感謝している。

二〇一三年三月

柏市の自宅にて　和田佐規子

【著者紹介】
ポール・キンステッド（Paul S. Kindstedt）
ヴァーモント大学食物栄養学部（the Department of Nutrition and Food Sciences）教授。乳産品化学とチーズ製造に関して、数々の論文や共著を執筆しているほか、様々な研究会を開催している。ヴァーモントチーズ協会との共著で『アメリカにおける農場作り（ファームステッド）のチーズ』（2005年）があり、研究と教育両面においてその専門領域は国内で高い評価を受けている。現在、同大学内に設立されたヴァーモント職人作り（アルチザン）チーズ研究所理事を務めている。

【訳者紹介】
和田 佐規子（わだ　さきこ）
岡山県の県央、現在の吉備中央町生まれ。
東京大学大学院総合文化研究科博士課程単位取得満期退学。夫の海外勤務につき合ってドイツ、スイス、アメリカに合わせて9年滞在。大学院には19年のブランクを経て、44歳で再入学。専門は比較文学文化（翻訳・翻訳論）。現在は首都圏の3大学で、比較文学、翻訳演習、留学生の日本語教育などを担当。翻訳は本書が初めてとなる。趣味はチーズも含め、内外の食物・料理研究とウォーキング。

チーズと文明

2013年6月10日　初版発行
2019年4月 3 日　2刷発行

著者　ポール・キンステッド
訳者　和田佐規子
発行者　土井二郎
発行所　築地書館株式会社
東京都中央区築地 7-4-4-201　〒 104-0045
TEL 03-3542-3731　FAX 03-3541-5799
http://www.tsukiji-shokan.co.jp/
振替 00110-5-19057
印刷・製本　シナノ印刷株式会社
装丁　三木俊一　文京図案室

ISBN 978-4-8067-1457-6　C0039